海外中国研究丛书

—

到中国之外发现中国

饮食的怀旧

上海的地域饮食文化与城市体验

Culinary Nostalgia

Regional Food Culture and the Urban Experience in Shanghai

[美] 马克·斯维斯洛克 著
门泊舟 译

江苏人民出版社

图书在版编目(CIP)数据

饮食的怀旧：上海的地域饮食文化与城市体验 / (美) 马克·斯维斯洛克著；门泊舟译. -- 南京：江苏人民出版社，2024. 10. --(海外中国研究丛书 / 刘东主编). -- ISBN 978-7-214-29500-2

Ⅰ. TS971.202.51

中国国家版本馆 CIP 数据核字第 2024W6D574 号

书　　名　饮食的怀旧:上海的地域饮食文化与城市体验
著　　者　[美]马克·斯维斯洛克
译　　者　门泊舟
责任编辑　李　旭
装帧设计　陈　婕
责任监制　王　娟
出版发行　江苏人民出版社
地　　址　南京市湖南路 1 号 A 楼,邮编:210009
照　　排　江苏凤凰制版有限公司
印　　刷　江苏凤凰扬州鑫华印刷有限公司
开　　本　652 毫米×960 毫米　1/16
印　　张　26.25　插页 4
字　　数　295 千字
版　　次　2024 年 10 月第 1 版
印　　次　2024 年 10 月第 1 次印刷
标准书号　ISBN 978-7-214-29500-2
定　　价　98.00 元
(江苏人民出版社图书凡印装错误可向承印厂调换)

序“海外中国研究丛书”

中国曾经遗忘过世界，但世界却并未因此而遗忘中国。令人嗟讶的是，20世纪60年代以后，就在中国越来越闭锁的同时，世界各国的中国研究却得到了越来越富于成果的发展。而到了中国门户重开的今天，这种发展就把国内学界逼到了如此的窘境：我们不仅必须放眼海外去认识世界，还必须放眼海外来重新认识中国；不仅必须向国内读者逐译海外的西学，还必须向他们系统地介绍海外的中学。

这个系列不可避免地会加深我们150年以来一直怀有的危机感和失落感，因为单是它的学术水准也足以提醒我们，中国文明在现时代所面对的绝不再是某个粗蛮不文的、很快就将被自己同化的、马背上的战胜者，而是一个高度发展了的、必将对自己的根本价值取向大大触动的文明。可正因为这样，借别人的眼光去获得自知之明，又正是摆在我们面前的紧迫历史使命，因为只要不跳出自家的文化圈子去透过强烈的反差反观自身，中华文明就找不到进入其现代形态的入口。

当然，既是本着这样的目的，我们就不能只从各家学说中筛选那些我们可以或者乐于接受的东西，否则我们的“筛子”本身就可能使读者失去选择、挑剔和批判的广阔天地。我们的译介毕竟还只是初步的尝试，而我们所努力去做的，毕竟也只是和读者一起去反复思索这些奉献给大家的东西。

刘　东

目 录

图表目录

图片

表格

致　谢

我十分荣幸能借这个机会，感谢许许多多支持过我研究和出版工作的个人和机构。

当我还是斯坦福大学中国史方向的一名研究生时，我很幸运地遇到了一群优秀的导师。他们既教我懂得了汉学研究的重要性，也让我明白社会与文化分析的重大意义。他们是：卜正民(Timothy Brook)、丁爱博(Albert E. Dien)、查尔斯·海福德(Charles Hayford)、康无为(Harold Kahn)、宁爱莲(Ellen Neskar)和范力沛(Lyman Van Slyke)。他们的悉心指导，让我尤为感激。当我兴致勃勃地要去探索"饮食史"这片尚未被研究者们深入探索的蓝海时，他们热切地鼓励我，并给予我足够的信任。我还要特别感谢顾德曼(Bryna Goodman)教授，她的支持与教导对我产生了深远影响。

我对上海饮食史的研究缘起于美中学术交流委员会(Committee on Scholarly Communication with China)设立的一个博士论文奖。在我形成研究问题的最初阶段，安克强

(Christian Henriot)和贺萧(Gail Hershatter)教授提供的指导令我获益良多,叶凯蒂(Catherine Yeh)教授则慷慨地和我分享了她自己在从事上海文化研究的过程中积累的珍贵史料。后来我前往上海开展研究。在上海社会科学院期间,熊月之、罗苏文、宋钻友、承载、许敏、袁进、马军和陆文雪等学者曾以各种方式帮助我开展工作。我也感谢上海社科院国际合作处的诸位领导和老师:李轶海、赵念国、田国培、Ma Ying 和金彩虹。邵勤、上海市档案馆以及上海市图书馆的许多工作人员,都曾热心地协助我填写过查档、借书申请表。上海市烹饪协会的朱刚、Xu Yuanqing 和唐家宁诸位先生,以及中国烹饪协会的周三金先生,都曾拨冗与我会面,同我讨论上海餐馆和烹饪史上的名人逸事。上海市历史博物馆的张文勇老师也曾和我分享他在上海饮食史方面的渊博知识。我还要特别感谢以下餐馆企业的经理和主厨:大富贵、绿波廊、梅龙镇、人民饭店、小绍兴、杏花楼、新雅和扬州饭店。他们忙里抽闲,和我谈论自己餐馆的历史,分享他们在学徒和从业生涯中的见闻,还为我提供难得的史料。此外,我还要诚挚地感谢赵念国——多亏了他费心安排,上述会面才成为可能。最后,我也十分感激丹尼尔·巴克(Daniel Buck),谢谢他在我为期一年的中国之行中对我的无私帮助。

斯坦福人文中心(Stanford Humanities Center)设立的戈博论文奖(Geballe Dissertation Prize Fellowship)和吉尔斯·怀亭基金会(Giles Whiting Foundation)都曾为我的博士论文写作提供过无私的资金支持——而当年的那篇学位论文,正是本书的雏形。在斯坦福求学的那些年中,同侪费丝言、姜进、李慈(Zwia Lipkin)、梅若兰(Colette Plum)、秦玲子(Reiko Shinno)、王娟,都极大地启发了我对中国历史和文化的认识与思考。艾米丽·奥斯伯恩(Emily Osborn)和安格斯·洛克伊尔(Angus Lockyer)则进一步带领我认识到历史思维和研究方法的无限潜能。在纽约大学营养学、食品研究和公共卫生学系举办的“餍饫与饥饿”(Feast and Famine)研讨会上,艾米·本特利(Amy Bentley)、芭芭拉·克什布莱特-吉布莱特(Barbara Kirshenblatt-Gimblett)、玛丽昂·内斯特尔(Marion Nestle)以及其他诸位参会者的报告,让我对如何研究、书写食物有了更加深刻的理解。

从学位论文到学术专著是个艰辛的过程,但许多人和机构的帮助让这条路不再那么崎岖坎坷。在我修改博士论文的阶段,哥伦比亚大学研究学会(Columbia University's Society of Fellows)为我提供了充满活力的科研环境。如果没有柯文(Paul Cohen)和苏成捷(Matthew Sommer)两位教授的鼓励,我或许会一直认为这个题目至多只能写成一篇长学位论文,而永远没有勇气将它充实成一部专著。高彦颐(Dorothy Ko)和韩明士(Robert Hymes)两位教授对这项研究的兴趣、支持和帮助,更是令我铭记在心。我感激冯素珊(Sue Fernsebner)教授和我分享她对物质文化的深刻见解,并邀请我在她主持的2003年费正清中国研究中心(Fairbank Center)“都市景观”研讨会上发表我当时尚不成熟的研究思路;感激姜进教授允许我在华东师范大学2005年举办的关于“中国城市文化”的学术会议上分享这本书的部分内容;感激古柏(Paize Keulemans)教授在同年的亚洲研究协会(Association for Asian Studies)关于“19世纪城市的感官景观”板块,允许我再次汇报该项目的研究成果。在叶文心教授的鞭策下,我对烹饪文化的思考越发清晰深入;张勉治(Michael Chang)和林郁沁(Eugenia Lean)教授则一如既往地在对一手文献的阐释和研究方面给予我扎实的学术指导。在数部文献资料的阅读理解方面,Chen Luying、黄伟嘉、罗士杰和王宏杰诸位学者向我提供过宝贵的帮助;在写作和发表该专著的过程中,狄波拉·柯恩(Deborah Cohen)、丹尼尔·金(Daniel Kim)和迈克尔·沃伦伯格(Michael Vorenberg)教授给了我十分专业的建议。最后,在至关重要的时间点上,尼古拉斯·韦伊-戈麦斯(Nicolas Wey-Gomez)教授提醒了我,这项事业中真正重要的是什么——对此我感激不尽。

布朗大学为初级教员设置的学术休假为我起草本书初稿提供了宝贵的时间,柯古特人文中心(Cogut Center for the Humanities)设立的基金项目则为本书的最终定稿提供了工作时间与空间。我感激布朗大学,感激我的同事詹姆斯·麦凯恩(James McClain)和肯尼斯·萨克斯(Kenneth Sacks),他们让我有机会从日常的忙碌教学计划中抽身,以完成我的研究。我也感谢迈克尔·斯坦伯格(Michael Steinberg)、莱斯利·尤娜科(Leslie Uhnak)和科特·索尔兹伯里(Kit Salisbury),他们让我在柯古特人文中心度过的日子舒适而丰富多彩。

本书能在脱稿前不断进步,得益于许多早期读者的不吝赐教。他们是我在布朗大学历史系的同事们:狄波拉·柯恩、玛丽·格勒克(Mary Gluck)、胡其瑜(Evelyn Hu-DeHart)、塔拉·努梅达尔(Tara Nummedal)、伊森·波洛克(Ethan Pollock)、赛斯·洛克曼(Seth Rockman)、罗伯特·塞尔福(Robert Self)、涩泽尚子(Naoko Shibusawa)、凯利·史密斯(Kerry Smith)和瓦兹拉·柴明达尔(Vazira Zamindar)。与林郁沁教授的一次谈话,让我及时调整了思路,重写了本书的第五章,而亚历山大·库克(Alexander Cook)教授读过这一章的手稿之后,也进一步帮助我修正了自己的观点。在约翰斯·霍普金斯大学历史系举办的一次试读研讨会上,学者们阅读了本书的序言。他们指出了若干知识层面的谬误，督促我进一步提高作品质量。言及此，我还要衷心地感谢梅尔清(Tobie Meyer-Fong)教授促成这次研讨，感谢她从专业角度出发，给予我的大力支持。高彦颐和卫周安(Joanna Waley-Cohen)教授在阅读了全书手稿之后给出的建议，实在令我受益匪浅。如果说我的终稿没能悉数采纳这些宝贵意见，那于我实在是不得已的憾事。

我感谢斯坦福大学出版社的莫里埃尔·贝尔(Muriel Bell)对于此项目的支持，感谢我的编辑斯塔西·瓦格纳(Stacy Wagner)以及出版社内的许许多多其他人——他/她们的辛勤工作换来本书平稳地走过最终的出版流程。我还要感谢林恩·卡尔森(Lynn Carlson)在本书地图绘制方面给予的帮助，以及克莉·里夸德(Clea Liquard)——她在本书临近付梓的关键时刻再次为我审校终稿，我感激不尽。

这些年来，家人与朋友对我的帮助之大，已经无法在一篇致谢里细述。没有你们的指导、关切和支持，这本书不可能有问世的一天。

我还必须感谢布朗大学比较文学系的同事李德瑞(Dore Levy)教授。她在中国文化与文学研究领域的洞见丰富了我对史料的理解，极大地提高了本书终稿的质量。在我写作本书的最后若干年里，她的热情、智识与专业的指导，让这本书有了质的提升。

最后，我要对我的爱人玛雅·艾莉森(Maya Allison)表达最诚挚的感谢。她对什么是“好故事”有着灵敏的直觉，并帮助我处理了这部手稿中无数“如何讲好故事”的难题。有了她的帮助，这本书读起来更加晓畅有趣。她的爱，她的支持，她对我的信念，一直是我灵感的源泉。

导　言　从中国史的角度思考饮食

1978年，中国走上了改革开放的道路。此前几十年间，各色地域饮食文化曾因粮食短缺、兴办公社食堂、个体餐馆经营不善等因素而受到重创，此时它们迅速恢复了生机。在上海，制售地方特色风味的新式馆子成了起步最早、数量最多，也最为成功的个体经济；就连在动荡年代被收归国有、饭食品种单一的国营大饭店，都开始恢复它们昔日的地域特色。“文化大革命”发生前，这些大饭店也曾凭借着各自的拿手菜色名噪一时，但在后来的政治运动中，餐馆和餐饮文化都被“普罗化”了，这些饭店提供的饮食也渐渐变得千篇一律。上海久负盛名的扬州饭店此时更是敢为人先，推出了别具一格的“红楼宴”，复刻了18世纪著名小说《红楼梦》中记载的淮扬菜肴。短短几年间，餐馆逐渐发展为漂泊在外的同乡聚亲会友、品尝故乡味道、追忆旧年时光的主要场合，也成了都市人与中国各地饮食文化及烹饪传统建立情感纽带的地方。

这波中国地域饮食文化的回春，不仅仅是人们对早年间饮食传统的复兴，也不只是“文化大革命”期间单调贫乏的物质生活带来的反弹。本书所谓“饮食的怀旧”（culinary nostalgia），是指通过饮食对另一时、另一地进行有目的性的回忆和情感上的召唤，其在中国由来已久。即便在上海这个中国最“摩登”的都市，人们一直都在以各种方式进行着饮食的怀旧；在城市发展的每一阶段，饮食的怀旧都是都市文化生活不可或缺的组成部分。19世纪末，上海人曾伤感地念起他们昔日名扬海内、今已无处寻觅的土特产——上海水蜜桃，也由此追忆着在城市化、西方化浪潮席卷中淹没于历史洪流的沪上园林文化。民国时期，内战蹂躏下的中国四分五裂，上海人再次从饮食中寻求慰藉。这一回，他们将目光投向了城市中各具地方特色的餐馆，在一饮一食中与这个国家丰富的历史文化遗产建立起纽带，也在脑海中勾画着这个文化如此多元的国家如何走向统一。时至今日，饮食的怀旧仍在继续：尽管上海这座城市正在转变为未来的全球旅行目的地，以“老上海”为主题的餐厅却依旧能带着人们去回味这座城市昔日的荣光。

本书认为，地域饮食文化是中国人回忆过去、活在当下和想象未来的内在组成部分。全书聚焦上海这个美食爱好者的天堂，考察带有地域特色的饮食文化在这座城市的几个关键性历史节点上——甚至在更广泛的中国史意义上——都发挥了怎样的重要作用。身在上海的中国人对待各色食物的态度，暗示着他们如何看待自己与中国其他地区乃至西方世界的关系；上海居民在饮食上的几经变化，亦是这座城市几个世纪以来种种变迁的缩影。本书将“怀旧”作为帝国晚期直至现代上海饮食文化史中一个经久不衰的主题，以上海城市史领域最近的研究成果为基础，进一步挑战这样一种观念的误区，即认为上海这座城市在本质上是“摩登的”或“西化的”。其实，如果我们以上海饮食文化史为透镜去观察这座城市，那么它深深的怀旧特质就会浮现出来；上海比人们想象的更加受制于——或者更准确地说，忠实于——“传统”的生活方式。当然，食物并不是上海城市史上唯一的怀旧对象，但食物对于中国人抒发怀旧感情确有着非凡的意义，这就使得上海饮食文化成为我们观察城市生活怀旧面的一个非常重要的窗口。

将上海历程作为更广泛意义上的中国饮食史的一部分来考察，我们就能更清楚地观察到过去两个世纪中国史上一个显而易见却又鲜有讨论的现象：虽然这个国家的社会和文化氛围在短时间内几经沧桑巨变，但传统饮食和地方风味对人们的吸引力从未衰减。当然，中国人赋予饮食方式和内容的意义总是不断变化的，这些变化也折射出历史与社会生活的诸多重要方面。但无论如何变化，地方饮食传统依旧是中国人文化身份认同的核心组成部分。本书考察了地域性的饮食偏好如何长久地留在中国人的文化记忆中，食物又如何以其百样玲珑的多变性成为人们追寻家乡记忆、勾画理想社会时的完美载体。通过这些讨论，本书最终要揭示的是饮食的怀旧现象背后的原因。

饮食的怀旧

3

怀旧（nostalgia）在西方语境下是一个含义微妙的词，它囊括了以回忆的方式唤起情感的诸多活动。在最消极的意义上，怀旧本身就是一种问题，而非解决问题的良方；它是一种病态，而非认识世界的批判性分析框架。1688年，瑞士医学家约翰内斯·侯佛（Johannes Hofer，1669—1752）杜撰了“怀旧”这个词，用以描述一种当时新近诊断出来的“病症”。在17世纪的欧洲，怀旧的“症状”首先出现在背井离乡的游子尤其士兵身上。法国大革命过后，这种“症状”在欧洲蔓延开来，其深远影响甚至触及欧洲社会与思想的基石。不仅如此，正如斯维特兰娜·博伊姆

(Svetlana Boym)所言,这种怀旧情绪似乎还"要为大家渴求的未来打开锁链",因为它在人的经验空间(人们在过往经验中所观察到的真实世界)和人的期望范围(人们所向往的未来世界)之间制造嫌隙。① 相信启蒙和进步的人往往认为,对理想世界的期望只有在人类和社会的"前进"中才能实现,唯有浪漫派提供了一种为世人所认可的方法,在过往中找到了希望的源泉。后者将历史积淀下来的民间艺术和土风民俗抬升到至高至伟的地位。这样一来,对这些艺术与风俗的怀旧也就成了一种美德。不过,同样的观点也衍生出现代民族主义的陷阱。②如今,西方语境下的"怀旧"往往带有自欺欺人的意味,认为这种行为不过是在构筑从未真正存在过的理想国的幻象罢了。③

中文里有若干词语,如"怀古"和"怀旧",都能表达与英文单词 nostalgia 大致相同的意思。但在中国,怀旧的行为并不会招致怎样的批评。相反,怀旧者中不乏德高望重之人。④ 中国的怀旧者大致可以分为"修复型"和"反思型"两种。⑤ 前者致力于超越历史的重重阻隔,在当下重构失落的家园。儒家学者无疑是属于这一派的,他们的治世理想正是基于对尧、舜、禹三位上古贤君

---

① Svetlana Boym, *The Future of Nostalgia*, p. 3.(对于文中涉及该书的部分,译者参考了杨德友的译本《怀旧的未来》,南京:译林出版社 2010 年版。——译者注)

② 从乡土民俗中寻找民族国家的文化根基,这并不是欧洲浪漫主义传统的专利。类似的情况还发生在日本。关于日本民间文化的政治阐释,参见 Kim Brandt, *Kingdom of Beauty*。

③ 瑙曼·纳克维(Nauman Naqvi)梳理了历史上对怀旧进行过批判的众多学者的思想谱系。其研究主要关注"怀旧"这一概念在医学、精神病学、犯罪学与教育学等不同学科中的应用。参见 Nauman Naqvi, "The Nostalgic Subject", pp. 4 – 51。

④ 高化岚(Philip A. Kafalas)对中国的"怀旧学"(nostalgiology)做了颇有洞见的分析。参见 Philip A. Kafalas, *In Limpid Dream*, pp. 143 – 183。

⑤ 这种区分是受博伊姆的启发,并在其基础上稍加修改,参见 Svetlana Boym, *The Future of Nostalgia*, xviii。博伊姆在其书中将这种分类应用于对欧洲尤其是俄国文学与艺术的怀旧史的考察上。

的统治，以及对西周早期社会的再现而勾画出来的。与修复型怀旧者不同，反思型怀旧者沉醉于怀想的过程而“推迟返乡——带着惆怅、嘲讽和绝望之感”。在这一派为世人所景仰的众多形象中，诗人陶潜（约 365—427）是极具代表性的一位；他的《桃花源记》为后世留下了“武陵源”这个完美的遗失的世界隐喻。从没有人会去探究武陵源是否真的存在，这一点是毋庸置疑的。争论的焦点只在于武陵源在哪，以及如何到达那里。[①] 的确，极少有中国人会认为怀旧这件事本身是有问题的——最起码直到 19 世纪末以前的很长一段时期都是如此。但在 19 世纪末，欧洲的自然科学虎视眈眈，要将这个古老的“武陵源”按照西方的样子改造一番。而当中国的精英阶层不得不面对世界政治格局的大变动时，他们也接纳了欧洲知识分子的观点，认为“中国人对过去的留恋”正是中国疲敝落后的根源。

在欧洲，或者说最起码在新教精神占主导地位的西方世界，卫道士们对于老饕的态度并不比他们对怀旧主义者更加积极正面，因为过分沉溺于口腹之欲同样是道德堕落的表现。就这一点而言，鼓吹“开放中国”的英国外交家和商贾对于饮食的态度倒与儒家颇有相通之处；二者都相信，饮食之所以非常重要，并不是因为它能满足人们的饕餮之欲，而在于它是一种日常生活的仪式，维系着社会的稳定。儒家经典和阐释中国政治哲学的早期文献中充斥着这种观点：《礼记》对周朝食礼的描述就是一例，诸多探讨饮食与人性、纲常之间互动关系的文献也含有类似的观点，如《管子》提出的“国多财，则远者来；地辟举，则民留处；仓廪实，则

① Dore J. Levy（李德瑞），*Chinese Narrative Poetry*，pp. 10 - 15.

知礼节；衣食足，则知荣辱”。[①]然而，尽管有儒家观念的制约，大多数中国人依旧非常愿意在饮食的乐趣上下功夫。对他们而言，什么玉粒金莼都没有家乡的饭菜美味。的确，中国人“饮食的乡愁”来得如此强烈，足以让他们坚定地抵御世界大同的现代性话语的冲击。过去的一个半世纪中，中国的改革者和现代化的倡导者批判过各种形式的怀旧，但只有饮食的怀旧被毫发无损地保留了下来。

饮食能唤起对另一时、另一地的回忆，这是西方现代主义文学和艺术中的老生常谈。马塞尔·普鲁斯特(Marcel Proust)在《追忆似水年华》中让他的主人公吃了一小块泡在热椴花茶中的玛德莱娜小蛋糕，那味道便如同魔法一般，带着主人公的思绪也带着读者回到他童年的贡布雷。[②] 自那以后，这种艺术手法为世人所熟知。但早在现代主义修辞诞生的很久以前，中国的儒士和享乐主义者已经在用食物开启美妙的精神之旅了。对他们而言，食物能够唤起脑海中的理想社会图景。如果那图景还未成为现实，那么食物的修辞则能指明通向那治世的路，或者最起码能让人们明白，如此这般的世界何以尚付阙如。中国修复型怀旧派的代表人物之一孟子，就曾勾画过这样一个世界：在那里，“谷与鱼鳖不可胜食”，从而人民感到“养生丧死无憾也”。若能实现这些，

---

① 《礼记》语段的英文翻译见 James Legge(理雅各)，*Li Chi*：*Book of Rites*，pp. 449 - 479；《管子》语段的英文翻译见 Allyn W. Rickett(李克)，*Guanzi*：*Political*，*Economic*，*and Philosophical Essays—A Study and Translation*，p. 22，转引自 Gang Yue，*The Mouth That Begs*，p. 428。更多关于《管子》这部经典文本的讨论，尤其是有关国家在供养人民一事上所负责任的讨论，参见 Gang Yue，*Mouth That Begs*，pp. 30 - 60。

② Marcel Proust，*Remembrance of Things Past*，pp. 48 - 51. 对普鲁斯特作品的人类学阐释，见 David E. Sutton，*Remembrance of Repast*。

就是"王道之始"了。[1]相比之下，更倾向于发思古之幽情的反思型怀旧者，则深深痴迷于陶潜那一路落英缤纷的武陵源，或向往着传说中的蓬莱仙岛，那是神仙宴饮的所在，生长着西王母栽下的能使人长生不老的仙果。

5

很少有中国人会梦想自己有朝一日真能找到通往蓬莱仙岛的路，但许许多多的中国人的确通过饮食的怀旧，在脑海中走上了那条回乡的小路。他们中间有学者、官僚、流亡者、行商、漂泊异乡的务工者等，不一而足。在早期现代世界，正是这些人让帝国晚期的中国社会成为最流动不居的若干社会之一。对于他们背井离乡的漫长旅途，顾德曼(Bryna Goodman)曾有过一段令人鼻酸的描述："他们将一切抛在身后——乡音、家乡特有的豆腐干、乡里乡亲常做的糕饼点心；他们穿过临近的村庄市县，那里的人们讲着令他们半懂不懂的方言，吃着还算叫得出名堂的饭菜；但他们没有停留，直到他们终于来到完全陌生的地方。在那里，他们听不懂人们的交谈，也找不到可口的饭菜。"[2]不似唐朝诗人王维(701—761)那般文士，能在"自我的内心重塑桃源中人的恬静自在"，[3]这些游子怀想失落故园的办法要来得更有烟火气：跟随移民来到异乡的，毕竟还有外省的风味饭馆、土特产店，以及同乡间的社会关系网，这些都让客居他乡的游子有了家的感觉。而正像本书将会展示的那样，在这一过程中，所有这些人与物都对帝国晚期直至20世纪中国的历史轨迹产生了影响。

在20世纪，食物作为一种修辞，它代表着这个国家过往的苦

---

① 见《孟子·梁惠王上》。原书此处的英文引自 *Mencius* 1A. 3. 3, translation by Legge, *The Chinese Classics*, vol. 2, pp. 130 - 131。

② Bryna Goodman, *Native Place, City, and Nation*, p. 7.

③ Dore J. Levy, *Chinese Narrative Poetry*, p. 14.

难、今日的困境,也代表着未来可期。在“诉苦运动”中,昔日被剥削的劳苦农民在党员干部的引导鼓励下,痛陈他们在地主老财手中所遭受过的凌虐与欺压,也从脑海深处唤醒对饥饿的痛苦回忆。在“文化大革命”中,下乡插队的青年还要吃“忆苦饭”,一边吃,一边聆听农民讲述他们吃糠咽菜的悲惨往事,从而达到对知识青年进行再教育的目的。[①] 这些回忆与人们立志要建成的更加公平正义的新世界形成鲜明对照;新世界将是一个社会主义的理想国度,粮食供给充足,孩子们健康茁壮。仅就饮食一事而言,这个新世界正是儒家先贤们没能实现的社会。[②] 但即便是最艰苦条件下的粗茶淡饭,依旧有着强大的怀旧力量,能将人们的思绪带回到彼时彼地。举例来说,20 世纪与 21 世纪之交[③]的中国,一批“文革”主题餐厅悄然兴起。在那里,有过下放插队经历的昔日知青们重又围坐在简陋餐具盛放的粗茶淡饭周围,共同回忆起他们当初在农村从事艰苦体力劳动的青春岁月。[④] 在中国,饮食的怀旧既能用来阐释宏大的政治理念,也能承载普通人对渺远未来的渴盼。正是通过饮食这个叙事框架,人们学会了在“大”叙事下过好“小”日子。哪怕眼下贫乏困顿,也不会丧失对美好明天的憧憬。

6 本书重点考察中国人赋予饮食——尤其是那些备受珍视的土特产品和带有地域特色的餐馆——的重要意义。为了更好地理解饮食的主题在上海文化中所扮演的角色,确定上海饮食史与

---

① 特别致谢梅尔清(Tobie Meyer-Fong)与我分享她对这一历史事件的理解。

② 参见 Anchee Min, Duo Duo, and Stefan Landsberger, *Chinese Propaganda Posters*。

③ 原文此处为“近年来”。考虑到原书出版于 2009 年,故中译本此处改为“20 世纪与 21 世纪之交”,以求尽可能对原文所指的时间进行还原。——译者注

④ Jennifer Hubbert, “Revolution IS a Dinner Party”, pp. 125 - 150.

更宏观层面上的中国饮食史之间的联系和断层，导言将首先回顾关于中国地域饮食文化的现有研究成果。① 紧接着，笔者将提出一种新的分析框架，将饮食作为地方的象征和人们理解他们所处世界的媒介，并探讨饮食在这些层面上的历史意义。正如我们即将看到的那样，将食物与地方相联系的做法在中国由来已久，因为在这里，地方饮食文化是建构个人与集体身份的必要组成部分，也是讲述历史的重要修辞——不管这讲述是属于主流的声音，还是来自社会边缘群体的反叙事。在导言的结尾部分，笔者还将对上海居民与文化精英们如何通过饮食文化勾画与重建上海城市形象这一课题做一个初步概览，并为正文更深入的讨论预热。

中国的国家性与地域性饮食文化

中国人赋予家乡饮食文化以极其重要的意义。历朝历代的外国旅行者到达中国后，不仅会为中国人对家乡味道的强烈偏好感到讶异，更震惊于他们在面对异乡饮食时所表现出的勉强甚至极端抗拒的姿态。一位译介中国饮食文化的民国作家曾这样向

---

① 但在这一部分，我未能提及若干考察中国及海外中国食物的杰出研究成果。这些研究虽都聚焦中国饮食史，但各有侧重。关于中古时期中国食物的英文研究，参见 David Knechtges（康达维），“Gradually Entering the Realm of Delight”，pp. 229 - 239；Stephen West（奚如谷），“Cilia，Scale and Bristle”，pp. 595 - 634，以及 West，“Playing with Food”，pp. 67 - 106。有关食物与宗教的研究，见 Roel Sterckx（胡司德），*Of Tripod and Palate*。有关食物与医药的研究，见 Judith Farquhar（冯珠娣），*Appetites*。有关中国食物的西方接受史方面的研究，见 J. A. G. Roberts（罗伯茨），*China to Chinatown*。有关饥饿的文学话语，参见 Gang Yue，*The Mouth That Begs*，以及 David Der-wei Wang（王德威），“Three Hungry Women”，pp. 48 - 77。关于中国食品加工技术方面的探索，见 H. T. Huang（黄兴宗），*Science and Civilisation in China*。最后，有关中餐的全球化，参见 David H. Y. Wu（吴燕和）and Sidney C. H. Cheung（张展鸿），*The Globalization of Chinese Food*。

他上海的英文读者们解释这一现象："一地的饮食是此地自然条件的反映，也是当地人生活方式的写照……来自群山环绕的蜀地人，烹饪方式就与上海当地人不同……从北到南……从东到西……中国饮食处处不同。一地的主要作物往往决定了当地人饮食的基调，他们烹饪的菜肴也都是就地取材。"[①]当然，不论在世界的哪个角落，食物总是多少带有地方特色的。在法国，人们用"风土"(terroir)概念来解释这一现象。这个法语单词指特定的土壤环境会赋予生长于其中的作物以某些特性，在种植葡萄酿酒一事上尤其如此。[②] 张光直在研究"食物对中国文化的重要性"时曾谈道："声称中式菜肴是全世界最美味的，这种论调既有失公允，也无甚意义。但如果说：世界其他文明中很少有像中国这样，以饮食作为文明之基石的，那应该没几人会反驳。"[③]张的观点还可以再推进一步：很少有地方像中国这样，赋予地域饮食文化如此重大的历史性意义。当然，这并不是说世界其他民族就没有产生探讨地方饮食的文献，只是两相对比下来，中国人赋予家乡饮食极其丰富的意涵。其情形正如高化岚(Philip A. Kafalas)在探究中国文学史中俯拾即是的怀旧意象时所留意到的那样：其他文化与之相比，"似乎在规模上拉开了差距"。[④]

饮食在形成个人身份与地方观念的过程中扮演了何种角色，这已经是中国文化史研究中一个广受认可的领域了。但不同区域间的饮食文化差异以及中国人对这种差异形成的各种认知，又分别具有怎样的历史意义，这些问题尚未被整合到中国史的研究

---

① Lin Yin-feng, "Some Notes on Chinese Food", pp. 298 – 299.

② 有关"terroir"概念的讨论，参见 Amy B. Trubek, *The Place of Taste*。

③ K. C. Chang(张光直), "Introduction", in *Food in Chinese Culture*, p. 11.

④ Philip A. Kafalas, *In Limpid Dream*, p. 143.

中来。一些从历史学和人类学角度入手的学术著作虽然已经认识到这些课题十分有探讨的必要，但未能清晰地对其加以论述。其中就包括1977年出版的具有里程碑意义的论文集《中国文化中的食物》(*Food in Chinese Culture*)。这部文集所收录的文章丰富而缜密，值得反复研读。但查尔斯·海福德(Charles Hayford)在对该书的书评中也指出了一个重要问题：文集中的一些作品着眼于中国饮食文化一脉相承的延续性，另一些则强调其随时间推移而经历的变革，而两类研究之间却呈现出深层次的断裂。① 文集主编张光直试图在二者间进行调和，他认为，"首先，中国饮食文化传承的趋势是远远大于变化的倾向的……但另一方面，传承之中也有相当大的变革，大到足以让研究者们从新的角度审视中国历史的断代问题"。对于后一点，张一开始并不打算多加阐述，好为"文集中其他学者从他们各自的角度阐发各个历史阶段的重要事件留出余地"。但他在随后的论述中，还是提出了中国饮食文化史上的3个重要历史转折点。其中前两个时间节点分别发生在"农耕社会初期"和"高度阶级化社会初期"，后者"可能在夏朝(约公元前21—前18世纪)就已经出现，但在公元前18世纪的商朝有了确切的记载"。第三个历史转折点出现在第二节点之后的大概3000年，"就发生在我们的时代"，发生在中华人民共和国"食物资源……由国家分配的时代"。② 张认识到，从第二节点到第三节点，中国饮食文化史上的"大多数变化都

① Charles Hayford, "Review of *Food in Chinese Culture*", pp. 738 - 740.

② K. C. Chang, "Introduction", pp. 20 - 21. 在张光直作此文后，学界对夏朝的历史断代又发生了变化，将其存在时间定于约公元前21—前17世纪，商朝则断代于约公元前1600—前1046年。不过，这些后来出现的研究成果并未推翻张对中国饮食文化史主要历史阶段的划分。

与人口的地理大迁徙以及随之变迁的饮食习惯有关”，但他也补充道：“能让整个社会风气为之一变的真正重大的变化，是极其罕见的。”①

这样的论述使得张光直的导言在整体上呈现出一种矛盾的效果。一方面，文集强调中国饮食文化中的某些历久不变的核心特征，例如张提出的“饭菜原则”，即中国饮食历来以谷物或者其他淀粉类食物为主食，配以蔬菜或肉类做成的菜肴。但另一方面，对于那些发生在国家或地方层面令人瞩目的饮食变革，该研究没能明确指出其历史意义何在。薛爱华(Edward Schafer)收录于文集中的研究对中国饮食文化进行了综述，并提到唐代中国人对外国饮食习俗的态度曾出现过一次重大变革，其结果“最终大大丰富了今天中国烹饪的方法”。此外，文集中的另一位作者迈克尔·弗里曼(Michael Freeman)还指出，宋朝都邑见证了一种并非只为了果腹，而是有意识地走向精致、成熟、开放多元的“烹饪法”的诞生。② 紧接着薛爱华和弗里曼关于中国烹饪史变革的论述，文集进入一个讨论元代和明代食物的单元。这一单元将中国饮食文化的总体基调定为“在长期稳定的固有模式上，变化极其有限”。这样一来，前几章有关中国饮食在历史上不断革新的整体印象就被冲淡了。③ 这种编纂思路导致读者对一个重要的学术问题再次产生困惑：学界曾普遍认为中国的中古时期没能出现“现代性”的萌芽，如今这种提法已经在很大程度上被推翻

① K. C. Chang, “Introduction”, p. 20.

② 为了用中文更好地区分同表“烹饪”的两个英文单词 cookery 和 cuisine，译文参考了弗里曼对两个概念的论述。——译者注

③ Frederick W. Mote(牟复礼), “Yüan and Ming”, p. 202; Edward Schafer, “T'ang”, p. 128；以及 Michael Freeman, “Sung”, p. 144；以上文献均转引自 Charles Hayford, “Review”, p. 739。

了。不过，在阅读了张光直主编的这本论文集之后，读者恐怕不得不起疑：至少从饮食史的角度来看，中古中国是否真的出现过现代性变革还是值得商榷的。更不消说，张在导言中所谓“人口的地理大迁徙以及随之变迁的饮食习惯”，至此更是没了下文。

借鉴中国研究领域新的思路与成果，并在其基础上架构以“区域”(region)为落脚点的研究框架，或许能够帮助我们更清晰地了解“中国饮食史”这个宏大课题。① 首先，跳脱出民族国家的视角，研究者才有可能确立更加可行的地理与时间框架，从而去理解张光直主编的论文集中所说的中国饮食文化史在第二、三节点之间，这三四千年的跨度中所呈现出来的各种各样的变化。毕竟，商朝的政治势力既不包括四川大部分地区，也不涵盖广东，但这两个地方的菜肴是人们心目中最具代表性的中国菜。正如香港美食专栏作家陈梦因(笔名“特级校对”)在 40 多年前就已经指出的那样，我们今天所谓的“川菜”直到 17 世纪末才初具雏形，而粤菜要等到 20 世纪末方崭露头角，渐渐取得今时今日的地位。② 不仅如此，后来与川菜、粤菜并称为“四大菜系”的鲁菜和淮扬菜，即便在周、汉、唐时期都尚未成体系，更不必说在更早的商代了。其实，抛开出现的时间先后与菜肴质量、口味不谈，以鲁菜为代表的北方菜能够获得广泛声望，很大程度上归功于清朝皇帝，尤其

① 在中国研究方向，将“区域”作为研究框架而产出成果最多的领域是清史研究。相关研究的文献综述可参见 Evelyn Rawski(罗友枝)，“Re-envisioning the Qing”，pp. 829 - 850；Joanna Waley-Cohen(卫周安)，“The New Qing History”，pp. 193 - 206。但也有部分学者并不认可“区域”作为中国问题的研究框架，并重申了“民族国家”视角在中国研究领域的重要性，参见 Ping-ti Ho(何炳棣)，“In Defense of Sinicization”，pp. 123 - 155。至于“民族国家”作为中国区域历史研究的分析框架，究竟会带来哪些问题，最重要的讨论依旧是 Prasenjit Duara(杜赞奇)，*Rescuing History from the Nation*。

② 特级校对(陈梦因)：《金山食经》，第 10—13 页。

是乾隆帝（1735—1796年在位）对山东（还有一部分河南）御厨的推崇。[1] 考虑到这些史实，我们又当如何描述张光直所划分的第二至第三节点之间“中国饮食史”的变迁呢？

9

芮乐伟·韩森（Valerie Hansen）在《开放的帝国》（*The Open Empire*）一书中描述了那些在帝国发展成型的历程中占核心地位的地理行政区域的变迁史；我们或许也可以借鉴这种方法来观察历代都城所表现出来的中国饮食文化的流变。例如，唐长安代表了“面向西方”的饮食文化的巅峰，而两宋之开封、杭州，尤其是杭州，则标志着帝国逐渐朝“面向东方”的饮食文化转型。当时，这种向东方敞开怀抱的饮食文化在诸多重要方面与北方草原文明、东南亚文明和美洲文明存在着隔阂与断层，但后三者也分别在元代、明初以及晚明深刻地影响了中国饮食文化。[2]

其次，重新审视已成为老生常谈的“地域饮食文化”究竟为何物，对我们思考“中国饮食”这一宏大课题也将有所帮助。中国饮食的地方特色常常被俗称“四大菜系”的川菜、粤菜、淮扬菜（苏菜）和鲁菜（北方菜）所代表。有时人们也在这四大菜系之外另加上徽菜、闽菜、湘菜、浙菜，形成“八大菜系”。作为这些主要菜系的补充，还有一些次要菜系也频频出现在人们的讨论中，从而又形成诸如“八小菜系”的概念。但正如许多研究者已经指出的那样，这些标签看似为各个菜系清晰地“划地盘”，其实却让人们对

---

[1] 特级校对：《金山食经》，第14页。

[2] Valerie Hansen, *The Open Empire*. 只要读读保罗·布尔（Paul D. Buell）和尤金·安德森（E. N. Anderson）对1330年出版的营养学专著《饮膳正要》的翻译和大量研究，我们就会意识到，打破旧有的地理框架能够为中国饮食史方面的研究带来多少新的收获。这部专著展现了元代宫廷御医如何对中医的理论框架进行复杂的解读，以证明蒙古饮食习惯的合理性。参见 Paul D. Buell and E. N. Anderson, *A Soup for the Qan*。有关美洲粮食作物对明清中国的重要意义，见 Ping-ti Ho, “The Introduction of American Food Plants to China”, pp. 191 - 201。

中国饮食的理解更加模糊和困难。因为每一菜系下所涵盖的烹饪形式五花八门，菜系内部的区别之大，完全不亚于不同菜系之间烹饪形式的差异。① 尤金·安德森(E. N. Anderson)和玛丽亚·安德森(Marja Anderson)则注意到，另有一种分类标准，将中国烹饪分为"五大地方菜系"。至于究竟是哪"五大"，不同分类者给出的答案也不尽相同。两位研究者最后认为，这一现象除了"说明中国人颇为有趣的、习惯将一切'五分'的执念"，似乎"并不能带给我们更多的启示了"。为了方便他们自己分析论述，两位研究者在"五大菜系"之外又"添加了至少三种烹饪流派"，认为"这些流派值得被投以同等的关注"。② 但种种这般的处理方法仅仅暴露了这些分类的相对任意性而已。不仅如此，历史上的中国人自己也清楚地认识到这些分类的局限性。例如，当民国时期的美食评论家点评上海的"广东馆"时就指出，外省人所谓"粤菜"，其实是将广东地区的各个烹饪流派笼而统之。但在广东当地，同属所谓"粤菜"的广州菜和潮州菜之间则有着十分严格的区别。③

烹饪传统中的"大系"与"小系"之争已然令人眼花缭乱，而社会对地方烹饪的总体评价的不断变化，更将这种复杂性推向新的

---

① 若干相关论述，参见 Frederick J. Simoons, *Food in China*, pp. 43–60；张舟：《试论中国的"菜系"》，第 17—18 页；杜世中：《也谈中国的菜系》，第 9—10 页。

② E. N. Anderson and Marja Anderson, "Modern China: South"，第 353—354 页的论述尤其相关。

③ 使者：《上海的吃(三)》，《人生旬刊》1.5：33。[类似于民国作家用"粤菜"一词泛指广东地区各个烹饪流派的菜肴，而不对其中的亚流派加以细分的做法，本书作者在使用"Cantonese restaurant/cuisine"等短语时，也并不专指狭义上的"广州菜(馆)"，而是泛指各种各样的"广东菜(馆)、粤菜(馆)"。因此，当遇到"Cantonese restaurant/cuisine"等词语时，译者会视上下文需要将其译为"粤菜(馆)""广东菜(馆)"等，而非该词语字面意义上的"广州菜(馆)"。——译者注]

高度。一直以来,徽菜作为“八大菜系”之一的地位是得到普遍承 11 认的。但在民国时期的上海,徽菜并非以其显赫的江湖地位而闻名,而是凭着低廉的价格、十足的菜量。始于19世纪末的徽帮菜馆“大富贵”是上海现存历史最为悠久的餐馆之一。如今其菜单上的传统徽菜已经少之又少,却转而烹制许多经典的海派菜肴。对于一些人而言,当今的海派菜至少能在“八小菜系”中占一席之地,甚至在另一些人眼中还能算是淮扬地区各个烹饪流派中新晋的翘楚。徽菜地位的式微或许正可以解释,在林相如与廖翠凤合著的《中国食谱》(*Chinese Gastronomy*)(1969)一书中,两位博学精思的著者缘何省去了对徽菜的介绍。这部书中有一张“中国美食地图”,展示了中国饮食的地方特色。但这张地图最引人注意的部分其实是它大片的留白:不光安徽在这张地图中被隐在一片迷雾中,东南沿海地区以西(除了四川)的所有地方都被省略了。

地域饮食文化历史地位的变迁,以及菜系分类与烹饪实践之间的断层,令我们提出一系列疑问:首先,这些分类到底是如何产生的?又是在何时、何地、因何而开始被广泛采纳的?正如台湾历史学家逯耀东指出的那样,当一种饮食方式限于一隅时,往往并不会清晰地意识到自己有什么特别;只有当各地菜帮向一地辐辏,彼此遭遇,并试图在质量和口味上脱颖而出时,它们才会开始有意识地强调自己的地方特色和“正宗”口味。① 其次,如果地域饮食文化是形成个人身份与地域观念的极其重要的组成部分,那中国人又是依据什么认为天差地别的各地菜肴能够被融合在一起,构成一个广泛而统一的“中国饮食传统”呢?其实,一些最权威的烹饪书籍已经指出,某些在今天被奉为经典的中餐烹调技

① 逯耀东:《肚大能容》,第48页。

法，与其说是有中国特色，不如说更具异域风情。例如，云南菜的一些制作方法与东南亚地区烹饪方式的相似度，就高于其与中国任何其他地方烹饪传统的相似度。① 本书也将谈到，19 世纪中叶，当江南人士第一次在上海邂逅广东馆时，即使是广东风味对他们而言也是颇有“异域情调”的。那么，当中国人认识到这种多样性之后，他们会赋予大相径庭的各地饮食传统以怎样的历史意义，又会据此得出怎样的结论呢？为了回答这些问题，本书将上文已经述及的诸多描述地方烹饪的术语视为话语的建构，而非简单的分析性框架，并考察人们在何时、何地、因何考量，开始强调这种饮食上的差异和特色。

两种地域饮食传统

12

有关中国食物的大量文献为研究者提供了一个深刻的视角，来观察地方观念是如何在人们讲述地方饮食文化的过程中浮出历史地平线的。总的来说，这些话语主要表述了两种形式的饮食文化：一种聚焦土特产，另一种则关注地方风味餐馆。这两种传统有时是相互关联的，比如粤菜馆的菜肴往往必以广东地区土产的食材烹制才有风味。但这两套饮食传统之间也存在着重要的区别，研究二者时所涉及的资料来源更是大不相同。鉴于这种差异性的存在，研究者有必要在此对两类传统作一区分。至于真正将二者关联起来的，却并不是它们在烹饪时相互需要、相互成就，而是基于这样一种观念：不论是一地特产还是本土风味菜肴，都是中国人故土文化身份的表征，都是他们家乡重要性的明证。

---

① Jeffrey Alford and Naomi Duguid, *Hot Sour Salty Sweet*.

在涉及地域饮食文化和观念的各类文献中,最具价值的就包括方志——一种脱胎于中央政府记档和地方名流传记的历史书写形式。① 这种文献为中央政府高层管理者提供其治下各个地区的详细情况,也是地方官员管理当地事务的重要参考。元朝时,方志已经成为记录地方历史最宝贵的一种文献形式。但说到底,方志也是对某一地方情况经过加工整理之后的"再现"(representation)。方志的关注点往往是某片特定的地理行政区域,例如一府或一县,并对大量的信息进行分析汇总,整合在诸如疆域沿革、山川、名胜、公署、河防水利、祥异、天灾人祸、书院学校、寺观、职官、赋税、仓储、市镇、兵制、当地名流(名宦、列女、武将、方技、释老)以及物产等名目之下。②县志为更高层级的行政单位编纂方志——如"府志"和"一统志"——提供了素材,因此地方名流和县级官员往往会为了响应府级或中央级的行政指令而组织编纂县志。不过,不论哪个级别的方志,其内容反映的确是编写者对家乡的真情实感。正如卜正民(Timothy Brook)所言:"地方志编写者要呈现给他的读者们的,是一部经过全方位编辑整理的家乡历史地理档案",这部档案"在某种程度上是要证明该地的文化成熟而发达。对于那些在异乡为官作宰或只身闯荡的

13

① 关于地方饮食文化其他形式的记录,散见于中国经典典籍、早期植物学和农学专著、游记、诗词散文、类书、食谱等文献中。在必要时,本书会在后文的主要章节分析这些文献在形式和内容上差异的重要性。目前的讨论还是集中在方志上,因为方志除了为本书提供大量文献资料外,也是明清中国建构地方史和地方文化的重要参考。

② 关于方志内容更详细的介绍,见 Endymion Wilkinson(魏根深), *Chinese History*, p. 155。此处开列的名单只是从魏根深书中截取出来的一部分而已。其他形式的地理志和公署志,参见 Timothy Brook(卜正民), *Geographical Sources of Ming-Qing History*。

人来说，这样一部地方志能帮他们挺起腰杆，赢得尊重”。[1]

方志中，旨在宣传当地土特产品的章节名为“物产”，即“作物和土产”。自宋代起，方志作家就开始使用这一术语作为方志中的篇目了。至于该部分的内容，从作为原材料的农作物（例如各种当地盛产的瓜果蔬菜）到被称为“土产”或“特产”的加工食品，无所不包。[2] 清代嘉庆年间出版的《朱泾志》里有这样一小段话：“（朱泾）螃蟹小于潘阳、汾河，味实过之。笋产赵坟，香脆肥白，不亚佘山。”[3]这段话生动展示了方志这种文体如何提供了一种媒介，让人们能够骄傲而欣慰地介绍家乡的优质物产。

上述引文在谈及家乡物产时言简意赅、直抒胸臆，这是方志文体中常有的语气。晋朝左思（约 250—305）的《三都赋》是现存使用“物产”一词最早的文献之一，后来的方志作家描写家乡物产时的朴实文风，或许正是受到该作品的影响。康达维（David Knechtges）曾注意到，“左思对汉代辞赋作家的浮夸风格与华而不实尤其不以为然”。在此，研究者需要完整地引述左思对前辈诗人的批评，因为从中我们可以看到他对于翔实记录地方物产的强烈呼吁：

> 然相如赋上林而引“卢橘夏熟”，扬雄赋甘泉而陈“玉树青葱”，班固赋西都而叹以出比目，张衡赋西京而述以游海若。假称珍怪，以为润色，若斯之类，匪啻于兹。考之果木，则生非其壤；校之神物，则出非其所。于辞则易为藻饰，于义则虚而无征。……

---

① Timothy Brook, “Native Identity under Alien Rule”, pp. 236 - 237.

②《中国方志大辞典》，第 68 页。

③《朱泾志》，第 12 页。

> 余既思摹二京而赋三都,其山川城邑则稽之地图,其鸟兽草木则验之方志。……何则?……匪本匪实,览者奚信?且夫任土作贡,虞书所著;辩物居方,周易所慎。聊举其一隅,摄其体统,归诸诂训焉。[1]

14

左思认为,当写作涉及物产时,作家需要认真稽考校验,这不仅仅是为了遵守古训,也因为人们正是通过"辨物居方",方能厘清帝国中心与边缘、上天与尘世的关系。

一千余年之后的上海方志作家对辨物居方和维持宇宙万物间的秩序依旧保持着关注。正如 1524 年出版的《嘉靖上海县志》中的"物产"条目所述:"天生物随土所宜,举其略书之。"[2]1683 年版的《上海县志》则与左思的思路类似,向古典典籍中追溯方志作家的这种使命:"《诗》识草木鸟兽,《禹贡》列筱簜箘簬,淮玭江龟,凡滋民生而为土之所出,故虽琐细,必详也。"[3]不论是"举其大略"还是"琐细必详",几个世纪下来,方志中积累的地方饮食文化成为人们建立、维系地方身份认同的有力载体,也是地方官员向帝国中枢展示物阜民丰景象的重要手段,更是本地人向外省人宣传家乡形象的有效方式。在这一过程中,方志编纂者们也将他们生于斯长于斯的一方天地写进了更广阔、悠久的中华帝国文明史中去了。

---

① 原书此处英文译文转引自 David Knechtges trans., *Wenxuan, or Selections of Refined Literature*, pp. 337 - 339。

② 《嘉靖上海县志》,1. 12a。

③ 《乾隆上海县志》,4. 49b。在本书中,当笔者需要引用《康熙上海县志》时(例如此处),都采用了 1750 年出版的《乾隆上海县志》,而非 1683 年的康熙版。这主要是因为有关"物产"一节的记述,两个版本是完全相同的,但《康熙上海县志》自 1683 年之后没有再版,因此十分罕见,不易获得。原书此处对于"筱簜箘簬"的翻译引用自 Bernhard Karlgren(高本汉), *The Book of Documents*, pp. 14 - 15。

人们明白，纵使天生万物，一地物产丰富与否，还是要受此处特定的风土条件的制约。这种“风土”概念与前述法语中的“terroir”类似，都将“地方”理解为“宇宙万物间无处不在的关联在某地特有的表现形式”。“风土”解释了“自然秩序如何在人类社会中得到再现”，也解释了一地的天然条件如何哺育出具有当地特色的艺术、文学以及日常生活的方方面面，例如社会习俗、饮食和烹饪。① “风土”概念甚至还启发了中医药学者，让他们悟出“因地制宜”的生理学理论，从而在医治不同地方的人时采取不同的疗法。② 尽管在17世纪，哲学和科学领域都出现过对关联性宇宙论看似有力的质疑，但“风土”学说作为一种朴素的人类经验和阐释框架依旧深入人心。③ 一位20世纪初的观察家在描述安徽人的饮食偏好时就发现，安徽人嗜食油腻食物。外省人初到安 *15* 徽，见餐桌上油光四溢，往往食欲全无，而安徽本地人却直呼美味。这位观察家点评道：这大概就是所谓“一方水土养一方人”——徽菜的“油”是安徽的地理与气候条件导致的；若徽菜一味清淡，则徽人肠胃难以适应，反生诸种不适。④ 总之，不论在哪里，了解“风土”对于当地人和外乡人有着同等的重要性。非徽籍的外省人不是在安徽风土的滋养下长大的，就吃不惯安徽饮食，而土生土长的安徽人若身在异乡，吃不到安徽风味便简直不得安生。在帝国晚期，徽商是中国最富有也最具流动性的商人群体之

---

① Susan Daruvala（苏文瑜），*Zhou Zuoren and an Alternative Chinese Response to Modernity*，p. 63.

② Marta Hanson（韩嵩），“Robust Northerners and Delicate Southerners”，pp. 515 - 549；Marta Hanson，“Northern Purgatives，Southern Restoratives”，pp. 115 - 170.

③ 有关这种怀疑主义传统的诞生，参见 John B. Henderson，*The Development and Decline of Chinese Cosmology*。

④《中国经济志·安徽宁国·泾县》，第517页。（原文已不可得。这一段话为译者根据英文译文进行意译。——译者注）

一。历史记录告诉我们：徽商走到哪里，徽菜馆就开到哪里；徽馆经营者们紧跟着同乡商人的步伐，随时随地满足他们吃家乡饭的需求。[①] 徽馆成了旅居在外的徽商与家乡保持情感联络的纽带，也帮他们克服了商路上异乡风土带来的挑战。

对家乡特色餐饮设施的需求并非徽商特有，而是所有中国游子的共同诉求。由此形成了一种强大驱动力，催生出地域饮食文化中的第二个重要传统——地方风味餐馆。在中国，有可靠记载的、最早的公共就餐场所出现在唐代。疲惫的旅人和朝圣者往往在道观和佛寺寻求歇脚的地方，吃一顿便饭，官员则在被称为“馆”（发音近似“官”）的客栈中吃饭、投宿。这也是为什么在书写时，人们要给这个表示官员过夜所在的“馆”字，添上代表食物、饮食的“饣”字旁。薛爱华曾指出，唐代的“馆”往往不仅限于为官员提供食宿——它们常出现在三教九流杂处的核心商业区，毗邻“集市、宅邸或港口”。但是，“馆”也与专为男性大众消费者提供娱乐、小吃、酒水以及供他们寻欢的酒店（也称酒肆、酒楼）不同。[②] 不论是“馆”还是“肆”，所有这些供人在外就餐的场所渐渐成为城市生活的重要特征，并跟随着商业贸易的脚步，以旅店——招待旅人的客店——的形式在帝国到处落地开花。“在公元 8 世纪帝国最繁荣的那些岁月里，”薛氏写道，“市场繁荣、物价低廉、社会安定，公共道路两旁开满了‘肆’，‘具酒食以待行人’。”[③]

16

如果说唐代的公共餐饮机构类似于中世纪和早期现代欧洲的酒馆和旅店网络，那么宋代城市里的餐馆则开始呈现出鲜明的特色。北宋的政治与商业中心开封吸引了全国各地的旅客和游

① 王振忠：《清代、民国时期江浙一带的徽馆研究》。

② Edward Schafer, “T’ang”, p. 137.

③ Edward Schafer, “T’ang”, p. 137.

民，一个满足各地人们饮食需求的餐饮产业也在那里发展起来。当然，在宋以前，中国饮食本就处处不同。但在开封，饮食的地域性差异第一次被带有地方特色的餐饮产业具体呈现出来。开封的餐馆或供应“北食”，或烹制“南食”，或专供“川饭”。吴自牧（主要活跃于1276年前后）在《梦粱录》里写道：“向者汴京开南食面店，川饭分茶，以备江南往来士夫，谓其不便北食故耳。”①1127年宋都南迁之后，杭州也兴起了一个具有类似结构的餐饮产业。

中国国内的人口流动将地方特色烹饪从帝国的一隅带到另一隅，也由此提高了地方饮食的文化自觉。弗里曼指出：“在杭州做北食，意味着人们在各种可能的食材和烹饪方法中有意识地做出了选择。换言之，北食成了一种不再固守当地饮食习惯的烹饪风格，是人们着意保持某种异乡饮食传统的产物。”②明清时期，人口的地理流动性越来越大，甚至出现了一种新的移民组织机构——“会馆”，又称“公所”。而随着人口流动性的加剧，上文所述的餐饮业地方化倾向也愈加明显。会馆为其成员提供的服务，从调解商业纠纷，到发送亡者、扶柩返乡，无所不包。同时，会馆也是被陌生的土地围绕着的文化孤岛，在那里保留着家乡的味道。牟复礼（Frederick W. Mote）解释道：“会馆的雇员——包括厨师——都来自会馆所代表的地方。苏州籍的商人和官员不论是住在北京的苏州会馆里，还是住在大运河或长江沿岸任何一个重要商埠的苏州会馆中，都能听到他的乡音，早餐吃到一份精致的苏式面点。”③不

---

① 转引自 Michael Freeman，“Sung”，p. 175。

② Michael Freeman，“Sung”，p. 175.

③ Mote，“Yüan and Ming”，p. 244. 白思奇（Richard Belsky）最近的研究对牟复礼有关会馆厨师的论述提出质疑，认为这并不适用于北京城的会馆，详见其著作 *Localities at the Center*，pp. 110 - 113。但无论如何，白思奇的质疑并不颠覆我们这里陈述的主要事实，即外地饮食会成为“他者”的一种标志。

过,这些组织机构虽能帮助旅人适应陌生的城市,却也同时将这些旅人标记为了城市中的“他者”。

作为地方知识的食物

一个社团在多大程度上是“他者”,往往取决于该社团所能调动的物质和文化资源。这些资源赋予其向外界讲述、呈现自身的条件和机会。也正是通过这种再现机制,地域饮食文化赋予其所代表的地方以重大的历史意义。在帝制中国,方志所记载的各地饮食文化首先是以帝国的统治中枢为讲述对象的,位居中枢的文化精英又从地方志中萃取信息,编纂成“一统志”,从而营造出一个稳定的帝国想象,明晰帝国中心与其边缘地带的关系。这也意味着,从理论上讲,方志应当定期重修,以记录王朝的权力更迭对地方的影响,并将地方的发展融入帝国历史的宏大叙事中去。作为贡品进献给帝王的异域食物则被系统性地收录在历朝历代的《实录》中。它们进一步丰满了人们对于中华帝国的想象,并定义了帝国与其邻国甚至更遥远的贸易伙伴之间的政治关系。至于这些记叙是否真实公允,最终的裁决者只有上苍,因为饮食文化——或者说任何文化——只有在社会安宁、政治清明、民风淳朴从而受上苍垂爱的地方才能发展起来。不过,地方上声称自己是被神明眷顾的福地,也直接或间接地挑战了中央的权威。正如我们将从上海水蜜桃的例子中看到的那样,这种食物叙事在当地人中间激发出一种态度,坚信上海相对帝国其他任何地方都更具优越性,更显包罗万象的都会气象。

进入 20 世纪,一种线性的历史观逐渐取代了以循环往复的王朝更迭为基本范式的历史书写,成为人们叙述时间、理解空间的主流模式。在这样的背景下，上述有关饮食文化正反两方的声音都发生了相应的变化。① 历史叙事的着眼点已经从帝国的政治权威如何建立、统治如何延续，转而讲述民族国家如何诞生，并尤其关注一种统一而连续的民族国家文化如何在历史的进程中发展成型。同理，线性展开的国家饮食文化史不能赋予任何一种地域饮食文化以特殊地位。相反，各地饮食文化只是标记了中国饮食文化的不同发展阶段，且如此展开的中华民族饮食文化史要与整个中华民族国家史的进程相吻合——从上古到当下，丝丝入扣。这些记载往往从一些宏大的主题切入，例如食礼和食品加工史，并在农业技术进步和农作物生产方面着墨甚多。② 这样的线性叙事对撰写地方饮食文化史的人们提出了挑战，促使他们转向新的叙事框架以评估当地饮食文化的历史地位。不过，这种线性的民族国家史观虽然成了学界和政界的主流观念，却并未垄断所有的历史叙事。从地方饮食文化的记述中我们可以看出：尽管有的叙事者着意要将地方史融入民族国家的宏大叙事中去，却也有人要在线性的历史叙事之外另辟蹊径——"从民族国家拯救历史"③。

这样，饮食文化成了一套更为宏大的话语的组成部分，这一套话语所要建构的便是杜赞奇（Prasenjit Duara）所谓的"地方性"（the local）。杜氏认为，"地方性"——此概念的精髓是将表示"地方的"（local）这一形容词名词化了——是"更宏大的结构（比如国家和文明）的真正价值所在"。"地方性"并非指地理上的各个点，而是一种思想上的认知框架。通过这种框架，中国人赋 *18*

---

① 关于中华民国的线性历史观，参见 Prasenjit Duara, *Rescuing History from the Nation*。

② 相关话题可以参见《历代社会风俗事物考》，第 98—120 页。

③ 原文此处未标明出处。该引文取自杜赞奇《从民族国家拯救历史：民族主义话语与中国现代史研究》（*Rescuing History from the Nation: Questioning Narratives of Modern China*）一书的书名。——译者注

予各个地方——村庄、乡镇、城市甚至某片森林——以历史性的重大意义。由此，人们将地理的空间感与历史的时间感联系在一起，让每一个地方都成为独一无二的“时空体”（chronotope）——一个“以当地时间节律为特征”的空间。杜赞奇以梁山丁发表于1942年的小说《绿色的谷》为案例，指出小说中存在着三种“时空体”：原始的东北森林代表“独立于线性前进的历史观之外的、自然的、循环往复的时间”；各路精英与政治力量争夺不下的狼沟代表了正在形成中的“民族国家的线性时间”；“南满站”这座城市则象征着在日本帝国主义殖民扩张的国际地缘政治背景下，中国社会“不断加速的资本主义化进程”。①

① Prasenjit Duara, “Local Worlds”, pp. 13 - 16, pp. 36 - 40. 值得一提的是，“地方性”作为一种有着重要历史意义的概念，其现代性不应该被过分夸大。不论是在帝制时代还是在今天，地方性始终是十分重要的。至于其中变化了的部分，正如前文提到过的那样，不过是表述地方性时人们所采取的不同措辞。正如宁爱莲（Ellen Neskar）观察到的那样，宋代时，各个地方能够陪祀孔庙的先贤先儒并不是同一批人。一地的文人社团基于本地情况，建构起有本地特色的文人谱系。这些谱系或强调此地乡贤在传承道统上做出的卓越贡献，或浓墨重彩地渲染某些莅临过本乡的名贤大儒，其目的不外乎将世人的注意力吸引到该地方上来。由此一来，这些乡贤谱系往往与官方制定的正统谱系出入极大。详见 Ellen Neskar, *Politics and Prayer*。另外，物质遗产，例如建筑、遗迹、古墓等，也为帝制时代的中国人提供了一种模式，让他们得以讲述与官方版本不同的历史。其情形正如乔迅（Jonathan Hay）在对南京明故宫遗址与皇家陵寝的研究中所阐释的那样，一方面，这些遗迹是“放之四海皆准的历史发展规律”的具象；它们提醒着人们，天命注定要从明朝转移到清朝统治者的手中的。但另一方面，这些残垣断壁也启发了一种反向历史叙事，因为它们代表着“存在于当朝当世之外的临界时空——它只因着人们对已然烟消云散的前朝往事的伤逝情绪而存在”。一个能让我们清晰地观察到这种“临界时空”的地方，就是当地的文人雅士在细细研究这些遗迹之后留下的怀古文字。这些作品“提醒着作者和读者，相比于所谓‘放之四海皆准’的历史发展律，天道真正的特点是难测。也正是因为传达了这样的观点，历史——或者最起码对历史的讲述——在这些作品中呈现出开放的状态”。见 Jonathan Hay, “Ming Palace and Tomb in Early Qing Jiangning”, pp. 20 - 21。戴安娜·拉里（Diana Lary）则注意到，类似的文化现象也出现在改革开放后的广东：“岭南的文化领袖们开始追捧遥远的过去，那时该地区独立于北方文化圈的直接影响，并发展出独具特色的、繁荣的岭南文化。”见 Diana Lary, “The Tomb of the King of Nanyue”, p. 7。

周作人在散文《卖糖》中回忆了几样他最为钟爱的家乡甜食，也向人们展示了食物是如何作为文学时空体而发挥作用的。[1]周氏生长在绍兴，青年时曾赴日本留学，后来常年定居北平。20世纪初，周氏曾是五四新文化运动大论战的积极参与者和领军人物之一。这场运动誓要以“新文化”取代“旧文化”，从而解决当时中国社会所面临的各种问题。但很快，周氏就与这场运动中的主流知识分子群体分道扬镳了，因为后者对中国传统文化所持的否定态度令他难以接受，后者所坚持的“文学应服务于建构民族国家的政治目的”的道路最终会将国家带向何方，更令周氏思之不胜忧惧。于是，周氏从新文化运动中疏离出来，转而沉醉于中国地方社会的历史学、人类学和民俗学研究。1937 年 7 月日军攻陷北平后，周氏的研究兴趣对其抉择有着重要影响：不同于许多此时不得不流亡内地的中国知识分子，周作人留在了沦陷区，接受了北京大学图书馆馆长的职务，后又成为亲日的汪精卫伪政权中的一员。也正因为这一段经历，国民党政府后来以“通谋敌国”的罪名对周作人进行了审判。但无论周作人自己的政治倾向如何，《卖糖》这篇思绪在中日两国间恣意游走、在 400 余年历史上进退自如的散文，都不能简单粗暴地从政治动机上进行阐释。[2]

作于 1938 年的《卖糖》是一篇颇有意味的短篇散文，它表现了食物如何勾起人们对某一地方的情感。全文以崔旭《念堂诗话》中有关“夜糖”的一则记录开篇。“夜糖”是绍兴当地的一种零食，卖糖者沿街敲锣而行，以吸引顾客。《越谚》是记录绍兴风土

① 周作人：《卖糖》，第 319—321 页。

② 有关周作人的汉奸罪的讨论，见 Lu Yan，“Beyond Politics in Wartime”，pp. 6 - 12。

人情的重要著作，可它对“卖糖”的风俗只字未提，这令周氏大为失望，他点评道：“绍兴如无夜糖，不知小人们当更如何寂寞，盖此与炙糕二者实是儿童的恩物。无论野孩子与大家子弟都是不可缺少者也。”接着，他带着脉脉温情细致地描述了几种家乡甜食的制作工序、卖糖小贩所敲的锣的构造和声音、小贩如何穿街走巷做营生，并颇有深意地述说道：

> 此种糕点来北京后便不能遇见，盖南方重米食，糕类以米粉为之，北方则几乎无一不面，情形自大不相同也。小时候吃的东西，味道不必甚佳，过后思量每多佳趣，往往不能忘记。不佞之记得糖与糕，亦正由此耳。①

显然，越是得不到，越是心向往之，但这篇散文并不只是要证明回忆也具有生产性的力量。在《卖糖》一文的结尾，周氏提到了誓死效忠明朝的遗臣朱舜水（1600—1682）。此人在明朝覆灭之后东渡日本，并融入了当地社会。在德川时代（1603—1868）的日本，朱氏以其儒学造诣广受敬重；几个世纪后，他又因为曾创作过大量反清作品而被中国革命者奉为表率。周作人尤其提到，朱氏的家乡余姚与绍兴仅一县之隔，想来朱氏的童年，一定也有夜糖的踪影吧。②

很明显，周氏在这里试图讨论的是，生活在沦陷于日本殖民统治下的中国土地上究竟意味着什么。而他的应对之道，则是将绍兴的地方饮食文化转变成一个超越当下现实问题的时空体。在周氏作此文时，前清政权已破碎成若干半自治的政治集团，至于清帝国版图中最核心、最令周氏念兹在兹的土地也早已四分五

---

① 原书此处的英文译文节选自 E. Wolff, *Chou Tso-Jen*, p. 94。

② Susan Daruvala, *Zhou Zuoren*, p. 81.

裂。一个世纪以来抵御外侮的战争，在中国土地上留下了无数的外国兵站和租界，令人不由地为国家被瓜分的命运感到忧惧；军阀间的混战只是加剧了国家内部的分裂。国民党政府于“南京十年”(1927—1937)中曾短暂地带来过统一的希望。但在周氏写作此文时，南京国民政府已经在日军的进攻下出逃，且尚未完全在作为战时陪都的重庆重组。另外，尽管国民党政府依旧是国际认可的统治政权，但国民党军队在向内地撤退的过程中，所到之处大量村镇几为废墟，社会结构遭到严重破坏，这令周氏痛心疾首。中国共产党此时在延安一带建立了根据地，尚未发展成有足够影响力的政治力量。更何况无论如何，他们对新文化运动的热切拥护、对传统生活方式的批判，都令周氏难以接受。唯有对食物的记忆可以穿越浩瀚的时间和空间，比当时任何的主要政治力量都更能为周氏提供一种确切的文化归属感。甚至在《卖糖》的例子中，食物还与一位前辈先贤产生了关联，而此人正扮演了周作人在日军侵占的领土上不得不扮演的角色。因此，周氏的食物书写实际上是一种有关记忆、历史的写作，其目的是要辟出一方不受国内政治动荡、帝国主义暴行和民族主义纷争侵染的文化空间。

20

上海：摩登与怀旧

正如本书将要展示的那样，帮助周作人抒发郁闷心结的饮食，也能帮助身在上海的中国人构建他们自己的怀旧图景，想象各自家乡(以及上海这座城市本身)如何融入抑或无法融入帝国晚期乃至20世纪的主流地方叙事和政治话语。在这里需要解释一下，笔者何以选择上海作为这样一种怀旧情绪和中国饮食文化的研究对象。毕竟众所周知，上海并没有自己独具一格或特别出色的饮食文化——至少直到非常晚近的时候还没有。更何况,上海比中国其他任何一座城市都更能代表中国的"摩登"或"国际化"一面:它没有经历过中国广袤内陆地区的困局,也挣脱了自限性的历史包袱。在茅盾发表于1930年代初的小说《子夜》中,这种对于上海的看法体现得淋漓尽致:在这部描摹上海的经典作品中,中国漫长的文化史只以吴老太爷的形象为象征,在小说的开篇一闪而过。这位老太爷形容枯槁,人虽已到上海,手里却还紧紧抓着他的《太上感应篇》不放。在抵达上海的当天夜里,吴老太爷便因目睹了上海家中的年轻女眷衣着暴露、举止开放的场面,当场心脏病发作,一命呜呼。在老太爷咽气之后,他身为诗人的远房晚辈点评道:"[古老的僵尸]现在既到了现代大都市的上海,自然立刻就要'风化'。去罢!你这古老社会的僵尸!去罢!我已经看见五千年老僵尸的旧中国也已经在新时代的暴风雨中间很快的很快的在那里风化了!"对于这样的言论,老太爷的表侄女也只是"佯嗔"。这段情节似乎暗示,即便有人要反驳诗人的这番评议,也不过是口是心非,惺惺作态。[1]

这样的上海——白吉尔(Marie-Claire Bergère)颇带争议性地称其形象为"另一个中国",而罗兹·墨菲(Rhoads Murphey)称其为"开启现代中国的钥匙"——的确代表了这座城市历史上的诸多重要面向。[2] 这样的上海观也引导着学者们去关注这座城市的改良家与革命者、新兴传媒与公共领域、政治改革与市民社会、资本主义与工人运动,以及这里的文化生活(例如电影、音

21

---

① Mao Dun(茅盾), *Midnight*, p. 29, pp. 31 – 32.

② Marie-Claire Bergeère(白吉尔), "The Other China", pp. 1 – 34; Rhoads Murphey (罗兹·墨菲), *Shanghai*.

乐及文学的现代性),并由此产生了大量的学术研究成果。①

但是,上海的"另类"与"摩登"只是这座城市的一个侧面。上海其实不仅与其周边腹地关系密切,它和诸多偏处中国内陆的地区也有着千丝万缕的联系。以上海为家园的许多人,其工作、生活及社会组织形式无疑是在乡土的、外来的文化与社交规范下形成的。人们虽然居住在新式房屋里,但不少市民的生活方式及物质条件都与村居无异。② 此外,在上海历史的很长一段时期内,故土观念才是人们形成个人与社团身份认同的核心,其作用远比国家甚至上海这座城市本身带来的认同感重要得多。更何况,地方身份与国家身份之间也并不是完全不可调和兼容的。③ 上述这些趋势形成了与白吉尔所谓"另一个中国"正相反的上海面貌,我们完全可以称之为"另一个上海"。当然,不论是对当地人还是对外地人而言,此时的上海的确呈现出"摩登"的景象,也遭遇着"摩登"的问题——盲目否认这一点绝不是明智之举。但"摩登"并不总是意味着"西化",且上海当时涌现出的或"摩登"或"西化"特质,反而让人们前所未有地强烈感受到了明显式微的"传统"中国的存在。

---

① 其中一些代表性的研究,可以参见 Leung Yuen-sang(梁元生), *The Shanghai Taotai*; Paul Cohen(柯文), *Between Tradition and Modernity*; Rudolf G. Wagner, "The Role of the Foreign Community", pp. 423 - 443; Mary Bakus Rankin(冉枚烁), *Early Chinese Revolutionaries*; Yen-P'ing Hao(郝延平), *The Compradore in Nineteenth Century China*; Parks Coble(柯博文), *The Shanghai Capitalists and the Nationalist Government*; Emily Honig(韩起澜), *Sisters and Strangers*; Elizabeth Perry(裴宜理), *Shanghai on Strike*; S. A. Smith, *Like Cattle and Horses*; Christian Henriot(安克强), *Shanghai*, 1927 - 1937; Yingjin Zhang(张英进), *Cinema and Urban Culture in Shanghai*; Andrew Jones, *Yellow Music*; Leo Ou-fan Lee(李欧梵), *Shanghai Modern*; and Shu-mei Shih(史书美), *The Lure of the Modern*。

② Hanchao Lu(卢汉超), *Beyond the Neon Lights*.

③ Bryna Goodman, *Native Place, City, and Nation*.

毫不夸张地说，怀旧主题出现在上海这座城市的每一个发展阶段和每一个历史转折点上。举例而言，著名改革家王韬(1828—1897)在政治改良和现代公民等议题上都提出过影响力巨大的观点，但他也创作了许多带有深沉怀旧情绪的作品，追忆在19世纪中叶太平天国运动中遭到破坏的沪上江南文化。① 1895年签署的《马关条约》给予外国人在中国开设工厂的权利。自此，上海的工业化进程更激发人们创作了大量追忆"老上海"的图像和文学作品。图像作品中的怀旧代表是一部连载于1910年的插画指南《三百六十行》；②这部作品问世的时候，昔日寻常可见的街边小贩与手工艺人——构成老上海市井生活的"三百六十行"——正在从城市风景线中消失。文学方面，则出现了像陈伯熙出版于1924年的《上海轶事大观》，以及陈无我发表于1928年的《老上海三十年见闻录》等作品。③ 抗战期间，日军占领上海，沪上许多知识分子自视为"遗民"，亦即生活在过去的人。唯其如此，他们才能在已然沦陷的城市中为自己开辟一片"精神救赎的空间"。这些知识分子将自己战时的作品发表在《古今》杂志上，以抒发抚今追昔之情。④毛泽东时代是上海发展史上一个不以明确而高调的怀旧为特征的时期。在这一时期，政治的基调是对过

22

---

① Catherine Yeh(叶凯蒂), "Creating a Shanghai Identity", pp. 107 - 123. 正如叶凯蒂所指出的那样，王氏凄恻的文字所讲述的是太平天国运动爆发后的"流亡生活带来的……漂泊感"。叶氏进而分析道："其文学效果是显而易见的；王氏并没有与传统文化割席。在他的笔下，上海既有着早年间资本繁荣带来的感官享受，同时也提醒着他流离失所的凄楚。"(p. 114)

② 这本插画连载于画刊《图画日报》。

③ 正如华志坚(Jeffery Wasserstrom)注意到的那样，上海的飞速发展让外国人开始留意这座城市的过去。参见 Jeffery Wasserstrom, "New Approaches to Old Shanghai", pp. 263 - 279。

④ Poshek Fu(傅葆石), *Passivity, Resistance, and Collaboration*, pp. 110 - 111.

去的摒弃——最起码理论上应当如此。但随着时间的推移,人们开始认识到,唯有大力发展各种民间形式的城市商业文化,而非像之前那样从政策层面铲除它们,方能保持执政党在人民群众中的威信。[①] 如此看来,20 世纪末至 21 世纪初出现的那种影响广泛,并常常被冠以"老上海"之名的怀旧情绪,不过是这座有着漫长而深刻怀旧传统的城市在其发展史上的最新篇章而已。[②]

没有什么角度比饮食文化更适合作为切入点,来探索上海悠久城市史上的经典主题了。上海的饮食传统既已表现出这座城市与中国其他地区的重要联系,有关上海食物的文献记载更是传达出浓郁的怀旧情愫。

上海作为一个相对独立的行政区域,始自北宋熙宁七年(1074)官方在此设置的商业集镇。南宋绍兴二十九年(1159),中央政府在这里设置了市舶提举司,标志着市镇初具规模。元朝至元二十九年(1292),上海县成立。及至明朝,上海已经成长为一个人口逾 20 万的城市。[③] 正如本书第一章将要展示的那样,早在明朝时候,上海在许多当地人眼中已经是一个迷失抑或即将迷失方向的城市,当地文化精英则千方百计试图为家乡打造一种独一无二的身份定位。上海此时所面临的诸多经济挑战,与其所处的江南地区的其他城市所面临的问题颇为相似,尤其在通货膨胀、经济体系货币化,以及明朝后期大量白银从海外流入等一系

---

① Dorothy Solinger(苏黛瑞), *Chinese Business Under Socialism*.

② 有关改革开放时期的上海怀旧情绪,参见 Zhang Xudong(张旭东),"Shanghai Nostalgia", pp. 349 - 387,以及 Wang Ban(王斑),"Love at Last Sight", pp. 669 - 694。

③ Linda Cooke Johnson(张琳德), *Shanghai*, pp. 38 - 39, pp. 119 - 121.

列财政波动问题上。[①] 如柯律格（Craig Clunas）所言，这样的经济波动引发了整个社会前所未有的、大范围的“对于物品的焦虑情绪”——中国文化精英们赖以陶冶情操的奢侈品、古董、书籍等物品自然首当其冲成为焦虑的对象，而日常必需品，比如食物，也会引发相似的焦虑。[②] 晚明的商品文化挑战了物品的传统价值和意义，让人们领略到作为商品的物能够在多大程度上扰乱理想的生活方式。在上海，这种焦虑尤其深刻，因为这座城市连最基本的食粮也极大地依赖外地输入。以大米为例，虽然江南大部分地区都适合水稻生长，但偏偏上海县水稻长势不佳。直到 17 世纪早期，上海县超过百分之七十的土地都是棉花田。

另一种适应上海水土的作物是桃。这是一种珍贵的、有着重要象征性意义的食物。它给这座城市带来其求之不得的文化资本，并消弭了上海是只能出产单一作物的商业市镇的名声。上海的桃培植产业自明中叶开始繁荣起来。在当地出产的各种桃子中，水蜜桃长势尤好，而水蜜桃中又以生长在老城厢西北门内顾氏露香园中的为上品。后来，露香园年久失修，坍圮为废园，成为人们怀旧的对象，但顾家桃子早已驰名海内，为人称道。明中叶至清初，上海的文化精英们通过大力宣传当地的桃子，将上海塑造成了一个人间仙境。他们的书写既唤起人们对陶潜《桃花源记》中田园风光的向往，又与汉武帝那象征了帝国在宇内至高无上地位的上林苑遥相呼应。通过将上海与这两个在历史上留下浓墨重彩的地方相比拟，当地文化精英们将上海呈现为帝国文明的中心——一个拒绝被明清商业文明所带来的

23

① William S. Atwell（艾维泗），“Ming China and the Emerging World Economy”，pp. 376 - 416.

② Craig Clunas，*Superfluous Things*. Timothy Brook，*The Confusions of Pleasure*.

不确定性主宰的地方。

即便是 1843 年上海向外国居民与贸易敞开大门之后，传统文学艺术中的理想图景依旧是上海食物书写最重要的修辞手法，只是正如本书第二章将要阐明的那样，怀旧的修辞不再向神话传说中寻找素材，而是指向了一些在帝国版图上更加确切可考的地方，以及指向这座城市自己的过往。导致这种转变的因素之一，是上海城市人口结构的变化。清中期的上海与同时代的许多其他中国城市类似，已经是大批来自福建、山西、浙江等省份，以及潮州、徽州等城镇移民的客居地。但及至 19 世纪下半叶，以上海为家的外来人口才迅速超过了土生土长的本地人，上海也一跃成为中国人口结构最为多样化的城市。这些新人口主要是由 19 世纪中期的三次国内移民潮带来的，其源头分别是广东、江苏和浙江。另外，海外移民（一开始是来自英国、法国、美国的移民，之后也有俄国和日本移民），以及后来渐渐出现的中国其他地方的移民，都为上海贡献了人口。上海的租界原本是专供外国人居住活动的区域，但由于复杂原因，这些区域里的中国人数量也远远超过了外国人。

不习惯当地饮食的新移民，竭尽所能要在上海寻找或烹制能与童年记忆中的家乡风味相媲美的食物。于是，一个生机勃勃、具有丰富地域或国别特色的餐饮业在上海诞生了，为的就是满足新移民对家乡饭菜的渴求。不过，尽管带有各地特色的餐馆遍地开花，其地理分布却和城市人口的分布呈现出高度一致性。餐馆老板总是把店开在同乡聚集的地方，以期获得更多的潜在主顾：粤菜馆出现在大量广东移民聚居的区域，徽菜馆则绝不会离城中当铺云集的地方太远，因为这些当铺主要是由

24

安徽人在管理经营。① 要吸引回头客,餐馆老板们不能只迎合客人们对家乡味道的偏好,也需将自己的餐馆打造成漂泊在大上海地界上的一小片家乡的文化孤岛。

不过,新的人口结构只是地域特色餐饮业和餐饮文化崛起的诸多因素之一。上海的飞速发展期,恰好也是中国最大、最富庶的几个城市走向没落的时期,而前者的崛起更加速了后者衰退的进程。很快,上海便当仁不让,成为中国最富有的城市,充斥其中的令人眼花缭乱的神奇物件与新颖食品等,让这座城市成了许多观察者眼中真正的"蓬莱仙境"。只是这些新奇物事既令人兴奋,也提醒着人们城市生活有着怎样瞬息万变的特质,由此带来的新式焦虑促使城市居民——土生土长的也好,新移民也罢——前所未有地强烈感受到:上海便是下一个"武陵源",它绝难逃脱湮没于茫茫历史洪流的宿命。19 世纪下半叶本地桃产业的衰败,更让人们尖锐地感到失落"桃源"的痛苦。上海人对此叫苦不迭:尚存于世的几株珍贵水蜜桃树原本就只能结出为数不多的几枚果子,这有限的产量却还因为商人们囤积居奇的行为而致售价畸高。言及此,他们不由地又怀念起昔日的上海来。当年的一切都反衬出这个新崛起的大都会如何问题重重、危险重重。

本书第三章出现了一个具有讽刺意味的转折。这一章将向我们展示,西方饮食文化如何被城市人当作宣扬新式传统中国文化的载体。生活在上海的中国人第一次接触西餐是在晚清时期。刚开始,中国人感到西餐难以下咽,而在餐桌上动刀子更是蛮夷所为。但在 19 世纪的最后一个十年,吃西菜已经成为这座城市中最常见的餐饮潮流。在上海的娱乐业大动脉——福州路上,中

---

① Bryna Goodman, *Native Place, City, and Nation*, p. 22.

国老板们经营起一家家番菜馆。常常光顾该地区妓馆、戏园与书店的城市文化精英，这时也迅速被吸引到番菜馆里来，将这里当成他们社交聚餐的场合。起初，人们来此不过是想体验一把异域风情。但很快，这些餐馆就成了老主顾、游记作家和社会观察家眼中上海现代性的象征，从而备受推崇。

但也正如以往多次发生过的情形一样，新奇事物——不论是外国食材、餐具、餐桌，还是餐厅室内装潢的各种新巧构思——也会带来新的焦虑。这焦虑既是针对这些事物本身的，也是针对与这些事物有着紧密联系的人的。以西餐为例，与之密切关联的人群之一就是上海的高等妓女。在时尚领域，名妓们才是这座城市真正的风向标；正因为有她们频繁光顾番菜馆，为西方舶来品背书，这些新事物才得以成为都市文化精英的日常消费品。也正是由此，一些城市居民在西餐文化中看到了一种有别于传统的、全新的生活方式。但还有一些人，则是将舶来品与舶来饮食文化放在传统文化的框架内部去理解的。举例而言，一位晚清评论家就将当时沪上的西餐热阐释为中国饮食文化史上一些由来已久的传统在新的历史阶段的新表现，这些传统甚至可以追溯到汉代中国人对异域食物的兴趣。而另一种更加激进、最终也获得了更大影响力的饮食观，则是由城市改革家和食谱作家们提出来的。他们大力推广新的家内女性形象，以抗衡名妓形象的文化号召力。改革家们谴责女人们下馆子的行为，提倡女性就应该在家下厨，亲手准备饭菜，并尽可能不购买市场上出售的现成食品。在这一点上，现代改革家们和正统的儒家学者达成了一致（且二者同样热衷于引用儒家经典《大学》里的话）：他们都相信要平天下，先要齐家，而作为母亲和妻子的女性，则在生养健康的下一代家庭成员这件事上扮演着至关重要的角色。西方食物，尤其像牛奶这种

25

营养价值较高的食物,竟顺理成章地成了中国新式传统家庭观念的象征。

进入20世纪,上海居民除了对西方食物多加尝试,对中国地方风味也热情不减。如本书第四章所展示的那样,上海餐馆业的多样性使得居住在这座城市里的人们得以邂逅中国丰富的饮食资源和餐饮文化传统,并由此参与到各种饮食的怀旧中来。指南书作家徐国桢在1933年出版的《上海生活》一书中曾这样描绘上海的餐饮业:"要吃外国菜,就到西菜馆,要吃中国菜,更其容易,什么广东菜、云南菜、福建菜、四川菜、徽州菜、北京菜,等等,由自己任意拣选。"[①]的确,各具地域特色或异国风情的餐馆,既是沪上独有的都市风景线,也是"上海"这一城市概念的必要组成部分。与上海指南书作家竭力要为城市丰富多彩的餐饮文化背书的冲动形成鲜明对比的是,1934年出版的《广州指南》只是简单地将这座岭南城市的餐馆分为"酒楼"和"外省酒菜馆"两类。[②]两相对比之下我们不难发现,上海餐馆业在人们眼前呈现出的,是一幅有机的中国"国家景观"(nationscape)。[③] 餐馆经营者甚至有意识地拿地方历史和文化上最广为人知的母题大作商业文章,以期获得利润;烹制不同菜系饭食的餐馆也往往靠着勾起人们对昔日中国的怀旧情绪来吸引主顾:北京餐馆不仅制作清朝皇家御膳,还给讲一口正宗北京官话的女侍穿上了清朝服饰。无锡菜馆则推出一套独具特色的筵席,再现了19世纪末曾让该地风

① 徐国桢:《上海生活》,第38—39页。

②《广州指南》,第242、250页。

③ 该术语出自安德训(Ann Anagnost)有关中国政府在海外精心投资建设的国家历史景观主题公园——"锦绣中华"的研究。参见Ann Anagnost,"The Nationscape",pp. 585-606。

光无两的“船菜”。

以上每一种做法，都代表了生活在这座城市中的人们的一种努力：当他们在脑海中构想这个民族国家统一的远景时，他们也要为国家中的每一个地区都找到一个有意义的位置。尽管军阀与内战让这个国家支离破碎，但人们从城市中各具地域特色的餐馆找到了一种办法，去了解他们作为“中国人”所共同经历的历史，以零零落落的“拼图”拼凑出完整的民族国家的文化图景。当然，相当一部分餐馆要价不菲，使得许多城市居民无法亲身参与到这种饮食的怀旧中来。更不用说，上海餐饮业蓬勃发展的年代也正是城市商业体系危机愈加深重的年代。市场连最基本的口粮价格都无法稳定，更不必说餐馆的菜价。这种市场动荡不禁令人怀疑，城市商业体系是否还能提供有意义的、合理的物价标准。于是，精通都市生活门道的内行们开始撰写消费者购物及就餐指南，教大众如何找到物美价廉、口味正宗的地方风味餐馆，而免于误入价格高昂、专供有钱有势的阔人们挥霍资财的宴饮场所。在上海经济局面愈加动荡的年代，这些指南书纾解了消费者的焦虑。但要从根本上解决这个危机，还需等到 1949 年政府开始对城市饮食文化进行社会主义改造之后。

如第五章所述，1949 年上海解放后，政府意识到了这座城市多种多样饮食的怀旧所具备的价值——不论这怀旧是修复型的，还是反思型的，也在这条多彩的饮食风景线中添上了自己浓墨重彩的一笔。在共产党执政上海之前，上海已经历了漫长的沦陷时期以及接踵而至的四年国共内战。及至战争结束，高通货膨胀率及黑市对城市居民日常生活最基本口粮（例如大米）的控制，几乎完全摧毁了上海的餐饮经济。由于新政府的计划是要将上海改造成社会主义工业化建设的典范，那么恢复这座举足轻重的大都市的社会秩序就是政府工作的重中之重。为此,政府决定由国家对食物供给进行集中管理,对最基本的粮食物资进行定量配给,并对城市中的餐饮业进行社会主义改造,引导餐馆业主制作和售卖“大众食品”,以取代此前一直令他们风头无两的高端餐食和地方特色菜品。

但没过多久,城市管理者便发现,上海市民依旧对地方特产和烹饪情有独钟。针对这点,政府也很快找到了独到的调和应对之道,那便是赋予地方特色饮食以全新的历史意义。从 20 世纪 50 年代末至 60 年代初,当经济建设遭遇阻滞,暂时无法实现那个食物充足的社会主义理想时,复兴传统地方风味饮食的做法更显示出愈加重要的象征意义。曾经活跃于上海城隍庙一带的市井里弄中的特色小吃,在这时重获承认,成为“大众饮食文化”的组成部分,机关单位则是这种文化的重要支持者。政府授予城市中最杰出的餐馆以“老字号”的荣誉,并将它们列为劳动模范单位;高端餐馆的大厨也被树立为劳模典型,成为悠久而宝贵的中国饮食文化技艺的传人。当然,在后来的“文化大革命”十年中,这些名厨最终抵不过“普罗大众的力量”,于是上海的高端餐馆在这一时期也都被改造为出售家常便饭的食堂。但无论如何,政府保护、弘扬中国餐饮传统的努力,不该因为“文化大革命”时期的反常情形而被忽视——显然,在上海饮食文化究竟该何去何从这个问题上,政府曾在不同的道路上做出多种尝试。

本书的尾声部分注意到,在改革开放之初的十几年间,一种全新的“老上海”想象浮出了历史地平线:在这座城市的历史上,首次出现了不以“武陵源”式的乡村田园景象为精神内核,而是以 20 世纪 30 年代明艳动人的消费文化为主题的怀旧。在社会主义市场经济建设及改革开放的历史背景下,营造出这样的“老上海”图景既是合宜的，也是用心良苦的。如果我们进一步聚焦上海餐饮世界，则该想象主要体现在“老上海”主题餐厅的悄然走红上。改革开放后，这种主题餐厅是对上海地区的饮食和城市史进行商业化运作而采取的最常见形式，它们的出现也启发人们创造性地将“海派”这一术语应用到对这座城市饮食文化的描述上。从历史角度看，“海派”这个词主要被用来指从晚清到民初上海地区诞生的别具风格的戏剧、文学和艺术流派。如今，厨师和政策制定者们却用它来描述上海饮食文化长久以来的总体发展趋势：当人们说起“海派”菜肴时，人们其实是在谈论一种永远处于发展变化之中的烹饪风格。它既能巧妙地融会中国各地烹饪技术与食材，也能吸收外国元素，在兼收并蓄中形成一种全新的流派。

但也正如尾声所要展现的那样，围绕着“老上海”主题餐厅和“海派”烹饪的众声喧哗，淹没了上海饮食文化中另一条更加深刻而持久的历史主线，即人们对遍布这座城市大街小巷的家常饭店和那里烹制的家常菜始终如一的热情。在历史上，不仅沪上的人们向来对于什么是真正的上海本地菜肴，以及这种菜肴与其他区域烹饪风格之间有何差异，有着十分清晰的把握，而且这座城市里更是遍布着诸多专门制售上海“本帮菜”的小餐馆。只是在公共领域对“上海”想象的形成过程中，这种低调的本地风格却几乎没有什么存在感。与它们有限的影响力形成对比的是，如今这种家常饭馆在上海极高的可见度；那里所供应的菜品，是上海人早自 19 世纪起就已情有独钟的经典，例如鳝糊、红烧蹄髈以及菜饭。作为华丽的“老上海”主题餐厅和洋气的“海派”饮食文化的重要补充，这些家常饭店在上海飞速向前的第二次全球化进程中，提供了一个个令人倍感亲切与慰藉的文化空间。

28

第一章　“独上海有之”：水蜜桃与晚清中国的上海观

29

> 水蜜桃，前明时出顾氏名世露香园中，以甘而多汁，故名水蜜。其种不知所自来，或云自燕，或云自汴。然橘逾淮而化枳，梅渡河而成杏，非土腴水活，岂能为迁地之良乎！则谓桃为邑产也，亦无不可。
>
> ——褚华：《水蜜桃谱》，1814

维多利亚时期的植物学家罗伯特·福琼（Robert Fortune）在其1847年出版的第一部中国游记的尾声中，回顾了自己“漫游华北三年”①的收获，他谈道：“从上海周边搜集到的重要物事中，我实在无法忘怀一种大而肥美的桃子。这种桃8月中旬在当地上市，保鲜期10天左右。它们产于城南几公里外的桃园，能长到周长28公分、重340余克的并不鲜见。这大概就是一些作家所谓的‘北京桃’。围绕着这种桃子，文人不吝笔墨，写下许多令人惊奇的故事。”②

福琼在1842年《南京条约》签订后不久便抵达中国。根据此条约，上海及另外4个港口城市开始允许外国人定居和通商。皇

① 该处引用出自福琼此书的书名 *Three Years' Wanderings in the Northern Provinces of China*。——译者注

② Robert Fortune, *Three Years' Wanderings in the Northern Provinces of China*, p. 404.

家园艺学会赋予福琼此行的任务，是搜集22种食用及观赏植物的标本。尽管福琼领受任务后不久便与园艺学会不欢而散，但他从上海寄往加尔各答的17000枚茶树种子，帮助东印度公司在印度建立起英国首个商业茶种植园，也使东印度公司一举成为茶叶这种关键作物的主要生产商。① 而包括“北京桃”在内的多种植物，如“杜鹃、山茶、菊花、牡丹以及蔷薇的若干新品种”也被福琼寄回了英国，从而进一步巩固了大英帝国为自己设计并日渐丰满的“自然主宰者”的崇高形象。②

30 福琼作此书正是要揭开有关中国农业的重重迷思，同时强调自己在植物学上种种新发现的重要价值。③ 就此而言，上海水蜜桃确是一个收束全篇的好题目。一方面，中国向来不缺与桃相关的神话传说和民间故事——“再没有什么树木和果子，能像桃一样被赋予如此丰富的象征意义”。④ 在福琼到达中国前的两千年间，桃子一直与人们修仙证道的夙愿难解难分。这种关联甚至可以追溯到西王母斥责汉武帝（前141—前87年在位）妄图将昆仑神山果园中有长生不老之功效的仙桃播种人间薄地的传说。几个世纪后，在陶潜的《桃花源记》中，桃花则构成了通向乌托邦式理想天地的门户而为世人所传诵。贡桃也是中华帝国要让万方来朝的雄心壮志的象征，是所有能“引起人们对未知世界无限遐

① Donald P. McCracken, *Gardens of Empire*, pp. 138 - 139.

② Lucile H. Brockway, *Science and Colonial Expansion*, pp. 7 - 18; Richard Drayton, *Nature's Government*.

③ 有关福琼的研究兴趣与写作，参见 Susan Schoenbauer Thurin, *Victorian Travelers*, pp. 27 - 54。

④ Wolfram Eberhard(鲍吾刚), *A Dictionary of Chinese Symbols*, p. 227. 对于桃的象征意义的简明总结，亦见 Frederick J. Simoons, *Food in China*, pp. 217 - 220。

思的奇珍异宝”的一个缩影。[1] 另一方面，尽管上海水蜜桃的真实尺寸较园艺协会所描述的为小，也并非“生长于皇家园囿，重达两磅”，它们却依旧让福琼出尽风头，大大吹嘘了一番其在上海亲眼看见的物产之盛。[2] 在记录这一丰盛景象时，福琼不得不承认他面临着巨大的挑战，因为前人早已对华南地区的农事极尽溢美之词，以至于当福琼打算描绘“物华天宝的上海平原”时，竟发现自己很难不落前人窠臼。但通过宣称发现了一种既非生于京城、也非产于西人更加熟悉的岭南一带的水果，福琼在欧洲探索中国的新阶段扮演起前哨先驱的角色，也将人们的注意力转向了当时尚不起眼的上海地区。

但福琼没有意识到，他到底晚人一步。几个世纪以来，上海本地人已经在不断编织一种关于上海的观念，即上海才是大自然无与伦比的宰治者。福琼曾承认过，在阐述上海地区的农事时，他深感词语的贫乏。可早在 19 世纪初，中国作家们就已积累了大量美好的词语，来描绘该地品类繁多的“物产”(crops and products)，尤其是上海桃的妙处。本章的主旨，便是要探究桃在上海观念的形成过程中所扮演的重要角色，揭示这么一种将上海视为帝国中心及包罗万象之都会的观念，是如何从种种对于当地作物的描绘中生发出来的。而这一切，早在上海蜕变为国际化港口城市以及福琼之流抵达的很久以前，便已经悄然发生了。

31

---

① Edward Schafer, *The Golden Peaches of Samarkand*, pp. 1 – 2. 有关撒马尔罕的贡桃的史料，亦见 Berthold Laufer(劳费尔), *Sino-Iranica*, p. 379。关于汉武帝与西王母的故事，见 Michael Loewe(鲁惟一), *Ways to Paradise*, pp. 115 – 126。对陶潜与桃花源传说的讨论，见陈寅恪：《〈桃花源记〉旁证》，第 183—193 页；亦参见 James Robert Hightower(海陶玮), *The Poetry of T'ao Ch'ien*, pp. 254 – 258。

② 这段描述来自园艺协会给福琼的一封信，转引自 Thurin, *Victorian Travelers*, p. 29。

在开埠之前，前述这种对于上海的美好想象，曾广泛流播于本地及周边官员、名流的传统中国饮食书写中。其中极具价值的一类，便是上海地方志中列于“物产”条目下的记载：它们既包含与当地特产相关的旧闻轶事，也有受其启发而作的诗篇韵文。方志作者在确定何为上海土产，以及阐释上海一地之饮食与包罗万象的中国饮食文化史之间如何关联等事上，起着奠基性的作用。以方志的记载为基础，当地文化名人纷纷以笔记形式围绕上海饮食的重要性进行更具个人色彩的阐发，而这些评述反过来又影响到后世的方志作者。及至 17 世纪，水蜜桃从各种物产中脱颖而出，成为上海的标志，而且据说这种桃子在当地顾姓士绅的露香园中长势尤好。最终，上海水蜜桃成为一篇植物学专论的课题，即褚华所作、发表于 1814 年的《水蜜桃谱》，这也是中国文化史上第一篇关于桃子的著述。[①] 在这篇桃谱中，上海被描述为一个仙家也愿常往的福地，甚至可与汉武帝的上林苑相媲美，而后者则是中国文学史上著名的、“聚幅员辽阔的中华帝国乃至整个须弥宇宙之精华于一身的壶中天地”。[②] 后来，福琼以“上海桃”一说取代了他原本被派往中国寻找的“北京桃”，由此凸显了上海在中国农业和饮食文化史上的独特地位，但这也不过是重复了当地人已然烂熟的一套话语而已。

对围绕土产作物展开的民间故事和知识加以探索，这为我们提供了从文化史维度去理解帝国晚期上海的重要视角。目前，学者们已经充分了解到上海在明清两朝经济史上的重要地位：其棉花产业是泛江南地区经济发展的支柱产业之一，上海港也是国内

---

① 褚华：《水蜜桃谱》。

② 见华兹生（Burton Watson）对司马相如《子虚赋》的分析。Watson, *Chinese Rhyme-prose*, p. 30.

贸易的主要集散地。[1] 近年来,有关上海庙宇建造的研究,以及围绕徐光启(1562—1633)等人物所形成的知识分子社团的研究,也有力地驳斥了一种流播甚广的错误观念,即帝国晚期的上海不过是偏处一隅的海陬小城而已。[2] 但当上海人一边阐发着他们对自己家乡重要地位的解读,一边又不得不面对上海在帝国行政体系中的确较为次要甚至屈居三流的地位时,他们如何在两套话语的断层中妥协调和——这方面的研究还相当不足。[3] 其实,帝国晚期的上海人已经充分意识到,作为一个文化符号,家乡的形象是不够丰满的:上海从来不曾成为省会城市,甚至一些规模更小、经济也更落后的小城镇都比上海拥有更为纯正的文化血统。只要能充分认识到上海人对自己城市的平平无奇是做了相当充分的思考、形成了一定深度的理解的,那么这种认识就会自然而然地引导研究者去探索一个更为普遍的问题:中国有着为数众多的"泯然众城"的城市,生活在这些城市中的人们又是如何竭力为家乡打造出一张独一无二的文化名片的呢?

大力宣传当地的文化成就,是为家乡扬名立万的方法之一。明清时期,这种做法在全国范围内蔚然成风。不论是北京、广州、绍兴、扬州这些通都大邑,还是屈居次要地位的小城小镇,无不如此。[4] 当时越来越高的区域人口流动性是造成这种趋势的动力

---

① Linda Cooke Johnson, *Shanghai*; Hanchao Lu, "Arrested Development", pp. 468 - 499.

② Richard von Glahn(万志英), "Towns and Temples", pp. 176 - 211; Timothy Brook, "Xu Guangqi in His Context", pp. 72 - 98. "海陬"一词的用法,散见于苏州文人王韬对沪上名妓文化的研究《海陬冶游录》等文献。

③ 卢汉超指出,上海作为一县首府,理论上只能算作"三流"城市。在帝国的行政层级上,上海既排在首善之区——北京之后,也排在"二流"的省会城市,例如南京、广州、苏州之后。见 Hanchao Lu, *Beyond the Neon Lights*, p. 26。

④ 在这里,我感谢梅尔清(Tobie Meyer-Fong)帮助我认识到这一文化现象的广泛性。

之一:正是在公干、商旅以及去外省务工的途中,流动人口将家乡的文化符号带到了全国各地。当然,该群体中也会有人将客居地视为“第二故乡”,成为当地文化和地方历史的热情拥趸。① 但在人口流动因素以外,还有一个更加具体的原因鞭策着江南地区中等城市里的居民去大力宣传各自家乡的特色文化。明代和清初,即便是江南地区最优越的城市(例如苏州)也“深深植根于其周边广袤的腹地。”这种联系如此深刻而紧密,以至于“要理解‘江南’这个概念,最好不要把它视为广阔乡镇腹地包围下的两三个大城市的统称,而要将其理解为一个一体化的‘城市区域(urban region)’”。② 城市化进程以及随之发展起来的都市文化迅速改变了帝国晚期江南地区传统城镇的样貌,也威胁到这些地方各自原本的文化特质。更不必说对于上海这种新兴都市中的居民而言,要找到值得夸傲的风物,让家乡脱颖而出,简直是难上加难。穆四基(John Meskill)在对当时上海所属行政区划——松江府的研究中就提出:为了应对这种挑战,该地区的许多城镇开始大力宣传其周边的自然资源,或以当地特别拿手的技艺来为家乡背书。如此,这些地方也往往能“凭借某种地方特色产品而驰名”,例如湖州的竹制品、嘉兴的金属加工工艺、无锡的泥塑、宜兴的茶壶。③ 可上海并没有这样拿得出手的物事。④

---

① 相关例子参见 Antonia Finnane(安东篱), *Speaking of Yangzhou*,尤其是该书第 284—292 页。

② William Rowe(罗威廉), “Introduction”, p. 12.

③ John Meskill, *Gentlemanly Interests and Wealth*, p. 3.

④ 在晚明时期,上海所在的松江府一带曾因“松江画派”而名噪一时,其代表人物有董其昌和陈继儒。但是这些画家都来自邻近上海的华亭县,而此时该县并不隶属于上海。因此,尽管当时的华亭所在地如今已是上海市下辖的一个片区,董、陈等“松江画派”名手却不能因此被等同于是当时的上海人。有关松江画派的论述,参见 Zhu Xuchu, “The Songjiang School of Painting”, pp. 52 - 55。这里特别对毕嘉珍(Maggie Bickford)表示感谢,是她让我注意到这篇研究。

造园技术和当地特色作物的培植,让上海的文化名流们找到了为家乡扬名的希望。一方面,城市园林文化的兴盛让上海的精英们看到了与久负盛名的大都会一较高下的可能性。自汉代以来,皇家园林就是帝国精神的重要象征。及至明清时期,园林在城市文化精英的身份认同中更是扮演了愈加关键的角色。① 另一方面,因为造园讲究因地制宜,园林也就成为表现一座城市独特的空间布局、表达其居民身份认同的绝佳载体。而像顾家桃子这样的特产,则进一步赋予园林空间以文化价值。② 在上海当地

33

① 柯律格(Craig Clunas)在其 *Fruitful Sites* 一书中讨论了明清时期的造园热潮。其他讨论这一话题的作品,参见 Antonia Finnane, *Speaking of Yangzhou*, pp. 64 – 68, pp. 188 – 203,以及 Joanna F. Handlin Smith(韩德玲), "Gardens in Ch'i Piao-chia's Social World", pp. 55 – 81。

② 一些研究中国造园史的学者会因此提出,其他城市的园林文化发展史与上海的情况大同小异,但我们不应忽视,上海至少在一点上表现出了明显的不同。柯律格在对晚明的苏州园林进行研究时指出,16 至 17 世纪,中国人对园林的观念发生了一次重大的转变。明初时,人们对园林的审美价值和生产功能是并重的,所以园林的"园"字完全可以作"果园"解。但在明中期之后,精英阶层理念的变化导致新兴城市空间的出现,"园"被重新定义为非生产性的、用于满足休闲和审美需求的"纯奢侈品"。柯律格还指出,这种转变如此彻底,以至于围绕着"园"的概念"出现了两种泾渭分明的话语场域",使得之前不分彼此的农艺学书写和对作物的诗意书写分道扬镳:"如果文士花园里没有大葱的立锥之处,那么此时的农艺学著作中同样没有诗歌的一席之地。"见 Clunas, *Fruitful Sites*, p. 22, p. 101, p. 189。但正如本研究所要强调的那样,上海并不存在这种园艺学和审美学截然分开的园林传统。相反,这座城市中的居民始终保持着一种"花园-果园"调和的观念。另外还应该提一句,柯律格并不是第一个提出这种"果园-花园"历史流变的学者,类似论述也见于 Smith, "Gardens in Ch'i Piao-chia's Social World", p. 58。究竟是什么因素让沪上园林沿着一条显然不同的历史轨迹发展起来,这超出了本书所要探究的范畴。但或许我们应该稍加思索:这种花园/果园的两分法,是否反映了明清中国社会中普遍存在的一种实用性甚至象征性的分裂——至少在更加深刻的社会层面上,这种园林话语的两分,的确在一定程度上反映了士绅/商贾阶层的分道扬镳。花园或许曾经是"士商世界"共同体的一条重要维度。正是这一士商的共同体推动了图书出版与分销产业的繁荣。也如周启荣(Kai-wing Chow)所揭示的那样,正是花园这一空间,让文士与商贾的日常活动有了共同的场域。参见 Kai-wing Chow, *Publishing, Culture, and Power*。作为水果、刺绣品、墨和腌菜的重要供应商,令上海水蜜桃名扬海内的顾氏家族很显然是兼具士商双重身份的。要了解当地名流进入商业领域的路径,学者还有待对这些士商一体家族的财务状况进行更深入的历史文献发掘。

名流为家乡各处桃园所作的题咏中,人们往往将这座城市放在一个能够一直追溯到汉武帝时期的果树栽培文化史谱系中去讲述。34 由此,他们不但为这座城市打造了独一无二的名片,更将上海描绘为中华帝国甚至整个世界的中心。作为对上海地区悠久的农业生产史的阐释和升华,上海园林及其精华——水蜜桃,终于将上海的位置在中国的文化版图上清晰地标示出来。

自给自足,地灵人杰

帝国晚期的上海农业发展史,与该地区的生态环境、社会形态以及行政区划的变迁都有着密切关联。后来被称为“上海”的这一片广袤的地理区域,经历了从滩涂上的海陬小城,逐渐发展为繁忙的商业集镇,最后成为一地首府所在的蜕变——而这一历史进程,上海花了大概两千年时间。当福琼抵达这里时,他眼中的上海平原是“一座幅员辽阔的美丽花园”,其土壤“深厚而肥沃”,“盛产小麦、大麦、水稻、棉花,以及大量的绿色蔬菜,如卷心菜、芜菁、甘薯、胡萝卜、茄子、黄瓜和其他种种之类的作物”。[1] 但这一为后人所熟知的繁盛“上海”,只是古代吴地一个发展相对落后的角落,其地方大半是地质状况不稳定的滩涂沼泽。如今的大都会,正是踩在两千年来日积月累的河流与海洋沉积物上拔地而起的,其中既有西面的长江与钱塘江滚滚东逝的潮水夹带到此的砾石,也有东海日夜拍打着西岸的浪花裹挟而来的泥沙。[2] 至

---

① Robert Fortune, *Three Years' Wanderings in the Northern Provinces of China*, p. 115.

② Richard von Glahn, “Towns and Temples”, p. 178. 对于这一地质现象的详细解释,见 Linda Cooke Johnson, *Shanghai*, pp. 21 - 42。

于“上海”的雏形，人们通常将其追溯到唐代时形成于松江与黄浦江的交汇处、一个名为“沪渎”的渔村。到了宋代，渔村初具规模，终于在1074年被中央政府设为商业集镇，隶属华亭县。而此时的华亭也是一个刚刚设置的年轻的县，归该地区的重要港口市镇——青龙镇治辖。

在1292年“上海县”横空出世之前，该地区的物产都记录在华亭相关的史料档案中。[①] 有关华亭农作物的零星叙述，则最早可以追溯到公元3至4世纪的随笔、诗歌，以及综合性地理著作中。不过，系统性的论述还要等到1193年该地区的第一本县志《绍熙云间志》的付梓方告问世，该题目中的“云间”正是华亭别称。这本县志是由当地3位取得进士功名的人物——林至、胡林卿、朱端常撰写，并由华亭知县杨潜主持编纂并作序。[②] 杨氏在序言中强调：尽管诸多重要的综合性志书都提到了华亭，但这些文献“仅得疆理大略”，至如“先贤胜概、户口租税、里巷物产之属”，则至今尚未出现有价值的记录。[③] 杨氏因此感慨道：华亭县如今终于拥有了自己的县志，这实在是当地的一项重大成就。

35

《绍熙云间志》的“物产”一节，首先将华亭描绘为自给自足、政修人和的帝国一隅。当时华亭的主要物产其实是鹤、石首鱼和

---

① 或许会有这样一种反驳意见：按照第32页（边码）脚注的思路，我们也可以说，南宋时期留下的华亭史料不应该被视为研究上海史的参考，因为上海最终从华亭县的版图中独立了出来。至于华亭作为一个区被并入上海市，则是很晚近的事情了。许多研究以帝国晚期的华亭文献来讨论上海历史，的确有时间错乱的嫌疑。但本书引用《绍熙云间志》来考察帝国晚期的上海，目的并不是要在两地之间画等号。相反，笔者引用《绍熙云间志》，是因为明清时期居住在上海的人们频频征引这部志书，以证明上海与华亭地区的其他市县乡镇绝不相同：尽管它们有过共同的历史，但从华亭析出的上海已经具备了独立的文化品格，能够从其周边的行政区域中脱颖而出。

② 王启宇、罗友松编：《上海地方志概述》，第27页。

③ 《〈绍熙云间志〉序》，选自《绍熙云间志》1a。

莼菜（这是一种开紫色花的小型水生植物，在中国是有名的食材），但“方志”这种文体照例需要将“五谷”放在“物产”一节的开头。对于编写此书的3位华亭进士来说，遵循这种体例的重要性是不言而喻的：如果不是因为华亭县果然水土丰腴、五谷丰登，他们根本就不可能荣获官方的许可，为家乡编纂一部方志。也一定正是这样的水土条件，方能引得数百年前南下的北方游民在此驻足，因为他们看到了在这片土地上开荒屯垦、生息繁衍的希望。因此，几位方志作家在开篇骄傲地引述了唐朝诗人李翰（约727—781）的诗句。这位诗人曾在淮南节度使幕府任书记。公元770年，他来到华亭地区，盛赞该地为唐代宗（726—779年在位）治下的帝国南方屯垦大计的典范。《绍熙云间志》引述道：

> 华亭负海枕江，原野衍沃，川陆之产，兼而有焉。李翰《屯田纪绩》颂谓：“嘉禾，在全吴之壤最腴，且有‘嘉禾一穰，江淮为之康’等语。”①

在李翰的时代，嘉禾（今嘉兴境内）是华亭下辖的3个地区之一。即便4个世纪过去了，华亭县志的编纂者们依旧能够骄傲地宣称，家乡并没有失去它的地理优势：“今华亭稼穑之利，田宜麦禾，陆宜麻豆，其在嘉禾之邑，则又最腴者也。”②华亭水土如此丰腴，令人感慨“其有资于生民日用者，煮水成盐，殖芦为薪，地饶蔬茹，水富虾蟹，舶货所辏，海物惟错”。

在描绘了当地肥沃的土地和丰富的水产之后，编纂者进一步纠正了一些前人留下的对当地物产表述不确切的记录，从而提高了该志书的权威性。他们首先提到的是《太平寰宇记》——一部

36

①《绍熙云间志》，1. 9a—b。
②《绍熙云间志》，1. 9b—10a。

出版于10世纪末的志书，也是中国现存较早的地理总志。该书论及华亭，说这里“谷出佳鱼、莼菜”，《绍熙云间志》的编纂者颇以为然。[①] 但《太平寰宇记》中另有一部分有关华亭的文字，转引自更早的唐代地理专论《吴地记》，其中有一些说法实在荒诞不经，令《绍熙云间志》的编纂者们深感勘误的责任：

> 《寰宇记》又于“昆山县”载《吴地记》云：石首鱼冬化为凫。小鱼长五寸，秋社化为黄雀。斯言固涉迂怪，然今华亭亦多野凫。楝始华，而石首至；霜未降，而黄雀肥，岂非县本昆山之地故欤？[②]

尽管编纂者们毫不介意将昆山的物产划进华亭地界，但在描述家乡时，他们总体上还是保持着不过分夸大的谨慎态度，好使外乡的读者能够真正信服。通过去伪存真，作者们竭力捍卫了《绍熙云间志》的权威性。

虽然编纂《绍熙云间志》的3位华亭进士着意刻画家乡土肥水美、自给自足的形象，但真正令他们骄傲的并不是家乡的“五谷”，甚至也不是上文提到的石首鱼和野凫，而是另外两种本地特产：鹤与莼菜，以及与二者相关的一位正直忠厚的历史人物——陆机（261—303）。陆机是西晋著名的政治家、军事将领、诗人，也是《文赋》的作者，他的华亭血统更是无可置疑：他的祖父是名将陆逊，为东吴的开国皇帝孙权保疆守土，封华亭侯；他的父亲陆抗官拜吴大司马。公元280年，东吴为西晋所灭，陆机于是退隐华

---

①《绍熙云间志》，1. 9b。
②《绍熙云间志》，1. 9b—10a。

亭长达10年之久。彼时的华亭还是一片“清泉茂林”的郊野田园。[①] 但后来，陆机决定北上入晋都洛阳，并辗转辅佐了若干位在“八王之乱”(291—306)中争权夺位的皇子。最终，陆机被诬存反叛之心而遭处死。在被处斩的前夜，他曾深深地叹息：华亭的鹤唳从此不复得闻了。

在陆机死后不久，人们就开始追思、演绎他的这一声叹息，这些追忆文字也构成了本地人和异乡客对陆机其人及其家乡华亭的重要印象。这件轶事既见于官方正史，如出版于公元648年的《晋书》，也见于类似刘义庆(403—444)编纂的《世说新语》这样的杂史。[②]《世说新语》是一部记录公元150—420年间的逸闻轶事，并以“志人”为主的集子。对人物进行品评的传统始于东汉年间，“一地的名贤大儒会根据儒家的道德标准，对当地人物进行品题，择其优者(向统治集团)举荐”。但到了陆机的时代，品题人物“已不仅仅是服务于仕途经济的政治考核，而成为对人性的全方位观察和反思”。[③] 这种品题言简意赅，但其中暗藏的深意耐人寻味。《世说新语》对陆机临终喟叹的记载便是一例：“陆平原河桥败，为卢志所谗，被诛。临终叹曰：‘欲闻华亭鹤唳，可复得乎！’”[④]

这条记录突出了陆机两方面的人格特点：首先，在赴死前夜，陆氏念念不忘的却只是家乡的仙鹤——一个中国文化中象征长寿的符号，这凸显了陆氏作为诗人深沉细腻的情感。其次，这句

① 这里有关华亭的描写出自卢綝《八王故事》，转引自 Richard B. Mather(马瑞志)，*New Account of Tales*, p. 508。
② 见刘义庆：《世说新语》，33. 3；《晋书》，54. 8b。
③ Nanxiu Qian(钱南秀)，*Spirit and Self in Medieval China*, p. 6.
④ 原书此处译文选自 Richard B. Mather，*A New Account of Tales*, p. 507。

感慨也反映出陆氏对家乡的深厚感情：即便故乡的土地可以被西晋吞并，故乡的山川草木、虫鸣鸟啼却能历尽沧海桑田而不改生生之机；即便陆机身陷囹圄、即将赴死，华亭鹤唳所代表的故土记忆却永远鲜活而自由。更不必说，尽管陆机死了，但他临死前寄予华亭鹤的哀思，为家乡赢得了不朽的文名。① 正是陆氏的这一声叹息，使得鹤从此成了华亭的象征。

《绍熙云间志》“物产”一节谈到华亭的第二种名产莼菜时，引用了《世说新语》中另一则围绕陆机展开的故事。早期的华亭地区实在“僻远”，这一点即便是出身吴地的君王阖闾（公元前541—前496年在位）也不讳言。且该地地形气候“险阻润湿”，阖闾虽有在此兴霸成王的雄心，却深感无法施展。② 但在三国时期，吴地获得了长足的发展。及至陆机的时代，这里已经是中国的一个商业、文化以及政治中心。陆氏对故乡所取得的发展成就及其较为成熟的饮食文化由衷地感到骄傲，而这种感情在他与王戎（234—305）的那次著名的会见中表露无遗。王戎是“竹林七贤”之一，也是一名军事将领。他效忠西晋政权，并参与了灭吴的最后一次讨伐战役。陆氏来到洛阳不久，二人便相遇了。关于这次会面，《世说新语》记录道：“陆机诣王武子，武子前置数斛羊酪，指以示陆曰：‘卿江东何以敌此？’陆云：‘有千里莼羹，但未下盐豉耳！’”③《晋书》则在叙述完此次会面之后加了一句：“时人以为

38

① 陆机的叹息无疑为唐代诗人、散文家刘禹锡（772—842）的两首《鹤叹》提供了灵感；刘氏以这两首诗寄托了对一位离开华亭、远赴洛阳的密友的思念。《绍熙云间志》在颂扬华亭鹤的部分也引用了刘氏的这部作品（《绍熙云间志》1. 9b），或许正是因为——像一些人所声称的那样——刘氏也是吴地人。

② 原书此处所引吴王阖闾对吴地的评价，转引自 Michael Marmé, *Suzhou*, p. 41。

③ 刘义庆：《世说新语》，2. 26。原书此处英文翻译转引自 Richard B. Mather, *A New Account of Tales*, p. 45，略有改动。

名对。”①

陆氏的回应后来引发了诸多不同的理解，争论的焦点主要集中在这句话的后半段。一些人认为，“未下盐豉”是“未加盐豉调味”的意思，而另一些人认为这句话是“末下盐豉”的误书（“末下”为吴地地名）。② 不论以哪一种方式解读，这句话都是陆氏对王氏的反唇相讥，暗讽后者面对吴地悠久的饮食文化，竟以北方草原地带游牧民族饮食中常见的羊酪夸傲，实在不自量力。如果将后半句解作“末下盐豉”，那么陆氏的回应只是较直白地以吴地的两种名产反驳了王氏“江东无以敌此（羊酪）”的发难。但如果将后半句解作“未下盐豉”，这段话则更为生动有力地刻画出陆氏如何以其机敏的应答，反将了王氏一军。如施蛰存后来所阐释的那样，陆机或许已经发现，虽然莼菜在家乡的湖泊中长得十分茂盛，莼羹更是家常的美味，但对于王氏这样的北方人而言，这种小巧精致的植物是十足的新鲜物，因此根本无人懂得应当如何用它来烹制莼羹。在吴地，莼羹讲究清淡雅致，北方人却偏要往里添加发酵咸豆豉，否则便觉得寡淡。若将这后半句读作“未下盐豉”，则陆氏要表达的实际意思是：原本清雅无匹的莼羹，经过外行的北方人一番操作，往里面加了气味冲鼻的发酵豆豉，自然是比不上膻腻的羊酪了。③ 陆机的故乡吴国虽然在西晋的军事扩张中连连败北，但在这场关于家乡饮食文化的交谈中，陆氏挫败了王戎羞辱自己故乡的企图，赢得了话语上的胜利。直到 8 个世纪

① 《晋书》，54. 7a。

② 马瑞志（Richard B. Mather）的英文译本采用了“末下”的版本，并声称自己是根据中华书局版《晋书》定稿的，但其实中华书局版采用的是“未下”一说。与此相关的历代点评大都收录在余嘉锡：《世说新语笺疏》，第 88—89 页。

③ 施蛰存：《莼羹》，第 758—761 页。

后,《绍熙云间志》的编纂者们依旧为这场智慧的胜利感到骄傲。

盐、棉花与上海的地理优势

《绍熙云间志》将华亭地区描绘为丰腴富饶、自给自足的帝国一隅,且其特产与中国历史上的诸多知名人物大有渊源——这一形象对于一个刚刚设立的县而言是十分重要的。但这种形象既没能经受住时间的磨砺,也不能被简单地认作就是上海的形象。南宋末年,华亭已是地大人稠,难于治理。于是在至元二十九年(1292),新建立的元朝政权从华亭西北划出 5 个乡,并入刚刚设立的上海县。由此,上海这个昔日的商业集镇,一跃成为一个颇具规模的大县。上海行政级别的提升是很有道理的:长江三角洲年复一年的泥沙淤积一直在悄然改变着该地区的地形地貌。及至南宋初期,上海已经成为该地区自然条件绝好的新兴港口。但也是在宋、元、明三朝,随着农业生产不断转向以水稻种植为主的模式,上海地区原本足以满足小麦和麻类植物生长的土壤,肥力逐年下降。不仅如此,在对土质的要求上,娇嫩的水稻秧苗比小麦苗要高得多,而上海的大部分土地是沙土地和盐碱地,这对于大范围的水稻种植是极不相宜的。虽然官方和民间在几个世纪的岁月中从未放弃过努力,但最终也没能彻底改善当地的土壤状况。建筑堤坝以及三角洲自身向东延伸入海而形成的缓冲带,都在一定程度上阻止了海水倒灌进农田。受到这些措施保护的地区,地质状况渐趋稳定,土壤得到改善。[1] 但这些筑堤围垦的艰巨工程,也导致上海东西两地土质出现巨大差异:在西边,土地肥

39

① Linda Cooke Johnson, *Shanghai*, pp. 25 - 26.

力的确逐年提高,渐渐适于密集的水稻种植作业;而在东边,土地依旧是沙土质的,只能种植小麦、大麦、豆类和麻类植物。

随着大米成为华亭地区居民不可或缺的主食,居住在上海东部的人们必须开发一些产品,以便通过贸易换得粮米。他们在当地的自然资源中找到了一种商品——盐,另一种则是从南方贩运而来——棉花。这两种商品都带来了巨大的财富,使上海在元、明两朝获得了前所未有的繁荣发展。但与此同时,它们也给上海带来了新的挑战:随着当地的食品供应愈发依赖商品贸易,该地的声名也愈发不好起来。针对这种情况,地方志作者开始运用新的话术来颂扬当地物产。

盐业的发展,对于华亭以及后来的上海而言,都是重要的历史转折点;它带来了上海地区“商品化经济的萌芽”,也是该地区生产出来的第一种行销四海的特产。[①] 华亭盐场是朝廷垄断的盐业经营体系中的一个下属单位,也是两浙盐区的重要组成部分。该盐区与淮南盐区一道,共同构成了“中古中国盐务的核心地带”。[②] 一直以来,盐都是食品加工过程中不可或缺的一味作料,而南宋时期的食盐消费量更是增速迅猛。这一来是大米变为主食所导致的必然结果(因为稻米是各种主要谷类食品中含盐量最低的),二来则是由于在该时期,南宋都城杭州及其周边区域的饮食烹饪文化都在不断成熟,而这一区域的食盐供给正是仰赖两浙盐区。即使在国都重又迁回北方之后,人们对盐的需求依旧有增无减。如艾兹赫德(S. A. M. Adshead)在其《盐与文明》(*Salt and Civilization*)一书中所指出的那样:“据《元史》的估算,两 40

① Linda Cooke Johnson, *Shanghai*, p. 40.
② S. A. M. Adshead, *Salt and Civilization*, p. 80.

浙、江东(也就是今天的浙江北部和江苏南部)一带,平均每口人每年的食盐消费量约合 4.5 千克——这是有历史记载以来直至《元史》成书为止(甚至在其后很长一段时间),各地食盐消费量的最高纪录。”①

华亭和上海的盐场在经历了若干阶段的发展之后,方能满足如此巨大的盐需求量,华亭地区也因为这种商品而驰名宇内。②在北宋,华亭盐监总理浦东、袁部、清墩 3 个盐场的生产活动。到了南宋,这个数字增长为 5 个。及至元朝末期,当地的盐业已经如此发达,以至于下沙盐场(该盐场位于上海县以南大约 20 公里处)监司陈椿(1271—1368)专以海盐生产技术为题,编写了《熬波图》这部著作。③ 陈氏的文字细致描述了当地的制盐土法,名“晒灰法”。这种方法先用海水充分灌浸铺在摊场上的草木灰,然后将这种混着草木灰的卤水暴露于日晒风吹之中,以析出盐花。这部共有 47 章的专著,每一章都图文并茂,详细介绍此种方法中的每一个步骤:从一开始的垒砌灶座,到淋灰、晒灰、煮卤的中间流程,再到最后运输散盐的办法,一步不差。监司陈椿在该书自序中如此描述当地极其优越的盐业生产条件:

> 浙之西,华亭东百里,实为下沙。滨大海,枕黄浦,距大塘,襟带吴淞、扬子二江。直走东南,皆斥卤之地。煮海作盐,其来尚矣。④

---

① S. A. M. Adshead, *Salt and Civilization*, p. 74.

② 此处对上海地区盐业历史的概括是根据熊月之主编《上海通史》第 2 卷,第 102—109 页上的内容总结而来的。

③ 关于此书的英文翻译和研究,见 Hans Ulrich Vogel(傅汉思), *Salt Production Techniques in Ancient China*。

④ 原书此处英文翻译引自 Hans Ulrich Vogel, *Salt Production Techniques*, p. 111。

明代初期,中央政府对盐场的行政归属进行了重组,将隶属于两浙盐区的松江分司划入了上海县的管辖范围内。松江分司下辖的下沙盐场,日复一日源源不断地输出着洁白如雪的细盐。从这一时期开始,上海便与盐结下了不解之缘。到了明中晚期,即便此地的盐业生产已然式微,但“若将该地区的历史一路回溯到宋代,则村村镇镇……都有一部盐业贸易史”。①

让上海远近闻名的另一种商品——棉花,更加剧了该地区的商业化程度。传统叙事通常认为,上海棉纺业的振兴要归功于当地的农家女黄道婆。② 在旅居海南岛 20 余年后,黄道婆将从黎族人民那里学到的纺棉技术带回了自己的出生地上海。棉花曾经是只能从福建、广东一带采购的商品,不成想在上海东部的盐碱地上,这种植物长势竟出奇好。棉花被引入上海未久,沪东的村庄里,棉已经取代了盐,成为当地人换取稻米的主要商品;沪西的人家依旧以种植水稻为主。但没过多久,就连西部地区的村庄也将棉花作为主要经济作物了。上海棉纺织业的主打产品是品质优良的“南京布”(nankeen)。这种布先是享誉海内,后来更是远销海外,引得各地客商趋之若鹜:北方的商人带着真金白银来到上海,希图从棉布贸易的巨大市场中分一杯羹;广东、福建的商人则带着糖来,先在当地卖掉糖换得现金,再买进布匹。另外,明清时期的政府采购也构成了上海棉的主要销路。③ 到了清初期,上海县可耕种面积中大约 70%的土地都被用于种植棉花了。

41

---

① Timothy Brook, “Xu Guangqi”, p. 74.

② 关于上海棉的文献十分丰富。有关该课题的一个概览和扩展阅读,可以参见 Hanchao Lu, “Arrested Development”; 以及 Linda Cooke Johnson, *Shanghai*, pp. 43 – 65。

③ Hanchao Lu, “Arrested Development”, pp. 485 – 487.

棉花让上海跻身中国境内最富有的县之一，但也让它愈发依赖远程贸易以换取最基本的口粮，这使得该地区的底层人民尤其生计无着。土地所有制模式制造了可观的社会贫富差距：当大部分土地都被用来种植经济作物时，“远方省区对棉花的需求量如有下降，一府的生计都会直接受到影响”。[①] 在丰饶的年份里，一种基于苏松地区庄园制度的道德制衡机制，使得大户人家尚且愿意为“欲耕而不足于食”的佃户提供口粮。可一旦赶上年景不好的时候，这种机制就会土崩瓦解，其情形正如一位生活于 16 世纪中叶的社会观察家所点评的那样：“昔之所谓相资相养者，始变为相猜相仇。”[②]这种相猜相仇很快就会成为抗租和暴动的导火索，而一旦走到这一步，地方经济体系离彻底崩溃也就不远了。[③] 回顾 1641 年明朝政权岌岌可危时的情形，上海本地学者叶梦珠就曾感叹：“盖松民贸利，半仰给于织纺。其如山左荒乱，中州糜烂，尤甚吾乡。易子而食，析骸而炊。布商裹足不至，松民惟有立而待毙耳。”[④]或许再没有哪一幅画面比叶氏的描述更具有冲击力了：在一个政治经济秩序崩坏的世界中，上海县作为经济链条上的一环，根本无法独活。

可上海当地的文化名流们宁愿相信这种惨剧只是历史的偶然。明代的上海地方志编纂者们就努力地反驳过这样一种在当时流传越来越广的观点：他们的家乡是依赖单一作物的穷乡僻壤。因此，即便上海的棉花产量权重在明朝政权的治理下不断提

① Mark Elvin（伊懋可），“Market Towns and Waterways”，p. 445，p. 447.

② 转引自 Mark Elvin，“Market Towns and Waterways”，p. 458。

③ Mark Elvin，“Market Towns and Waterways”，p. 459.

④ 转引自 Mark Elvin，“Market Towns and Waterways”，p. 447。（该段句读采用来新夏点校的《阅世编》，上海古籍出版社 1981 年版。——译者注）

升,地方志中的记录却着力强调当地农业生产的多样性,从而淡化棉花作为经济作物的“一家独大”。1504年出版的现存最早的上海专属地方志——《弘治上海志》,在“土产”一节列举了谷类(含豆类)36种、药类39种、果类(含坚果类)27种、花类45种、木类33种、竹类18种、蔬类40种、畜类11种、禽类37种、鱼类48种,以及包含盐和蜜在内的食货17种。[①] 在1588年出版的《万历上海县志》中,以上每一大类下所列举的条目甚至更加丰富。[②] 对于这些条目的编纂者而言,唯一的目的就是要将上海塑造成一片富饶的沃土,能够顺应农时的节律而出产各种作物。1524年的《嘉靖上海县志》在“物产”一节更是以“五谷之属”开篇,竭力要证明上海与松江府下辖的其他地方别无二致,水稻生产一样可以达到“成熟之候有三:早稻、中秋稻、晚稻”。[③] 42

是什么样的动机驱使着方志编纂者们如此呈现上海的物产呢?仅仅是因为方志文体在传统上要求编写者以“五谷”为“物产”一节之首吗?还是因为他们担忧家乡的面貌过于商业化,会遭到以儒家价值观为根基的传统社会的鄙夷?又或者,他们是否在混淆视听,否认棉花种植威胁到了当地农业生产的多样性,从而悄悄保护了在棉花贸易中得利的地主阶级?毕竟,地主发展棉花贸易所需要的棉花田是以佃农们的生计为代价的;后者如果能自主选择种植粮食作物,他们的光景或许还能稍有改善。对于以上问题,每一个的答案似乎都是肯定的。

编纂上海地方志的精英们也是上海地方士绅社会的积极塑造者和参与者。参考卜正民的相关研究,我们或许可以将这一

① 《弘治上海志》,3.12b—18b。
② 《万历上海县志》,3.18a—22b。
③ 《嘉靖上海县志》,1.12a。

"士绅阶级"定义为一些显赫的、有功名傍身的大家族的集合,其成员"对他们的集体身份和由此而来的阶级特权有着清晰的认识",并努力重新定义这种集体身份的内涵,"使其与高贵文雅的修养而非简单粗暴的财富联系在一起"。[1] 举例而言,1504 年版上海志的编纂者唐锦,在 1496 年考取进士功名。1519 年致仕归乡之后,他成为上海士绅社会的元老级人物。1588 年版上海志的主编张之象虽然只是一介生员,但是他的家族"比上海县任何其他家族都培养出过更多有功名加身的人"。[2] 不难想象,这样的一群文化精英是不会希望家乡被世人视为仅能生产单一经济作物、铜臭弥漫的商业集镇的。至于如何重塑家乡的形象,当地士绅们最终会意识到,没有哪种作物比"上海桃"更能满足他们的这种迫切需求——但这是 1588 年版《万历上海县志》出版之后很久才被意识到的事情。那么,在"上海桃"浮出历史地平线之前,上海的文化精英们又是如何达成他们宣传家乡的愿望的呢?

43

地方志编纂者的策略之一,是与方志这种文体传统展开对话。比方说,《嘉靖上海县志》的编纂者高企在撰写"物产"一节的记录时,虽然也遵从了前辈编纂者们惯用的体例,即以"五谷"为全篇之首,可他对这一书写传统并非不加质疑、全盘接受。高氏肯定了这种写作程式自有其道理:想来"物产莫要于五谷,故首列之",似乎无甚不妥。但如果他真诚地相信把这样的程式照搬进上海志是十分相宜的,又何必多此一举,专门辩解一番?不仅如此,在该章结尾处,高氏还对宋太宗(976—997 年在位)时期一项被认为颇显智慧的律令提出了质疑。当时,宋太宗命令江南江北

① Timothy Brook, "Xu Guangqi", p. 77.
② Timothy Brook, "Xu Guangqi", p. 79.

的农民种地时要掺杂水旱谷类、多种经营,因为过分依赖单一作物,逢凶年则必致绝收。高氏完全明白这条律令背后的逻辑,却依旧对这一法令进行了反思。他认为,该法令虽体现了一定的政治智慧,却也违背了同等重要的自然法则,正如他从上海当地的实际情况中所观察到的那样:“今区区一邑,东西风土高下异,宜种植不类。”高氏进而提出:农业生产最重要的原则是“用天利地”。这种尊重自然规律的做法,与“撙节爱养”的道德原则相辅相成,才是孟子所畅想的“王道之始”。① 换言之,高氏的质疑似乎在提醒读者:要衡量一地是富饶抑或贫瘠,不能一概以“五谷丰登”作为放之四海而皆准的评判标准。

在充分论证了强调上海“地利”的合理性后,高氏“物产”一节的大部分篇幅都用来记录各地区微气候滋养下的名特产,且对于那些品质特优、大大丰富了本县物产多样性的品种,编纂者尤其要点出它们生于何地、产于何方:“西瓜佳者出黄土桥”,“山药、黄独、香芋,出邑西江北”,“江乡桃李颇多”,“湖乡多柑橘”。② 写到本地历史悠久的名产,高氏则要强调其中最可称道的佼佼者,例如鹤窠村的鹤,就独推“有龟纹者为仙品”。当然,既然物产是独得一地气候滋养而生的,那么也必然随着四季更替而具有季节性。例如黄雀,它是当地人眼中的玉馔珍馐,但只“每岁冬初自海上来”。最后,高氏也对上海品类繁多的“鳞之属”下了一番功夫, 44 详细介绍了它们的产地和季节性变化:“鲈出于江”,“梅鱼有于梅时”,“鲥鱼夏至前有之”,“鲳鱼、鳓鱼之类,皆出于海”,“虾虎、河豚……出于江浦湖滨”,“鲻鱼池鲜之最”,末了当然不能落下“由

① 《嘉靖上海县志》,1. 13a—b。*Mencius* 1A. 3. 3;原书“王道之始”的英文翻译转引自 James Legge, *The Chinese Classics*, vol. 2, p. 131。

② 《嘉靖上海县志》,1. 12a—13b。

海达于江浦的"鲟鳇鱼,这种鱼动辄"大数百斤",鱼头被当地渔民以盐腌渍成"鲊"。①

高氏颂扬了上海地区的诸多物产,但从这赞美中还是能看出他的写作困境:一方面,他明白自己必须将上海呈现为美好的农耕社会,但另一方面他也十分清楚:有明以来,上海的农业发展对当地经济、社会的影响绝非全然正面。其实,在1522—1523年间,上海经历了其有史以来最严重的饥荒。而当高氏的这本方志付梓时,这场灾难过去还不到两年。为了让自己的言论有足够的说服力,高氏努力将一个迅速转型中的、充满不确定性的上海社会,与它悠久而稳固的历史相联系。如果前文提到的《绍熙云间志》频频提及当地历史上的名贤大儒,目的在于为刚刚问世的华亭县寻找历史根基,那么高氏在《嘉靖上海县志》中采用同样的策略,却旨在将人们的目光导向它的过去,从而忽略当地最近发生的变革:上海正在从一片自给自足的农村,变为一个依赖远程贸易的商业经济体。

读者只需回想一下高氏是如何提及张翰(大约活跃于300—325年)的,就能揣摩到其中用意。这一段话出现在有关鲈鱼的条目中:"鲈出于江,即季鹰所思,与莼并美者。"②同陆机一样,张翰也出身吴郡,也于吴国灭亡后来到洛阳,成为北方齐王门下的幕僚之一。但与陆机不同的是,张翰抵挡住了官场的诱惑,急流勇退。《世说新语》中有一则著名的故事,便是关于张氏如何以思念家乡的美食为说辞,解释自己辞官的决定的:

> 张季鹰辟齐王东曹掾,在洛,见秋风起,因思吴中菰菜

① 《嘉靖上海县志》,1.12b—13a。
② 《嘉靖上海县志》,1.12a。

羹、鲈鱼脍,曰:“人生贵得适意尔,何能羁宦数千里以要名爵。”遂命驾便归。俄而齐王败,时人皆谓为见机。①

45

这一则典故选得十分巧妙。对于张翰而言,家乡的土产是提醒他不忘本初,找回真实、永恒的自我的事物。在历史的风谲云诡中,它们为他提供心灵的庇护、指引他回到故乡。对于高企而言,依旧是这些家乡风味,将他眼前愈发陌生的上海与其渐行渐远的过往联系起来。如果在一个日新月异的上海,还有什么能让人们感到安心,那绝不会是棉花这种从外乡引进而来的作物,而一定是这片土地积年累月、忠诚地奉献给人们的土产。

园林文化与作为水蜜桃之乡的上海

及至明中期,作为正在崛起中的上海士绅社会的成员和缔造者,方志作家已经打造出这样一种家乡形象:由于占尽“地利”,上海地区物产丰富,颇受世人瞩目。这样的上海图景既给了当地士绅夸傲家乡的资本,也让他们能够将当下的自己融入家乡的历史长河,感受其中深厚的文化渊源。即便当棉花这一外来物种越来越成为当地的主导作物,并迅速改变着上海的面貌时,这种对家乡的想象和信仰也未曾更改。到了明晚期,另一种引进作物——桃子——又一次改变了上海的命运,并很快成了令本地人无比骄傲、外地人心向往之的“上海特产”。对于上海而言,桃子能在这里茁壮生长,有着双重意义。首先,它进一步佐证了当地文化名流的说法,即上海这片土地自然条件得天独厚、盛产世间罕有的珍馐美味;其次,它也为当地士绅提供了一种

---

① 原书此处英文翻译转引自 Richard B. Mather, *A New Account of Tales*, p. 213。

叙事框架，让他们能够以不同于以往的方式与历史建立起某种关联。上海的士绅阶层已经不再满足于向渺远的先人们借光，而是要将今日的家乡呈现为能在昔日辉煌的基础上更上一层楼的地方。

这种上海想象图景的转变发生在明朝统治的最后一个百年、上海造园文化崛起的背景下。上海园林文化的兴起既是本地事件引发的社会现象，也受到该时期广泛出现在江南地区城乡社会中的宏观趋势的影响。从宏观层面看，此时的江南地区，商业化进程与财富积累加速，大大鼓励了当地士绅兴建宅邸和园林的热情。同时，一套新的园林话语理念日渐成熟，更对这场造园运动的发展走向起到决定性影响。这种情形正如柯律格在研究苏州的情况时所指出的那样，这一套新的话语将花园描述为纯粹审美享受的所在，而非生产性的菜圃果园，从而也重新定义了园林主人与农业生产之间的关系。[①] 不过，当时出现在上海县的造园热潮，除了具备江南地区园林热的所有特征，更受到本地事件的影响，即 1553 年上海县城墙的出现。[②] 建造城墙的初衷是为了军事防御。1552 年，倭寇刚刚从海路攻击了上海，这给当地士绅充足的理由上表朝廷，陈述上海县对城墙的需求实在是形势所迫，势在必行（而拥有城墙是重要行政中心的标志性特征）。等到一朝城墙拔地而起，上海县却并没有成为军事重镇，反而引得越来越多的士绅家族在此落户。可以说，正是在这一圈刚刚崛起的城墙之内，上海士绅阶层热情地投身到江南造园文化的大潮中，竭力要在城市里营造出一个乡村田园幻境。

46

---

① Craig Clunas，*Fruitful Sites*.

② Timothy Brook，"Xu Guangqi"，pp. 83 - 86.

在明代江南的造园风潮中,上海最起码出现过 11 处令人瞩目的园林,每一处都有其标志性的艺术景观。[①] 通常,这些特色会在园林的名字中被点出来,例如梅花源和桃园。但即便是那些名字不具有明显描述性的园林,其装点、格局也是围绕着极具审美性的事物或景观展开的。豫园是唯一现存的晚明园林,以各种各样的奇峰怪石为特色;南园[②]内有一条清溪暗通浦江,当江水随着潮汐涨落时,园内便能听到隐隐涛声;半泾园内则花树成林,满园飘香。[③] 由此观之,明中期的不少上海园林都符合柯律格研究苏州园林时所描述的那种“审美功能与生产功能脱离”的范式。至于后来培育出令上海声名大振的水蜜桃的露香园,其早期也是本着这种审美至上的指导思想建成的,但在后来的发展中,露香园逐渐背离了这个宗旨。

露香园是明朝上海造园热中较早建成的园林之一,由顾名世(1559 年中进士)主持修建。顾名世官至尚宝司丞,为皇帝管理宝玺、符牌、印章等,是在帝国政治中枢中占有一席之地的人。其兄顾名儒(1528 年中举人),也是顾氏一族的族长,官至道州(今属湖南永州)太守。[④] 1559 年,顾名儒从道州告老还乡。为了颐养天年,他在上海购地建园,取名“万竹山居”。顾明世则买下与此园毗邻的一块尚未开发的土地,用于修筑自己的花园。据说,工人们在园内开凿池塘时,曾挖出一块石头,上刻“露香池”三个

---

① 这个数字是从《嘉庆松江府志》78.21b—28b 中统计出来的。很有可能的情形是,当时的上海县并非只有 11 处园林,有些没能被收录进志书的“第宅园林”一节。有关地方志对收录对象的取舍原则,见 Craig Clunas, *Fruitful Sites*, pp. 18 - 21。

② 该园更广为人知的名字是“也是园”。——译者注

③ 关于以上诸园的小史,见熊月之主编:《上海通史》第 2 卷,第 165—169 页;陈伯海主编:《上海文化通史》上卷,第 83—86 页。

④ 顾炳权:《上海风俗古迹考》,第 130—131 页。有关顾名世生平的官方记载,见《同治上海县志》,9.10a—b。

47 字，据考证应是元代书法家、奇石收藏家赵孟頫（1254—1322）的手迹，而赵氏的确也曾在上海县度过一段时光。① 16 世纪，日新月异的巨变正不断冲淡上海与其过往的种种联系。通过将私园命名为“露香园”，顾名世在自己的花园与上海的历史之间建立起清晰的关联，可谓用心良苦。

顾家不仅拥有露香园，也拥有另外几样令世人钦羡不已的东西——水蜜桃、顾绣，以及一种特制的小菜，时人称为“顾菜”。但即便顾家花园出产了这许多珍品，其建成之初还是以令人赏心悦目的审美功能而闻名遐迩的。我们只需看看当地诗人和藏书家朱察卿（1524—1572）对露香园的记载，便可领略当时沪上的人们是带着怎样的热情来赞颂家乡园林之美的。朱氏的这篇记载有两个不同的版本传世，②其中较长的一个版本虽旨在表达当地人对露香园的深厚感情，但其开篇也直言不讳地点明：“上海为新置邑，无郑圃（在今河南省。据传战国时期道家的代表人物列子曾居住在此）、辋川（在今陕西省。唐代诗人王维曾在此建园林别业）之古。”③朱氏紧接着解释道：诚然陆机也曾在上海建有别业，层台累榭，堪称奢华，可惜他选择离开故土，终生未能返乡，即便是曾经的雕梁画栋也早已化为衰草枯杨。但如今上海有了以露香园为代表的一系列名园，家乡也终于有了和郑圃、辋川等历史名迹一较高下的底气。思及此，朱氏便感到十分宽慰。

朱氏在描绘露香园时，着重强调这一处所在为时人提供了放

① 所有地方志在叙述露香园的来历时，都会记下这一系列事件。《嘉庆松江府志》便是一例，见该书 78.26b。

② 其中较长的版本可见于《嘉庆松江府志》，78.26b—27a，以及《古今图书集成》中收录的朱察卿所作《露香园记》，703.117.14a—b；上海的地方志书则多采用顾氏族谱中所收录的较短的一个版本。

③《嘉庆松江府志》，78.26b。

松身心、游赏自然与文化景观的宝贵机会,正如较短版本中的这段文字所述:

> 园盘纡澶曼,而亭馆峪嶙,胜擅一邑。入门,巷深百武,夹树柳、榆、苜蓿。绿荫葰茂,行雨中可无盖。折而东,曰阜春山馆,缭以皓壁,为别院。又稍东,石累累出矣。碧漪堂中起,极爽垲敞洁,中贮鼎、鬲、琴、尊、古今图书若干卷。堂下大石棋置,或蹲踞,或凌耸,或立,或卧。杂花、芳树、奇卉、美箭,香气苾茀……堂后土阜隆崇,松、桧、杉、柏、女贞、豫章相扶疏蓊薆,曰积翠堂。①

即便是在上述这篇短短的片段中,朱氏的文字已经包含了晚明花园叙事中几乎所有的标志性意象。作者以大量笔墨描写园中各色自然和人为的景观、物件,而这些事物无不代表着一种高雅的文人趣味。花园既是审美空间,也是文人思想自由驰骋的精神空间。它的存在表明:虽然上海在历史上并不以悠久的文人传统著称(到此时为止,当地文化精英在科举考试中取得成功——如果我们把不那么显赫的功名也笼而统之全部算进“成功”的话——都还是很晚近的事),但也不应就此被视为一个浅薄的商业社会。② 在朱氏围绕露香园这个题目而作的较长的一个版本中,他还提到了碧漪堂中所藏的“鼎、鬲、琴、尊、古今图书若干卷”,以及园中的“杂花、芳树、奇卉、美箭”。③ 如果朱氏知道明朝诗人王世贞(1526—1590)也曾以露香园为诗题,谱写出佳句名篇,并为后世各个版本的上海县志收录,那么朱氏一定更会为家

48

---

①《嘉靖上海县志》,10. 58b。

② 有关明朝上海文人的科举成就,见 Timothy Brook,“Xu Guangqi”,p. 77。

③《嘉庆松江府志》,78. 27a。

乡倍感自豪。①

露香园的审美格调固然吸引了包括朱察卿、王世贞等在内的爱好园林的文人雅士及当地民众,不过在后来的发展中,顾家园子是以其出产的作物,尤其是园中某株“芳树”上结出的桃子,而成了上海地方人杰地灵的标志。当然,桃树的功用不仅在于结果,桃花的审美功能也向来为人称道。正因如此,上海文人叶梦珠才对沪上的另一座园林——桃园,极尽溢美之词,称其“不减玄都、武陵之胜”。② 其中“玄都”指的是唐长安城内的一处道观,以遍植桃树闻名,“武陵”则指向陶潜《桃花源记》中所描绘的那个自给自足的人间仙境。但说到顾家花园里的桃树,还要数其果实最为世人追捧,也最能体现上海的“地利”:上海的盐碱地或许不适宜大面积的水稻种植,但竟然是桃树的乐土。一旦意识到这一点,上海的士绅阶级便决定拿桃子尤其是顾家的水蜜桃“大做文章”。原来,桃子才是塑造、宣传家乡积极形象的关键作物。

当地文人首先在散文笔记中,对桃与上海“地利”之间的关系进行了阐释。张所望(1556—1635,1601 年取得进士)便是其中一位,而其家族中的若干成员更是 1588 年上海县志编纂活动的重要参与者。在《阅耕余录》中,张氏骄傲地宣称:“水蜜桃,独吾邑有之,而顾尚宝西园所出尤佳,其味亚于生荔枝。又有一种,名‘雷震红’。每雷雨过,辙见一红晕,更为难得。”③

49

第二位对顾家水蜜桃推崇有加的是当地文人叶梦珠。对叶

① 《嘉庆上海县志》便是其中一例,见该书 7. 59a。

② 叶梦珠:《阅世编》,10. 10a。

③ 张所望:《阅耕余录》,5. 19a。卜正民指出,张所望与 1588 年《万历上海县志》的总纂张之象同属张氏一族,只是来自不同的支脉。而其兄张所敬,是总纂张之象的 6 位副手之一(见“Xu Guangqi”, p. 80, p. 91)。

氏而言,露香园是一片隐藏在精英家族内部的净土,也见证了这个家族的兴衰起落。据叶氏记载,虽然顾名世能“以科甲起家”,其子顾汇海却不是一个能守住父辈基业的人。他“豪华成习,凡服食起居,必多方选胜,务在轶群,不同侪偶”。但不管叶氏对顾家内部的纷纷扰扰如何惋惜,每当提及顾家出品的几样罕物,他无一例外予以十分的赞赏:“园有嘉桃,不减王戎之李,糟蔬佐酒,有逾末下盐豉。家姬刺绣,巧夺天工,座客弹筝,歌令云遏……迄今越百余年,露香之名,达于天下,较辟强而更胜矣。”①

历代方志作家通过几个世纪的不懈努力,已为上海这座僻处中华帝国海陬一隅的城市发掘出许多历史典故,打造了一系列积极形象。而张氏与叶氏的评述不但与这些典故遥相呼应,更在其基础上有所升华。张氏的文字照应了前述高企的观点,即认为一地的农业发展必须遵循“用天利地”的原则,并将水蜜桃作为上海特定气候条件的一种表征。水蜜桃并非上海土生土长的作物,但一朝移植在上海的土壤中,不仅花繁叶茂,品质甚至更比原产地为佳,这正是得益于当地得天独厚的自然环境。通过声称上海水蜜桃的味道仅次于鲜荔枝——一种产于岭南、十分有名却不易获得的水果,张氏更是将上海提升到全国水果产区翘楚的行列。叶氏文中提及“王戎之李”和“末下盐豉”两个典故,也与前人志书对当地物产的记载相互观照,但叶氏对这些典故的用法与侧重大不相同。这里提到的王戎,正是和陆机有过言语交锋的那位北方名士。陆机曾讥讽他是北方粗人,无法领略南方饮食的精细雅致。对于《绍熙云间志》的编纂者们而言,提及这场语言较量,为的是

① 叶梦珠:《阅世编》,10.9a。这里采用“末下”说,是参考了叶氏对于历史上陆机与王戎言语交锋的解读。

向吴地的历史中去寻找证据,表明其文化比北方中原地区更胜一筹。叶氏的角度则并非如此。对他而言,这则典故更大的意义在于证明家乡从陆机的时代发展到今时今日,早已今非昔比。所谓“王戎之李”指的是一则讲述王戎如何早慧的故事。故事中的王戎年仅七岁,天资过人,能轻易看穿道旁李树结的是苦李。① 叶氏认为,顾家花园出产的风腌小菜和桃子,比历史上任何叫得出名堂的食物都更精致美味,上海哪里还需要向渺远的往事云烟中去寻找证据来为其地位与声名辩护呢?此时的上海,比它历史上的任何时期都更优越。

正是通过许许多多如张所望、叶梦珠这样的人们的不懈努力,露香园终于以出产嘉桃而闻名于世,水蜜桃更是很快便成了一种如张氏所言“独吾邑(上海)有之的”作物。其实,桃这种作物原产于北方。南宋时期,“水蜜桃”才出现在有关杭州的记载中。② 康熙年间(1662—1722)出版的《江南通志》则进一步将水蜜桃与王锡爵(1534—1611)在江苏太仓修筑的南园联系了起来,从而有了“南园桃”的说法。到雍正朝(1723—1735)为止,已经有至少5部南方地区的方志将水蜜桃列为当地物产了。③ 不过,尽管水蜜桃在《江南通志》中出现的时间与其在上海方志中首次出现的时间差不多,“南园桃”这一称谓却仅在《江南通志》中昙花一现,从此便再未出现在其他记载中,有关它的文字线索也就此中

---

① 见《名士传》对《世说新语》的评述,6. 4。原书此处英文译文转引自 Richard B. Mather, *A New Account of Tales*, p. 191。

② 据南宋《会稽志》记载,水蜜桃产于杭州旁边的萧山。吴自牧作于1274年的《梦粱录》则提到,杭州市内的分茶酒肆会将水蜜桃作为一种茶点供应给食客。见《会稽志》,17. 25b;《梦粱录》, 16. 8b。

③《江南通志》,86. 8b。正文中提到的5部地方志分别是苏州、松江、镇江、绍兴、邵武的。转引自《古今图书集成》,681. 115. 47a,699. 116. 63a,735. 119. 36b,992. 138. 20b,1093. 146. 7a。

断。相比之下,与太仓南园桃几乎同时浮出历史地平线的上海水蜜桃却不断地留下各类文字记载,且这些记载来源于全国各个地方。直到20世纪,有关它的文本线索都还在不断涌现。

这一文本线索由张所望对上海水蜜桃的记录发端,很快便经由其他作家的引述转录流播开来,其中最重要的一个文本是王象晋(1561—1653)于1621年出版的《群芳谱》。王氏创作《群芳谱》的初衷是要记录他自己经营园圃、研习农艺的经验,但在康熙帝的资助下,这部初版三十卷的著作后来被扩充到一百卷之巨。① 在该书中,王氏描述了桃子的诸多品种,有的以色泽命名,有的以开花或结果的时节命名,还有的则以形状命名(例如著名的“鸳鸯桃”,其特点为“结实多双”,正如双宿双栖的鸳鸯)。但在王氏看来,桃树品种虽繁,果实可堪享用的却很少,比如毛桃虽可入药,但“小而多毛,核黏味恶”;十月桃“肉黏核,味甘酸”;李桃因“其皮光泽如李”而得名,如果说它口感稍好些,也仅仅是因为它“肉不黏核”罢了。而谈到水蜜桃,王氏的记录几乎将张所望《阅耕余录》中的溢美之词原封不动地照抄了过来。张氏笔记中的水蜜桃,一经王氏的转载和发扬光大,终于以“上海水蜜桃”的名号在其后的3个世纪中为人们所熟知。② 只要在清代的主要文选和类书中稍加检索,我们就会发现:一旦“上海水蜜桃”成为被广泛认可的新品种,只有一条记录将水蜜桃的产地归于他处(即上文提到的南园)。除此之外,几乎所有与水蜜桃相关的条目都将该品种与上海相联系。③

51

① Alfred Koehn, “Foreword”, *Fragrance from a Chinese Garden*.

② 以上引文皆出自王象晋最初的三十卷本。见王象晋:《群芳谱》,2. 2a—b。

③ 具体案例可以参见张玉书等编纂的《御定韵府拾遗》,19. 6a—b。这部1720年出版的著作是1711年出版的词典《御定佩文韵府》的增补部分。另见姚之骃1721年出版的《元明事类钞》,35. 9b。该书是对元明两朝轶事的汇编。此外,还参见陈元龙(1652—1736)编纂的类书《格致镜原》,74. 10a—b,以及1747年出版的《钦定授时通考》,63. 7b。

在志书体系中,有关上海桃与上海园林的文字线索也不断地将我们引导到更高等级的志书中:水蜜桃曾出现在1631年版的《崇祯松江府志》中。在1746年的《大清一统志》中,露香园拥有了属于自己的条目。接着,在1820年对《大清一统志》的修订中,露香园的桃也终于有了自己的一席之地:"(松江)桃出上海县,有水蜜桃为第一。"①最终,声名远播的上海水蜜桃甚至成了其他桃子品种口味的标杆。1772年的《娄塘志》在揄扬娄塘出产的金桃时便有这样的句子:"味与上海水蜜桃相似,今无。"②

作为中国物产的上海物产

清代的上海文化精英们是一套历史悠久的话语的传承者和发扬者。这套话语从16世纪末、17世纪初开始便围绕当地的农作物展开叙事,并最终借着这股东风将"上海"这个名字传遍帝国的角角落落,而清代的士绅们在前人的基础上又发展出一种新的话术,以证明上海作物的重要性。在此之前,当地文人墨客对着上海作物大书特书,目的是要让上海的名字独特到足以在帝国版图上被标示出来。为此,他们或将此地描绘为一片自给自足的沃土,并哺育了当地历史上众多的杰出人物;或强调该地水土如何丰美,甚至能够改良源自别处的农作物品种,出产人们闻所未闻的精品。但清代的上海文人调整了他们的叙事策略,转而将上海的农事活动描述为更加宏大而悠久的中国饮食文化与饮食书写史的一个组成部分。事实证明,这种书写策略在许多文本背景中

① 《嘉庆大清一统志》,85.14b。《崇祯松江府志》,转引自《古今图书集成》,699.116.63a。

② 《娄塘志》,第61页。

都非常有用，因此备受作者们的青睐：1683年撰写清代上海的第一部地方志时，编纂者们便采用了这一策略，甚至直到19世纪初，当地文人依旧沿用着这一话术。彼时的上海已不仅仅是江南区域经济网络中的关键成员，也是整个帝国经济体系中不可或缺的一环。通过新的书写实践，沪上的文化精英们欣慰地意识到，他们完全能够以文字为媒介，将家乡的农事活动塑造为不仅仅对区域农业发展具有重大意义，更是帝国农业史上浓墨重彩的一笔，从而凸显出上海的优越性。

52

在记录上海作物时，第一个展现这种意识倾向的是出版于1683年的《康熙上海县志》。对于该书的编纂者而言，采用新的书写策略并不意味着完全摒弃旧的策略，因此该书的“五谷”部分基本沿袭了惯例，依旧将重点放在强调上海县不同村镇所出产的五谷品类如何不同，生长周期又如何各异云云。[①] 这些特产也依旧会和当地的历史名人产生关联，不过此时作者的书写策略发生了变化：这些在当地响当当的名字，被作者镶嵌进对经史子集和其他各种形式文学著作的引述中，而这些文本又无不与饮食息息相关。其实，整个“物产”一节自始至终都表现出一种向中国经典古籍中寻用典故的倾向，其开篇便是一例：“《诗》识草木鸟兽，《禹贡》列筱簜菌簬，淮玭江龟，凡滋民生而为土之所出，故虽琐细，必详也。”[②]

如前文阐释过的那样，更早的上海方志往往引用专门讨论华亭地区或上海地方特色的文本，例如追忆陆机事迹的史料，或李翰《屯田纪绩》对嘉禾地区屯垦运动的颂扬之词等。然而《康熙上

① 《乾隆上海县志》，5.50a。
② 《乾隆上海县志》，4.49b。

海县志》却从整个中华帝国浩瀚的文学宝库中撷取典故、旁征博引,且这些被引用的文献大都与上海没有直接关联。在描述某种作物时,方志作家会将读者导向历史上提到过该作物的其他更早的文献(例如仅在“五谷”一节的开篇,志书编纂者便提及了14种前人文献)——很明显,《康熙上海县志》的编纂者们终于放开手脚,启用了新的征引原则。尤其值得注意的是,编纂者在旁征博引的同时,会时不时点缀若干当地名流的名字,例如修建了16世纪上海第一个可圈可点的园林——后乐园的上海文人陆文裕(陆深)。伴随着这些当地名流的,则是志书作者从整个中国庞大驳杂的历史和地理文献宝库中信手拈来的典故,其中最早的能上溯至西周,余者包括战国时代成书的《周礼》《国语》、公元2世纪初期的文字工具书《说文解字》,以及撰写于明代的医药学专著《本草纲目》。更不用说,这些征引还涉及中国的若干地理区域,例如诗人陆游(1125—1210)的家乡绍兴,诗人杨万里(1127—1206)的家乡江西。[1] 这些有关作物的书写如众星拱辰一般,将上海烘托为中国历史地理舞台正中央的一颗璀璨明星。该形象如此具有魅力,以至于1750年重修上海县志时,新一代的编纂者将1683年版县志的“物产”一章原封不动地保留了下来。

53

新上海想象突破了地方性而在整个帝国历史地理维度上纵横驰骋,其之所以能保持长盛不衰的吸引力,与该时期的上海在社会经济上取得的长足发展有着很大关系:此时的上海已经与其他区域紧密地连结起来,成为帝国经济体系中的一个组成部分。不过,并非所有生活在上海的人都能欢欣鼓舞地迎接这种变化,一些人也为此感到深深忧虑。这种变化主要体现在3个方面:一

---

① 《乾隆上海县志》,5.50b—53a。

是海岸贸易的复兴,二是上海的外地商人行会的大发展,三是当地棉纺产业的重组。1684 年,清廷解除了自明朝以来就非常严格的海禁,上海则由于“地处帝国水路贸易最重要的 3 条主干道的交汇处而占尽地利”,成为愈发重要的贸易港。它既是“整个长江下游地区进出海交通和进出口贸易的主要港口”,也是中国南方诸口岸(如广州、宁波和泉州)的商船在驶往北方港口(如关东地区、山东和天津)途中的重要经停点。[①] 公所和会馆也在该时期繁荣了起来,这又进一步加速了上海成为国内中转港的转型过程。公所和会馆是旅居上海的外地商人的同乡会暨商业联合会。上海的第一座公所成立于 1660 年前后,是代表来自山东与关东地区大豆、肥料商人利益的“关东山东公所”。及至 1814 年褚华的《水蜜桃谱》问世时,上海已经拥有至少 17 个这样的商业组织,[②]其中有一小部分代表了本地商人的利益。但在漫长的 18 世纪,来自安徽、福建以及潮州、宁波和绍兴等地的外省商人陆续来到上海开店做生意,他们的人数迅速超越了本地商人。最终,尽管棉花还一直是上海利润最高的经济作物,本地商人却失去了对棉花贸易的控制权:“有明一代,上海的纺织品市场……一直是由当地掮客垄断的。外来的商人,不论是解决食宿,还是拉拢生意,都不得不仰仗这些当地人从中协调。这种商业模式(在 18 世纪末)发生了改变:客居的商人开始雇佣‘自己人’承办这些业务,并在城中建立起自己长期的大本营。”[③]

---

① Linda Cooke Johnson, *Shanghai*, p. 155, p. 161. 在明朝实施海禁以前,海上运输就曾是上海重要的财富来源。后来,棉纺经济的发展弥补了由海禁造成的海运贸易的损失。

② Linda Cooke Johnson, *Shanghai*, p. 122 - 154.

③ James Chin Shih, *Chinese Rural Society*, p. 83.

根据褚华的记载,褚家祖上就是沪上的棉商大户。明末清初,褚家一位远亲曾凭棉花生意"富甲一邑"。从彼时算到褚华,已历六代人。褚氏见证了上海经济模式的变迁,见证了家乡日益融合为中国社会经济体中的一个组成部分,但他坚持认为,上海还是应该保持一种疏离、独立的文化品格与身份。[①] 为此,褚氏专门对上海县城的历史地理沿革进行考据,并完成了鸿篇巨制《沪城备考》。他还创作了两篇论文,分别阐述上海最重要的两种作物——棉花和水蜜桃。[②] 沪籍商人在棉纺织业上的影响力日益衰微这件事令褚氏十分忧虑,所幸者,在水蜜桃的培植与生产上,上海保住了自己的优势和特色。

54

由于相关资料匮乏,我们无法确切地知道在褚华活跃着的18世纪下半叶,水蜜桃在上海的栽种范围有多大、产量又是多少。但我们能够知道的是,比起晚明时期,清中叶上海的水蜜桃产区已经发生了转移,及至19世纪初褚氏作《水蜜桃谱》的时候,顾氏家族那座诞生了上海传奇桃子的露香园早已淹没在历史洪流中。露香园的破败是晚明社会衰颓和清军军事占领的冲击所共同导致的,其衰落的细节已无从考证。但在16世纪上海的名门望族中,顾家的后人似乎早早便无法继承祖风,再现顾名世、顾名儒一代人在科举上取得的辉煌成就。[③] 到了清朝的最初几年,

---

① 褚华是在《木棉谱》一文中提及自己同上海棉商之间的渊源的。这一内容转引自James Chin Shih, *Chinese Rural Society*, p. 83。

② 这里提到的3部著作均见于上海通社编:《上海掌故丛书》第2卷。

③ 顾氏一族当时所面临的诸多困境对顾家的内部和谐造成了致命打击。嫌隙发端于顾汇海同父异母的庶弟:此人受陷入狱,虽四处求得赦免,自己的积蓄却也荡然无存,于是他便将顾家家业中属于自己的那一份挥霍一空。没过多久,顾汇海自己的一份产业也日渐穷尽,其原因或许多少如后来叶梦珠所说的那样,是顾汇海在服食起居上过于追求"务在轶群"。顾汇海之子顾伯露无嗣而终。见叶梦珠:《阅世编》,10. 9a。

作家叶梦珠记忆中的露香园已是“园垣俱废,而亭榭山水,尚存什一”,到1656年前后更是“名园鞠为茂草”。及至康熙初年,清军征用了这片土地,以为水师驻所,并最终彻底将其改造成了一座兵营。几经沧桑巨变的露香园,正如叶梦珠所感叹的那样:“夷山堙谷,摧枯伐朽,纵横筑室,宛然壁垒矣。今兵归海外旧伍,所建营房,又为瓦砾荆榛之地。”①褚华自己也感慨过,自从露香园旧址沦落为“演火器所”,人们便改称之为“九亩地”。昔日的花园“水石犹有存者”,但“夭夭蓁蓁,实无一株矣”。②

但褚氏也提到,顾家所产的水蜜桃并未就此绝迹,它只是在上海的另外4处庄园开枝散叶。这些园子中,规模大者种植面积可达10亩,但若论品质,最好的还要数坐落于沪城西南角、李筠嘉(1766—1826)的吾园所出的桃子。李氏既是褚氏的朋友,也是一位商人、藏书家、书法家。在18世纪末至19世纪初的沪上文化生活中,他曾扮演过重要角色。③ 李氏只有贡生的功名,但官至光禄寺典簿。他自己又酷爱藏书,据传一生藏书6000余种。这一爱好使他成为该职位的不二人选,风雅的癖好和显赫的头衔更将他引入了达官显贵与文人雅士的小圈子。1803年,在其密友、数度出任上海道的李廷敬的支持下,李筠嘉创办了“吾园书画社”。该社先后集结了133位画家和书法家,活跃时间长达20余年。这些艺术家主要围绕着李氏吾园展开活动,而吾园内恰有一处桃圃,是李氏在创社前一年从一户邢姓人家手中购得的。④ 李氏购此桃圃,并不只是出于经济利益的考量;李氏的藏书中,有相

55

① 叶梦珠:《阅世编》,10.3a—b。
② 褚华:《水蜜桃谱》,1a。
③ 李筠嘉的生平,见《同治上海县志》,21.41a—b。
④《嘉庆松江府志》,78.29a。沈福煦:《上海园林钩沉》。

当部分是几个世纪以前的另一位上海藏书家——朱察卿的旧藏,而这位朱察卿正是本章前文提到的那篇《露香园记》的作者。身为经验丰富的藏书家,李氏不会不知道,朱氏描写露香园的这篇旧文已被收录进后世各版上海方志的“园林”篇目。通过买下一片桃圃,并亲自参与到上海水蜜桃的培植活动中来,李氏也成功地参与到一段上海文化史中,并缔结了他与上海士绅社会传统之间的一条专属于他自己的纽带。

除了买下桃圃,李筠嘉也为褚华《水蜜桃谱》的出版四处奔走,因为这部著作对李氏而言有着两点相辅相成的重要意义。首先,褚氏论文的核心内容是记录上海水蜜桃的培育技术要领。如李氏这样的沪上园圃主人,正需要凭借这种技术知识,方能够在露香园衰微之后,接过上海水蜜桃栽培的衣钵,让该品种在他们自己的果园里繁荣滋长,生生不息。在解释到底是怎样优越的水土条件才令上海成为一个对水蜜桃栽培尤其有利的地方时,褚氏将自己的阐释建立在过去几个世纪以来当地文人撰写的大量文字的基础之上,并从这一丰厚的文学传统中信手拈来,塑造出一个积极正面的、拥有无限优厚地理条件的上海形象。《水蜜桃谱》对这一文学传统的贡献,正在于从水蜜桃栽培这一独特视角入手,将上海描绘为水果种植的农事传统和专业知识都十分成熟发达的地方。其次,李氏还邀请诗人陈文述(1771—1843)为《水蜜桃谱》作序,而陈氏的“序”更是将上海物产放在帝国风物史的恢宏背景下去讨论。如果水蜜桃是帝国史上丰厚自然宝库中所产出的众多珍奇物产的一种,那么出产水蜜桃的上海也绝不会比中国任何以人杰地灵著称的地方差。

《水蜜桃谱》

56

正如褚华在《水蜜桃谱》中写到的那样，桃是一种颇有脾气、难于侍弄的作物。既要桃树成活，又要使其在相当长的一段时间内保质保量地结出桃子，这对自然条件和农业技术都有极高的要求。为了说明上海正是这样一个得天独厚的桃产区，褚氏在一开篇便引用或者说改写了《晏子春秋》中的一则典故。《晏子春秋》是记录公元前 6 世纪外交家晏婴（晏子）言行的一部书，其中被褚氏援引的这一段故事妇孺皆知，并在后世发展出许多不同的版本。在最初的版本中，齐国人晏子踏上了出使楚国[1]的外交之旅，得知晏子将至的楚王打算趁机羞辱他一番。于是，楚王故意安排人押解了一个齐国的小偷，当着晏子的面将其五花大绑，招摇过市。就着此情此景，楚王问道："齐人固善盗乎？"面对楚王的挑衅，晏子泰然自若道："婴闻之，橘生淮南则为橘，生于淮北则为枳，叶徒相似，其实味不同。所以然者何？水土异也。今民生长于齐不盗，入楚则盗，得无楚之水土使民善盗耶？"[2]晏子在这里提及作物变异与气候水土之间的关系，不过是一种讽喻，以此表达"要培养遵纪守法的人民，首先要营造一个公正的社会和政治环境"的意思。而褚氏在援引这一典故时，却将重点巧妙地转移

① 原文此处写作 Qin（秦）。此段典故出自《晏子使楚》，翻译时修改为"楚国"。——译者注

② 原书此处英文翻译转引自 George Kao（乔志高），Chinese Wit and Humor，p. 37，有改动。晏子这段对植物变异的论述对中国植物学传统有着深远的影响。相关研究参见 Joseph Needham（李约瑟），*Science and Civilisation in China*，pp. 103 - 116。这里我还要感谢罗安妮（Anne Reinhardt），是她提醒我留意晏子的这一典故。

到夸傲上海的自然条件如何优越上。褚氏明白，一些人始终认为桃是原产自北方的水果，移种江南正应了晏婴所谓“橘逾淮而化枳”的说法。但褚氏强调，水蜜桃原产何处并不重要，重要的是上海“土腴水活”，水蜜桃来到这里才真正是“迁地为良”。①

在确定了上海为水蜜桃理想产区的地位之后，《水蜜桃谱》开始记述当地果农培植水蜜桃的技术要领。第一步是培育幼苗，具体方法是将一整颗熟桃“连肉”埋入尺余深的土中（“太深，则不出爆”），并施以粪肥。一旦新芽爆出，果农就需对这株树苗进行移栽，以备日后扦插。如不移栽扦插，那么结出的果实就又小又寡淡，当地人称这种水蜜桃为“直脚水蜜桃”。桃树需要生长两到三年方可用于扦插，且进行扦插的时节也很讲究，一般在春分前或秋分后。但要在上海培育水蜜桃，对果农技术、才智上的要求远远不止于此，褚氏接着记录道：

57

> 离树根一二尺许锯去，以快刀修光，使不沁水。又向靠皮带膜处，从上切下一寸余，却以水蜜桃东南北枝两边削作马耳状者，在口中噙热插下，用纸封固，外涂以泥，再加箬叶护之，待其活后，乃去箬叶之缚，听其所封之泥与纸渐渐自脱。②

如果嫁接的嫩枝成活了，果农依旧不能掉以轻心。他们要随时留意树根处可能爆出的新芽，随生随砍，“如任其自生，则所结实还为本质，而接枝悴矣”。③

褚氏不断强调，在众多果树中，桃树十分特殊，桃农所面临的

① 褚华：《水蜜桃谱》，1a。
② 褚华：《水蜜桃谱》，1b—2a。
③ 褚华：《水蜜桃谱》，1b—2a。

困难也尤其多。大多数果木只要开始挂果就该浇灌了,但同样的办法用在水蜜桃树上,“其实即落”。这一点如此重要,让褚氏不吝笔墨地强调,即使遇到“大旱之年,经月不雨”,果农也绝不能为之浇水。而当桃树出现枝叶憔悴的迹象时,有经验的果农会在其根部敷上一层薄薄的河泥。其次,处理桃树皮也是十分棘手的工作:即便是健康的桃树,其皮也十分容易干枯。桃农看到这种情况,就会用小刀在树皮上划出口子,让“膏脉”营养能够重新循环起来。最后,桃树根上更是大有文章。比起其他果木,桃树根基很浅,因此不过几年,树根便会枯死。若要改善这种情况,果农就不得不经年累月地劳心劳力:树根首次现出枯萎的迹象时,就要将桃树砍去,次年树桩上又出新芽,再次砍去,“砍至三次,则根入地深而耐久矣”。①

无论如何,当桃花盛开、桃实累累的时候,人们明白艰辛的耕耘终于换来了丰厚的回报。让水蜜桃脱颖而出的,首先是它的花。正如褚氏所指出的那样,复瓣的花虽然美观,却不能结出果实,因此水蜜桃花和大多数果木的花一样,都是单瓣。但即便如此,水蜜桃花依然“艳过于常桃”。春日里,弥望不绝的桃花简直就是春天的标志和这个季节不可或缺的景观。它们如此娇艳,在人们心中完全可以和邓尉之梅花(邓尉是苏州郊外的一片水乡,相传其种梅的历史可以追溯至汉代),盘山之杏花(因清初智朴禅师在其《盘谷集》与《红杏图》中对其大加赞赏而闻名海内)相媲美。② 58

但归根结底,最值得一提的还是水蜜桃。每年,桃子还未上

① 褚华:《水蜜桃谱》,2b。
② 褚华:《水蜜桃谱》,1b。

市，沪上百姓已经垂涎欲滴，心痒难耐。人们根据桃子的大小、色泽、形状以及成熟的时节，为其划分了复杂而完备的标准，为的是将最好的桃子鉴别出来，不令其被埋没。一般认为，“白毛圆底”的水蜜桃品质是极好的。有些桃子外形“高低不整”，但只要这缺陷不是由虫蛀导致，而是内部果核分裂造成的，那么这种桃子也值得一尝，只不过“味亦稍减”。有的桃子皮色微微泛黄，尖端略带红晕，这种桃要靠闻味辨别好坏——若它还具备水蜜桃的芬芳馥郁，那么吃起来味道也不会太差，尚且当得起“水蜜”的名号。但要当心的是，还有一种“纯黄白色者”，外形很容易与前述桃子混淆，却“非真水蜜桃”。色香味俱佳的极品水蜜桃，一定是在枝头走完了从挂果到成熟的全过程的。但有一些水蜜桃尚未全熟，却“因风雨骤过，从枝上堕下者，生食亦甜”。如果不愿生食落枝的水蜜桃，那么唯一的办法是以“窟桃”方式使之成熟：人们会将这些桃子用零碎棉布包裹起来，放置在容器中，待其成熟后再吃。成熟程度恰到好处的桃子可以“剥皮食之。食时香气逆鼻，甘浆溅手”。市集上买卖水蜜桃的，往往以大为贵，但种桃人家知道其实不然，正如褚氏所解释的那样：“若本已老而结实渐小者，其甜倍于新接所生。”至于一种流播甚广的说法，认为有这么一种稀世罕有的水蜜桃，会在雷雨过后呈现出红色晕斑，褚氏对此说持谨慎态度：“俗谓闻雷震则生此斑，皆甚重之。其实每树只一二见点缀其上，稍可助娇，非其种使之然也。”①

---

① 褚华：《水蜜桃谱》，2b—3b。

《水蜜桃谱》序

褚华的《水蜜桃谱》记录下了上海果农的精湛农艺。正是秉承着这样的技术知识,当地农人成功改良了一种北方作物,使之成为上海的标志,并且发展出一套完善的评价体系,以细致地鉴赏、评定这种最具代表性的地方特产。相比之下,陈文述为《水蜜桃谱》作的序,则又有一种不同的视角:序言将这种地方性作物置于更加宏大的背景之下以评价其历史重要性。陈氏是在李筠嘉的邀请下作此序的。为此,李氏曾向陈氏邮去《水蜜桃谱》一册,并随之奉上了自家吾园中所产的水蜜桃。陈氏实在是为该文作序的不二人选:除了精通文墨,他在褚氏作《水蜜桃谱》的时期,正好在上海县衙中任职。尽管陈氏自己的文名有限,但他与当时许多著名的诗人过从甚密,尤其还参与到了赞助女性诗人创作的活动中去。[①] 陈氏的文风被认为颇受袁枚(1716—1797)性灵一派的影响,而后者恰巧还是他的一位远亲。既然袁枚在与园林和私园饮食相关的各个领域,都是一位享有盛誉的批评大家,那么能邀请到与袁氏文脉相承的陈氏为《水蜜桃谱》作序,也就等于是将褚华的这篇文章直接纳入一个历史悠久的食物书写谱系中来了。[②] 总而言之,对于李筠嘉而言,陈文述是一位能够写出上海水蜜桃重大历史意义的诗人,而陈氏的序言也的确从两方面完成了这一使命:他首先确定了研究上海水蜜桃这一题目的必要性,并认为褚氏的《水蜜桃谱》恰好完全能够填补中国饮食书写史上

59

① 陈文述赞助女性诗人创作的相关事迹,参见 Ellen Widmer(魏爱莲), *The Beauty and the Book*。

② 有关袁枚“好味”的名声,参见 Jonathan Spence(史景迁), “Ch'ing”, pp. 272 - 276。

的一项空白。其次,通过将上海水蜜桃和这篇桃谱与史上各种享有盛名的作物及称颂它们的文字相提并论,该序言进一步继承和弘扬了当地文人将上海作物放置在中国文明史的大背景下进行书写的策略。

陈氏提出,漫长的中国书写史上竟没有一篇论及桃的农学专著,这实在很难不令他感到困惑,并深以为憾事。的确,中国历史上出现了大量农艺学专著,深入讨论了柑橘、荔枝、梅李、牡丹、菊花、兰花、蔷薇、竹子等各种有着丰富象征意义的植物,却唯独漏掉了桃子。[①] 当然,陈氏并不否认,水蜜桃产区非仅限于上海;河北、山东以及江南的许多地方都有分布,以至于他在这些年的宦游中,"车辙所至,甘芳用飨"。但陈氏坚信,如果中国书写史上第一篇关于水蜜桃的专论由上海而起,这完全是情理之中的事,因为"江南之美,沪城为最"。陈氏对褚华《水蜜桃谱》一书的造诣更是不吝赞美,认为它"简而有法,质而不俚",完全能够填补中国植物书写与赏鉴传统上的空白。他甚至将褚氏提升到与中国历史上著名农艺学家们比肩的高度,其中一位是写作《种树书》的"郭橐驼"。"郭橐驼"实为化名,取自柳宗元(773—819)《种树郭橐驼传》,传记中的主人翁郭橐驼深谙老庄无为而治的道理,顺天至性,种出来的树木枝繁叶茂,使得"长安豪富人为观游及卖果者,皆争迎取养"。[②] 此外,陈氏还将褚氏比作掌管山林川泽宝藏的"虞衡"。

---

① 陈文述:《序》,《水蜜桃谱》,1a。李约瑟也注意到,"中古中国的植物学家们竟没有留下一部关于桃子的专著,这实在是咄咄怪事"(*Science and Civilisation*, p. 423)。

② 原文此处参考了 Edward Schafer, *Golden Peaches*, pp. 117 - 118。

60

为了引出上海桃的历史重要性,陈氏列举了一连串中国文学史上赫赫有名的奇珍异果,以为它的铺垫。他写道:

> 柰出华阳,榴产顿逊,细枣以崂嵣擅奇,文杏以蓬莱名种,莫不疏陆玑、状嵇含,第《七发》之林,备《三都》之赋。是以《橘录》详于彦直,《荔赋》序于九龄,子建作都蔗之诗,孝威有林檎之启。若其求种度索,禀精玉衡……①

陈氏列举的这一连串果品、文章与名人,将上海抬到了一个非比寻常的地位上:如果上海培养出来的后学完全能够承袭中国文化中最高深的学问,并将之发扬光大,那么这片滋养他的土地也一定钟灵毓秀,不同凡响。可以说,正是通过大量援引举世闻名的饮食文献,陈氏不仅让褚氏参与到一个书写传统中去,也将上海描绘得光辉耀眼——而这一切都是通过陈氏在其序言开篇提到的 4 种水果及其各自所代表的优越品质实现的。要说明陈氏如何为上海的出场做足了功夫,我们首先需要看看他提到了哪些学术作品与诗词歌赋,然后再聚焦开篇这 4 种水果的具体意义,从而为本章的讨论作一收束。

褚氏的《水蜜桃谱》是中国文学史上丰富多样的饮食书写的一部分,这一书写传统以经典注疏、学术专著、诗词歌赋以及个人书信等形式得以流传,而一系列奇珍异果正是借着这种书写的力量为世人所熟知。在该书写传统中,现存最早的文献之一是三国时期陆玑的《毛诗草木鸟兽虫鱼疏》。(这里需要稍作强调的是,该书的作者陆玑并非本章前面讨论过的陆机,尽管二者都是吴地人士。)研究《诗经》中提到的各种动植物名词究竟所指何物,这是

① 陈文述:《序》,《水蜜桃谱》,1a。

历来为中国文士阶层所崇尚的一种考据研究。根据《论语》的记载,孔子就曾鼓励这种做法,[1]而陆玑的《毛诗草木鸟兽虫鱼疏》则正式将这一悠久的文士传统以注疏的形式固定了下来。该书中的每一条目"都以《诗经》中的一句四字短语为题,条目内容则力求考证这句短语中提到的动植物究竟是什么"。[2] 在陆玑开辟的这条道路上,嵇含(263—306)紧随其后,撰写了《南方草木状》。[3] 这是一部记录广东、广西、云南等地植物的专著,同时也是一部具有开创性意义的作品:它是中国文字书写历史上第一部专门记录罕见食/植物实用价值的书,它的出现反映了中原地区的人们向南迁徙、开拓、定居的进程,也正是在这一过程中,具备植物学知识的专家们记录下了他们不曾见过的各种植物。嵇含《南方草木状》对于中国食物书写传统的重大意义在于,它以文字的形式,将人们认知地图边界以外的食物"归化"为中国饮食版图的一部分。陈文述在序言中援引这两部奠基性的植物学著作,可谓用心良苦。他暗示了褚氏的《水蜜桃谱》正是承袭了这样一种儒家传统的精髓;上海的桃农更应为他们改良异地植物的出色技艺而受到尊敬。

61

在中国文学史的长河中,水果是诗歌创作最常见的主题之一。陈氏力求将《水蜜桃谱》和上海水蜜桃与中国诗学传统中最出类拔萃的意象联系起来,其中就包括枚乘(? —前 140)的《七发》和左思(约 250—305)的《三都赋》。在这两篇文赋提及的一

---

① 见《论语》17.9。转引自 Joseph Needham, *Science and Civilisation*, p. 440。

② Joseph Needham, *Science and Civilisation*, p. 464.

③ 该书的英文翻译,见李慧林(Hui-Lin Li), *Nan-fang ts'ao-mu chuang*。

系列奇珍异宝中,水果占了很大比重。[1] 但在陈氏引用的众多诗歌中,与褚氏作品旨趣最为相似的,还是张九龄(678—740)的《荔枝赋》。张氏是岭南人士。当他为自己心爱的荔枝作赋的时候,他的家乡广东还是北方中国人心中的文化荒漠。通过将世人的注意力引向家乡的一种特产,张氏高度赞颂了当时“不被(北方中国人)承认的岭南风物……颠覆了传统认知中的地域歧视”。[2]

在分析了以上文献之后,我们再将视线拉回陈氏为《水蜜桃谱》所作的序上,就能更加清晰地了解到陈氏所要打造的究竟是一幅怎样的上海景象。序言开篇提到的头两种水果——柰(沙果)与榴(石榴),都是从边地异域引入中原的水果。它们的出现提醒着读者:中国是一个在农业生产上有着悠久的“化生为熟”历史的国度。柰树原产于今天的四川省,其所在的华阳地区在当时还涵盖今天的云南、贵州,以及甘肃、陕西和湖北的部分区域。虽然柰树最堪夸的是它的花,但在道教语境中,其树和果也被赋予了重大的象征意义。这一点在序言“柰出华阳”一句的出处《洞仙传》中表现得尤其突出。《洞仙传》是记录道家 77 位得道上仙事迹的合传,或成书于南北朝(420—589)晚期。书中有这样的记载:

展上公者,不知何许人也。学道于伏龙地,乃植柰,弥满 62

① 《七发》讲述了一位客人试图用言语激发卧病中惫懒的楚太子的生机,于是向太子描述了七幅令人心旷神怡的图景。其中既有争逐围猎的激烈场面,也有园林生活的奢华惬意,既有宴饮之乐趣,也有求爱之欢愉。该文赋的英文翻译与阐发,参见 Hans H. Frankel(傅汉思), *The Flowering Plum and the Palace Lady*, pp. 186－211。左思的《三都赋》中,奇珍异果则是三都万般盛景中不可或缺的一种。例如在《蜀都赋》中,左氏便描述了该地“户有橘柚之园。其园则林檎枇杷,橙柿梬楟。榹桃函列,梅李罗生。百果甲宅,异色同荣。朱樱春熟,素柰夏成”。原书此处的英文翻译见 David Knechtges, *Wen xuan, or Selections of Refined Literature*, p. 353。

② Paul Kroll(柯睿), “Chang Chiu-ling”, p. 208.

> 所住之山。上公得道,今为九宫右保司,其常白诸仙人云:昔在华阳下,食白柰美,忆之未久,忽已三千岁矣!郭四朝后来住其处,又种五果。上公云:此地善,可种柰。所谓福乡之素,可以除灾疠。①

这段话传达出几条重要信息,首先,很明显,柰被认为具有使人长生不老的神奇功用。不仅如此,柰树还能保一方平安,因为它们有送瘟神、除灾疠的效果,会使其生长的地方成为"福乡"。最后,展上公将华阳的柰树移栽至其学道之地江苏,而柰树竟能"弥满所住之山",这与褚氏所赞颂的、沪上果农将水蜜桃移植上海的创举之间,形成了明确的对应关系。如此,该典故为后文褚氏的上海叙事提供了一个范本:正如历史上的众多"福乡",上海正是这么一个神仙也愿长留的地方。因为在这里,俗世生活与世外仙境之间已经达到了完美的和谐。

与柰类似,石榴也是以花和果见称于中国文学史的一种植物。它既象征着多子多福,也具有珍贵的药用价值。更重要的是,石榴和柰一样,也是从远方引入中原的作物。② 顿逊是东南亚古国,其地理位置在今缅甸境内。根据中国古书的记载,顿逊拥有"回入海中千余里"的海岸线,这使它成为南洋地区的重要交通运输枢纽和远近各国互市贸易的集散中心。其情形正如公元7世纪的《梁书》所描述的那样:"顿逊之东界通交州,其西界接天竺、安息徼外诸国,往还交市。……其市东西交会,日有万余人。

---

①《洞仙传》里的这一段文字转引自《御定佩文斋广群芳谱》,57. 2b。《洞仙传》原10卷,大部分已经散佚,但其中一部残卷被收录进北宋年间张君房(活跃于公元11世纪初)编纂的道家经典《云笈七签》第110卷。

② 参见 Donald Harper(夏德安),"Flowers in T'ang Poetry", pp. 139 - 153。

珍物宝货,无所不有。”[①]可《梁书》中并没有说过石榴产于顿逊,而根据更广为人知的说法,石榴其实是波斯地区的物产。由此看来,“榴产顿逊”一说,或缘于顿逊是波斯商品的重要交易市场。但另一方面,《梁书》中又的确提到了顿逊当地所产的一种“似安(息)石榴”的树,其花汁可以酿酒。不管是上述二者中的哪一条原因让陈氏认为“榴产顿逊”,该处用典都突出了上海的另一个重要品质:上海也是一个由商业集镇发展起来的地方。正是贸易的兴盛让这里成为全世界珍奇物产的聚宝盆,也由此成为整个帝国的宝库。

与华阳、顿逊不同,序言紧接着提到的两处水果产地——嵱嵣与蓬莱,都是神话中的地名。它们均与西王母的传说有关,并指向同一位主人公——汉武帝。公元 1 世纪成书的《洞冥记》提到了“嵱嵣细枣”,称这种枣产于嵱嵣山中,“万年一实”。[②] 细枣在《洞冥记》中出场的背景,是汉武帝在气势恢宏的招仙阁中举办的一场仪式。仪式伊始,人们在阁中祭坛上点燃一种波斯出产的、由荃蘼香草制成的珍贵香料(据说这种香料只需一小撮,便可焚烧 3 个月之久)。接着,人们供上嵱嵣细枣,其枣核是昔年西王母亲手奉与武帝的。最后,参加仪式的人们点燃一盏芳苡灯(芳苡具有一定的致幻作用),让它发出紫色的光芒。诸事具备,人们放出珍禽异兽,让它们在阁下嬉戏玩耍,以迎神女。神女出现后留下了一支玉钗,多年以后竟化为一只白燕飞升而去。

枣核在这段文字中意义非凡,因为它是西王母亲手奉上的——这就与另一则有着类似情节的故事形成了鲜明对比:在后

① 《梁书》,54.7a。
② 郭宪:《洞冥记》,2.1a—b。

一个故事中,西王母嗔怪武帝享用了她的仙桃尚不满足,竟还试图偷偷带走桃核,妄想将它播种在人间薄地上。而在前一个故事中,西王母奉枣时"握以献帝"的动作尤显敬重,她所献上的细枣也因此得到一个诨名——握核枣。① "握核"从字面上看是描述枣核形态的,但可以引申理解为"把握事情的核心、关键",西王母献枣的举动也因此传达出其对武帝文治武功的嘉许态度,是称赞他有雄才伟略,能够运筹帷幄、直击事物要害。陈氏用此典故,则旨在证明上海既能种出堪称极品的仙桃,足见实在是人间福地。毕竟,仙桃果核是连求仙问道的汉武帝都无福消受的。

陈氏序言中的第四种也是最后一种水果——蓬莱文杏,来历也和汉武帝有关。这种杏是因为刘歆(约公元前 50 年—公元 23 年)在《西京杂记》中的相关记载而变得家喻户晓的。《西京杂记》是记录西汉都城长安发生的各种杂史轶事的合集。在描绘汉武帝的上林苑时,刘氏写道:"初修上林苑。群臣远方(作者按:指'九州'以外)各献名果异树。"②根据另一些文献的记载,上林苑方圆 300 里,远方群臣进献的奇花异草超过 3000 种。刘氏在其书中列举了 10 种梨、7 种枣、10 种桃、15 种李、7 种梅、2 种杏、3 种桐树,另有林檎(即前述沙果一类)、枇杷、橙、安石榴各 10 株;其他进献株数较少、不甚出名的植物也是林林总总,不一而足。在这些"名果异树"中,刘氏提到了 2 种杏:文杏和蓬莱杏。文杏"材有文采",蓬莱杏则花杂五色,且每枚花朵都有 6 片花瓣(普通杏花通常是 5 瓣),其果实更是"仙人所食"。③ 虽然陈氏将文杏

64

---

① 王国良:《汉武〈洞冥记〉研究》,第 58 页,注释 9。

② 刘歆:《西京杂记》,1.7a。

③ 至于上林苑的规模以及蓬莱的所在,参见向新阳、刘克任编:《西京杂记校注》,第 49 页注释 2、3,第 55 页注释 56、67。

与蓬莱杏“合二为一”,有失准确,但在该篇序言提到的所有果品中,杏的来历最能说明汉武帝致力于搜集、栽培名果异树的宏大计划,究竟在何种层面上与上海桃树栽培的历史性意义发生了关联。上林苑的修建有着多重目的,它首先是一个狩猎场。汉武帝驰骋其中,尽情展现一代君王的勇武刚毅。它也是一座集当时农业技术成果之大成的园林,其建成充分表明了武帝对农事的重视与扶持,也说明其贵为一国之君,却能心系农民阶层,督促基层官僚实施善政,为农业增产增收制造有利条件。最后,上林苑还是武帝降仙迎神的所在,而其沟通天地的伟力更证明了武帝的统治是天命所归。① 通过将上海水蜜桃与蓬莱文杏相提并论,陈氏不仅暗示了前者也是完全配得上上林苑的仙品,更不必说培育出如此水蜜桃的上海,无疑承袭了上林苑所代表的农业传统和帝国气脉。上海正是这样一片福地乐土,这里的人们践行帝国以农为本的立国理念,更兼地灵人杰,便是天上神仙也愿常来常往。由此,陈氏的用典不仅将上海烘托成融汇帝国万有的壶中天地,更是包藏宇宙须弥的一枚芥子。

---

① 特别感谢李德瑞(Dore Levy)与我分享她在研究中获得这些认识。另见 Burton Watson, *Chinese Rhyme-prose*, pp. 29 – 51;Yves Hervouet(吴德明), *Un Poète de cour sous les Han*; Yves Hervouet, *Le Chapitre* 117 *du Che-ki*;以及 Maggie Keswick(玛吉·凯瑟克), *The Chinese Garden*, pp. 45 – 51。

第二章 “双城记”：晚清上海的饮食文化与都市理想

沪上酒楼，四方毕备。甘脆鲜浓，各投所好。

——王韬：《海陬冶游附录》，1873

客来错认小桃源，紈缦薰晴布隰原。花色占春三百载，至今犹说露香园。

——张春华：《沪城岁事衢歌》，1873

65 清道光二十二年三月初八更定时分（1842年4月18日晚8时前后），江苏嘉定县黄渡镇地界上，一人从天坠落，面目全非，已然不堪辨认。惊慌失措的村民奔向衙门，请官府查明原委。不久消息传来，人们方知是70余里外的上海县境内发生了大爆炸，这名遇难者是被爆炸瞬间所产生的巨大气浪抛掷到此的。[①] 爆炸发生在沪城西北角的火药局，该局是鸦片战争爆发后清政府采取的一系列新国防措施中的一项。爆炸发生前，该局已储备了4.5万余斤火药，于是才有了沪上文人毛祥麟在《墨余录》中回忆的那一幕：“轰霆一震，天地晦冥，咫尺莫辨。遥见浓烟如墨，高接云

① 毛祥麟的确在《墨余录》中提到：“一如黄渡镇上，于初八更定时，空中掷落一人……得信始悉，盖顷刻间飞掷已七十余里。”上海县城内的爆炸能将人体抛掷70余里，显然只是人们在惊恐中的以讹传讹。——译者注

间,而其地房舍尽为灰烬矣。”①

66 有传言称爆炸是奸细所为,但无论其起因究竟为何,这次事故都导致了惨重的损失。除去开篇描述的那个面目全非、从天而降的遇难者,还有许多人都在这场灾难中身负重伤,甚至失去生命。火药局都司芮永生,这天正好访友归来。正待他要宽衣休息,爆炸便发生了。他只听得一声巨响,尚未来得及做出反应,四处横飞的瓦砾已经打破了他的额头。他保住了性命,但之后的一个月都没能下床。候补库大使张孔安就没这么幸运了。张是几天前才向火药局报到的新人,大火熄灭的时候,人们只见他“尸卧宇下,首面焦灼,伤痕遍体”。此外还有不少人是被坍塌的建筑压死的,更有一具尸体被发现时“覆卧秋水亭后栏”——这秋水亭正是与火药局毗邻的露香园内刚刚修葺完成的一处景观。这些遇难者固然死状惨烈,到底还算留下了全尸。相比之下,皂吏何炳的结局则令人读之心惊。何炳也是新近被调拨到火药局听差的。大爆炸发生后,人们四处搜寻他的踪迹,却是活不见人,死不见尸,直到“有人忽于树间拨落一腿”,才从鞋袜的样式认出是他的残肢,“其余血肉淋漓,不能辨认”。这次事故中的其他死者,还包括寄宿于秋水亭的一队安徽士兵中的 10 人,以及仓库北面长寿庵中的一名尼姑。这一天恐怕是进入 1842 年后的上海经历的最黑暗的一天——直到同年 6 月,英军攻陷了上海。

这场爆炸宣告了一个旧时代的灰飞烟灭和一个新时代的开启——正如《南京条约》标志着第一次鸦片战争告一段落一样。《南京条约》一直被视为上海历史上的重要转折点:这座县城因此

---

① 此处有关爆炸的描述均来源于毛祥麟:《墨余录》,第 16—17 页。也参见《同治上海县志》,11. 30b—31a。

成为允许外国人居住通商的口岸，而清廷派驻上海的官员也迅速在上海县城北面、洋泾浜以北的土地上划出一片专供外国人居留活动的区域，从此为上海走上一条国际化道路拉开了序幕。尽管设立之初的租界只允许外国人活动，但很快，数以千计的中国难民和寻找生计的人们便涌入其间。他们有的是被上海的商业机会吸引而来，有的则是因为周边省份的民变和暴动而不得不向租界寻求庇护。诚然，在《南京条约》签订以前，上海已经不是一个“小地方”了——它拥有约 24 万人口，是当时中国规模最大的 20 座城市之一。但直到 19 世纪末，上海才真正成为中国最富有、最国际化的大都市，其外国租界也“频频被比作人间的蓬莱仙境”。[①] 其实，上海在历史上不是没有获得过“蓬莱仙境”的美誉，只是这一次，这仙境是专指“声光化电在外国租界里营造出的一片灯红酒绿”，因此与中国人世代居住的上海县城无分。

但无论如何，“小蓬莱”并非 19 世纪末上海城市理想的唯一象征符号。岁月见证了上海租界的崛起，也同样见证了老上海的失落，而这衰败的第一声丧钟，便是本章开篇提到的沪城火药局爆炸事件。这次爆炸不但夺去了许多生命，也将与火药局毗邻的露香园旧址彻底夷为平地。露香园在晚明时期就已经由于年久失修而沦为废园；清初，其旧址又被改用作军事设施。可即便如此，有关露香园的记忆却未曾消散，它时时刻刻都能唤醒人们对上海这座“花园城市”的回忆和想象。正巧在爆炸案发生之前不久，一些当地名流刚刚集资募款，重新修葺了园中的秋水亭。由此观之，沪城火药局的爆炸更具有重大的象征意义——它炸碎了上海的一段旧梦。不仅如此，令这种浪漫的旧上海想象雪上加霜

---

① Catherine Yeh（叶凯蒂），*Shanghai Love*，p. 11.

的是,上海县城的地位发生了全面下滑:这一圈城墙曾经围住了上海的精华,如今却在外国租界的映衬下愈显破败。当然,城里还是有不少的名门望族和豪富之家 ,但对于那些沉迷于租界灯红酒绿的文化生活的人而言,上海县城仿佛是一潭死水,它“被高高的城墙团团围住,抵御着洋泾浜北岸传来的一切改革的召唤——不论是新的生活方式、现代的市政管理措施,还是完善的道路和排水系统”。①

从 19 世纪中叶开始,不断涌向上海的新移民们又在这座城市失落的底色上叠加了他们各自的乡愁。许多人刚到上海时,以为这里只是他们人生旅程上的一站,他们会在此逗留一段时日,只为谋个差事或者做上几笔买卖。对于安土重迁的中国人而言,不常离家的他们在不得不出远门时,总是感到怅然若失。然而,很多人的回乡梦却被太平军暴动无情地击碎了。太平天国运动是 1851 年到 1864 年席卷了中国南方的一场起义,这场运动让许多旅居上海的人无家可归,继而更导致了数量庞大的难民涌入上海。这些沪上的寓公与流离失所的难民在不久的将来就会成为这座城市的中流砥柱,在迅猛发展的租界文化中扮演关键角色,同时也成为沪城历史重要的见证者和记录者。但是,当这些人对即将成为自己“第二故乡”的上海的历史稍作了解之后,他们也加入了当地人的队伍,感叹昔日那个平静安逸的花园之城一去不返,取而代之的是眼前这个堕落而危险的都会。不论是对土生土长的上海人、沪上的寓公,抑或是逃难来此的难民而言,露香园才是“老上海”的象征。如果要把露香园所代表的城市理想比作什么的话,那绝不是美轮美奂的蓬莱,而是陶潜在其《桃花源记》中

68

① Catherine Yeh, *Shanghai Love*, p. 14.

创造的那个失落的理想田园——武陵源。

对于人们赋予这座都市的两种理想图景——蓬莱和武陵源，没有哪个角度能比饮食文化更好地帮我们了解其各自的内涵了。在外国租界崛起以前，上海的饮食文化即便不能算“乡气”，也绝对可以说是非常本土化的。人们每每谈及上海饮食，总是离不开当地出产的若干种食材——鲈鱼、莼菜以及香甜诱人的水蜜桃。租界文化发展起来之后，餐馆成了都市饮食文化的代表。租界的街道上到处都是向普通人贩卖日常饮食的街边小贩——他们如同流动的餐馆，自家的“厨房”就挑在肩头的一根扁担上；高端饭店的宴会厅以及书寓青楼，则是文人雅士和名流阔佬们的社交场所，也是他们确认、巩固自身社会地位的重要舞台。考虑到“新上海人”还保留着在家乡时养成的、较为保守的饮食习惯，也照顾到他们要在异乡重温故土文化的迫切需求，沪上的餐馆——不论其位于餐饮业金字塔的哪一层次——都积极推出满足不同地方口味偏好的菜品，也因着这种特色成为移民社团的联络点和都市中的地方文化孤岛。不过随着时间的流逝，城市居民开始将这些特色风味餐馆作为各地文化的载体。人们去那里就餐，为的是体验不同社群之间的差异(尽管这差异有时是真实存在的，有时却是想象出来的)，也为从一茶一饭中重新认识这座都市。从这个角度讲，上海的确是个繁盛富饶的“小蓬莱”——如海上寓公王韬所言，一个“四方毕备”且能让人们“各有所好”的地方。①

王韬曾写下大量的游记、指南书、画报文章、通俗小说等，来揄扬新上海的生活，可即便是如王氏这样的“新上海人”，也无法完全摆脱一种失落感:他们也渴望在日新月异的都市生活中找到

---

① 王韬:《海陬冶游附录》,2. 34a。

一些永恒不变的东西，从中获得心灵的慰藉。在租界的地方风味餐馆里，他们的确找寻到了一点家乡饮食文化的踪迹，可聊以自慰。但在上海县城内的本地餐馆中，他们更感受到了这座城市的过往，而这里早已被他们视为自己的“第二故乡”。如此，他们也加入了本地人的怀旧情结中去，并坚定地相信：上海县城昔日的辉煌是值得人们“犹说至今”的——就像本章题记中引用的那首19世纪上海诗人张春华的民谣里提到的那样。① 与此同时，他们心底也都十分清楚：沪上的外国租界比中国历史上任何一座城市都更加国际化和现代化。就这样，新、老上海人一道，将以露香园和上海水蜜桃为代表的旧上海饮食文化塑造成理想城邦和社会的象征，更反衬得这座现代都市问题重重。在上海发展过程中，“蓬莱”和“武陵源”这两个有着相反意涵的形象，分别象征了这座“双城”的两个主要组成部分：前者代表了“摩登”的租界区，后者则代表着更加古老、传统的上海县城——而饮食文化的差异正是二者的重要分水岭。当然，这两种意象与“两座城”的现实并非永远契合，而正是那无法契合的部分，才让人们更加敏锐地感受到了饮食的怀旧。

“双城”的诞生及其意义

1836年，当上海知县黄冕在当地筹募资金，重修露香园秋水亭的时候，上海并不是一片歌舞升平。但正如“重修露香园”这个行为本身向我们所展示出来的那样，上海县的居民，上至官员、下到百姓，都渴望维持这座城的现状——不论是它发达的国内贸易

① 张春华：《沪城岁事衢歌》，第906页。

网络、它的名园，还是它和它的历史之间千丝万缕的关联。在过去的50余年中，当地出产的棉花通过广东商人行销世界各地。即便此前不久，国际棉花市场的大动荡导致海外对上海出产的这种经济作物的需求锐减，但上海港依旧忙碌而兴旺。当英国东印度公司的商业代表胡夏米（Hugh Hamilton Lindsay）在1832年来到上海考察时，他在港口稍作停留，便“观察到400艘中国帆船。换句话说，在1832年的7月间，平均每周有100至400吨的货物流入上海港”。也有人估量过，当时的上海港是“世界规模最大的港口之一”。① 此时，欧洲的商人与官员正为清政府的“一口通商”（Canton System）政策头疼不已，因为这一政策将欧洲的对华贸易限制在岭南的广州一地。他们时不时派出外交使团北上，试图协商新的对华贸易方案并开拓新的市场，胡夏米所率领的使团也正是为此来到上海。但他很快发现，自己举步维艰：尽管他为了通商事宜上下打点，实际上却连当地的县官都难以接近，省级和中央级政府官员中更是无人理会他的诉求。② 上海内部一切如常，对外则是“铁板一块”，这让黄知县根本无从想象：城北的荒凉土地上，怎会有一个灯火璀璨的都市倏忽之间拔地而起，让古老的县城黯然失色？

即便鸦片战争开始很久之后，人们对上海的信心也不曾动摇——直到1842年6月11日，在中英双方的一次近距离海战中，英国海军的复仇女神号（Nemesis）兵舰直接驶入了上海港。之后，英军没费什么力气便攻破了上海县城，并在占领县城5天之后举兵北上（当然，在开拔之前他们已经品尝过露香园美味的

① Rhoads Murphey, *Shanghai*, p. 59.

② Leung Yuen-sang, *The Shanghai Taotai*, pp. 39 - 41.

桃子了——该园正是他们的临时驻地之一)。① 这次占领虽然短暂,但强烈地震撼了上海社会,使人们意识到一种新的力量正在威胁着他们习以为常的秩序感。沪上文人曹晟的《夷患备尝记》是对这一系列历史事件的重要记录,他在书中写道:得知乍浦失守、平湖沦陷的时候,沪上已是“阖邑皇皇,人人忧惧”。及至洋船逼近上海,连日里更是“讹言四起”,传说洋人不仅烧杀淫掠,更要屠城。其实,洋人“据城三日,所杀者不满数人”,但他们的坚船利炮和野蛮行径都在沪人心中种下深深的恐惧。②

70

这种对洋人的可怕印象在当地官员的眼中被无限放大,而这些官员中举足轻重的一位,是 1843 年至 1847 年间负责涉外事务的上海道台宫慕久。宫道台深感将洋人与华人隔离开来的必要性。但自从允许外国人在上海等港口城市定居的《南京条约》出台以后,由于条约并没有专门划定外国人在这些城市内部活动的区域,华洋杂居的局面已然不可避免。最早抵达上海的外国人中,就有相当数量的人选择在城墙以内的县城中落脚。于是,在宫道台与英国驻上海领事巴富尔(George Balfour)反复谈判后,一份《上海租地章程》于 1845 年出台。该章程将上海县城以北、人烟稀少的郊区划为英租界。有此先例,美租界与法租界也接踵而至,前者后来又与英租界合并,成为“公共租界”。③ 章程中有一条款专门规定华人不得在租界中落户居住,但与此同时,章程也将外国人赶出了上海县城。宫道台在这一回合的中外对峙中可以说是大获成功。

---

① Linda Cooke Johnson, *Shanghai*, p. 181.

② Linda Cooke Johnson, *Shanghai*, pp. 180 - 181. 有关曹晟的记录,亦见于 Arthur Waley(阿瑟·韦利), *The Opium War through Chinese Eyes*, pp. 186 - 196。

③ 上海各个租界的地图及其扩张历程,参见 Leung Yuen-sang, *The Shanghai Taotai*, p. 52,以及 Hanchao Lu,*Beyond the Neon Lights*, p. 30。

可惜从事情后来的发展来看,这次的成功好景不长,因为中国官员根本无法阻止华民向租界流动。两次大动荡——小刀会起义(1853—1855)和太平天国运动——将许多华人赶进租界寻求庇护。小刀会起义是发生在上海本地的一场运动。起义的开端,是一支由常驻上海的广东和福建籍秘密组织成员组成的起义军占领了上海县城;起义的结局,却是清军在对起义军进行围剿的过程中烧杀抢掠,几乎将县城破坏殆尽。起义甫一爆发,许多华民已经纷纷逃进租界去了,这使得租界一时间成了"中国权贵与上海豪富之家的避难所"。① 这些人中有不少在起义平定之后选择返回县城,也有一些人就此留在了租界。清廷官员对于华洋杂居这一问题始终持反对态度,但驻沪外国团体中的领袖人物从华民涌入租界一事上看到了商业利益,于是在1854年对《上海租地章程》进行了修改,删除了1845年版中有关"华洋分居"的规定。修改后的章程赋予华民在租界居住以及租赁土地的权利,但华民依旧不能自由买卖租界内的土地。有新版的规定铺路,数量更多、来源更广泛的华民在太平天国运动爆发后争相涌入租界:1853年南京被太平军攻陷之后,先是有小股的南京难民陆续进入租界;紧接着,在1860年至1861年苏州、杭州、宁波等城市相继陷落后,这些地方的难民也一批批来到上海。

71

两场暴动改变了租界的人口结构,并最终改变了"上海"作为一座城市的地位,以及人们对这座城市的认知。尽管难民潮给租界带来了巨大的经济效益,但华民人口的迅速增长依旧引起了外国居民的担忧,唯恐租界会沦落成中国贫民窟。② 难民潮所引发

① N. B. Dennys(但尼士), William Frederick Mayers(梅辉立), and Charles King, *Treaty Ports of China and Japan*, p. 355.

② Dennys et al., *The Treaty Ports of China and Japan*, pp. 370 - 371.

的公共卫生与安全问题,是租界面临的最迫切、严峻的问题。租界管理者们的应对措施,则是修建了一座监狱和一所法院,起草了指导华民在租界内从事商业活动的有关条例,并启动了包括医院和水道在内的城市公共卫生基础设施的建设。[①] 从外国人的角度看,这些举措将上海公共租界变成了一个“模范租界”;对于迁居到此的中国人来说,这里不仅是乱世里的避风港,也是做生意、谋差事的好地方。

在租界走向繁荣的同时,人们也需要重新认识上海县城的地位——此时它已经是中国最重要的行政区划之一。小刀会起义期间,许多城市设施都受到损毁,但起义平定之后,人们迅速修复了城墙、公署以及社会和经济活动所必需的关键公共设施。[②] 后来,上海成立了总理洋商征税事宜的江海新关(也就是后来的大清皇家海关),这又进一步促进了城市的基础设施建设。太平天国运动被镇压之后,上海在清帝国行政等级的阶梯上再次上移,因为在江南地区的各个城市中,上海的核心区域是唯一没有遭到严重损毁的。由此,上海成了“江苏省防务的主要行政指挥中心”,并成为一系列重要新式学堂和工厂的所在地,其中便包括教授西洋文字和技术的同文馆(建于 1863 年)、由上海道台亲自督管的江南机器制造总局(建于 1865 年),以及兼授儒学和西学的

① 有关上海的监狱与司法系统建设,参见 Mark Elvin, “The Mixed Court of the International Settlement in Shanghai”, pp. 131 - 159;以及 Pår Cassel, “Excavating Extraterritoriality”, pp. 156 - 182。有关租界公共卫生方面的举措,见 Kerrie MacPherson(程恺礼), A Wilderness of Marshes。

② 根据约翰·斯嘉兹(John Scarth)的估算,小刀会起义中上海县财产损失累计可达 300 万美金之巨 (*Shanghai*, p. 332)。约翰·斯嘉兹是当时沪上的一位英籍居民,也是小刀会起义的亲历者和见证者。他回忆,起义军“搜刮了大量财物,统统搬上‘福建号’运走了”。参见其作品 *Twelve Years in China*, p. 188。

龙门书院（建于1865年）。①

72

这一系列新近发生的变化，改变了城市书写者们——不论中国人还是外国人——呈现上海县城的历史与日常生活的策略。②在《南京条约》签订之前（甚至是刚刚签订之后的一段时间），外国人对上海县城的印象总体而言还是相当正面的。胡夏米曾经充满信心地声称，上海绝对具有成长为国际化港口城市的潜力，定能促进大英帝国在华经贸活动的推广。同样，植物学家福琼也对这座城的未来充满信心。他早年曾数次来华，第一次就选择去了上海。在这里，他不仅享受到了上海桃子的妙处，更绘声绘色地讲述他在县城中度过的那些闲适惬意的日子。上海开埠后不久的一天晚间，他受邀来到一处私人宅邸参加盛大的宴会，“小巧精致、花样繁多的菜品琳琅满目、铺满桌面，每碟盛的都是当时当令最好的果蔬。除此之外，更有价格不菲的羹汤佐餐，例如赫赫有名的燕窝羹等”。③

但在19世纪五六十年代，外国人对上海县城的印象发生了明显转变。上海县公署的官员们试图参与租界事务，这令租界的外国管理者大为恼火。更何况胡夏米等欧洲殖民扩张的先驱们不遗余力谋求的中国市场的通道，如今已然以租界的形式向外国商人门户大开，那么身处上海的外国人就更没理由将租界边的上海县城刻画为一个生机勃勃的港口集镇。相反，他们更愿意让同胞们相信，上海县城无可争议地仍是一片穷乡僻壤，尚未开化。《泰晤士报》的特派通讯员乔治·温格罗夫·库克（George

---

① Linda Cooke Johnson, *Shanghai*, pp. 334 - 335.

② Leung Yuen-sang, *The Shanghai Taotai*, p. 87.

③ Robert Fortune, *Three Years' Wanderings in the Northern Provinces of China*, pp. 137 - 142.

Wingrove Cooke)对上海的描绘就是这种论调的典型代表。在其《中国:1857—1858年任〈泰晤士报〉驻华特派记者之见闻》(*China: Being "The Times" Special Correspondence from China in the Years* 1857-58)一书中,库克将“上海”定位为一个被中国乡村包围的欧洲租界孤岛。在这片乡村里,人们的生息依旧遵循大自然的节律,而非现代都市生活的节奏:

> 越过租界的边界,肥沃的冲击平原延绵向远方。方圆20公里内一马平川,连一个小土包也难看到——上海就坐落于这片沃土之上。我们不得不赞美这里的富饶和人民的勤劳,但我们所能赞美的也就仅限于此了……这片平原被切割为一小片一小片的棉花田,而由于棉花是不能密集种植的作物,植株间的空隙又被各种豆类或某种在当地颇有市场的蔬菜填满……还有一些田地被用来种植玉米和品类繁多的豆科植物……老年妇女们坐在茅屋檐下,从事着她们一年四季、日复一日的劳作——或浆洗缝补,或纺纱织布。家中的青壮年劳力则负责收割田地里的豆子,然后翻耕土地,以备接着种植小麦。如果当年气候条件特别有利,他们还可以把田埂筑高,往地里蓄水,以备改种水稻。等到五六月份小麦成熟、收割之后,这片田地就又可以种上棉花了。[1]

73

在库克之后没过多久,外国人笔下的“上海”又进一步“退化”,以至于据称其开埠之前不过是一个渔村了。

当然,外国人的说法也不能算完全谬误,因为这些记录往往只言及上海城厢以北的郊区,以凸显那里从一片乡土景象到新兴

① George Wingrove Cooke, *China*, p. 98.

城市的蜕变。更何况正如后来人们所看到的那样,这些说辞还和一些中国人对上海的表述惊人地吻合。但对于书写和阅读这些文字的外国人而言,“上海”被重新定位在县城以北的城郊,而之前人们概念中的上海县和其真正的主体——上海县城,却似乎被边缘化了。当直接谈到县城时,身在本地的外国居民毫不掩饰他们的负面态度,而完全不顾一个事实:在应对近来愈加繁重复杂的外洋事务上,上海县城已经成为清廷众多行政机构的指挥中心。1867年出版的英文指南书《中国与日本的通商口岸》(*The Treaty Ports of China and Japan*)中的一句话,或许可以代表外国人中较为普遍的上海观念:“旅行者忍受着不适,穿过县城狭窄而丑陋的城墙后才会发现:上海所能回馈给他的,除了堪称‘典范’的污秽破败,什么都没有。”[1]

相比之下,中国人对上海老城厢及其与租界之间关系的新变化则表现出更加复杂的情感。面对租界日益扩大的影响力,与县城利益攸关的官员以及城中有家有业的人家会感到着实懊恼;他们认为租界的存在威胁到了自己在社会道德和政治生活领域的影响力。[2] 一些人试图通过特殊的再现城市空间的方法,来突出他们自身和自己城市重要性。地图就是一例:部分华人绘制的上

---

① Dennys et al., *The Treaty Ports of China and Japan*, p. 385.

② 租界里的会审公廨一直是产生华洋冲突的重要源头。在这个机构中,清廷指派的官员要与外国陪审顾问一道,共同裁决租界中牵涉华民的案件。另外,城市的扩张规划也是华洋冲突的一个来源。著名的四明公所事件,就是因为租界当局声称要兴建新的学校、医院和道路,而这些城市设施的选址碰巧要穿过法租界里四明公所的殡舍义冢,于是引发了严重的冲突和骚乱,造成7名中国人死亡,法租界内多家商铺和住宅遭到洗劫和损毁。有关华洋之间的法律冲突,参见 Mark Elvin, “The Mixed Court”。对四明公所事件的研究,见 Susan Mann Jones(曼素恩), “The Ningpo *Pang* and Financial Power at Shanghai”, pp. 158 – 169。

海地图是不包含租界地块的。[1] 这种通过在地图上对租界进行模糊处理而降低其存在感的办法，和前述外国人贬低上海县城存在感的那套说辞可以说是异曲同工。

但对于新到上海的外地中国人而言，租界与其说是威胁，不如说是充满诱惑和惊奇的所在——租界就是他们心中的“上海”。惟其如此，人们才会在付梓于 1876 年的《沪游杂记》中看到旅居沪上 15 年的作家葛元煦向他的读者们解释：他的“沪游”之所以“惟租界独备”，只因为“宦商往来，咸喜寄迹于此”。[2] 在本章后面我们会谈到葛氏写作中的一个重要例外，但在这里笔者还是要指出：葛氏在呈现“上海”生活时对上海县城的边缘化处理，反映出来的其实是当时一种相当主流的观念，这种观念甚至在专门记述上海县城生活的文本中都有所体现。王韬对于上海名妓的记录就是一例。王氏生于江苏省一个叫甫里的村庄，1848 年第一次来到沪上。他后来陆续写下 3 篇文章，来记录他热衷于光顾的上海风月场。这 3 篇文章中，只有最早的一篇（该文付梓时，附带一篇作于 1860 年的序文）是有关上海老城厢里的花街柳巷的。剩下两篇分别作于 1873 年和 1878 年的文章，都在谈论租界里新兴的长三幺二之情形，以及造访其中的规矩和门道。[3]

74

在对上海饮食文化进行阐释时，这两种相互抵触的“上海”观——一个围绕着租界展开，另一个则关注老城厢的情形——彻底分道扬镳。以葛元煦的《沪游杂记》为例，在葛氏眼中，上海是一个当代的蓬莱仙境，轮船等新式科技发明将四方珍馐运到眼前，使人们能不受节令的限制而品尝到各种美味：

---

① Catherine Yeh, “Representing the City”, pp. 166 - 202.

② 葛元煦：《沪游杂记》，第 8 页。

③ Catherine Yeh, *Shanghai Love*, p. 97.

> 轮舟由粤至沪仅五六日耳。羊城土暖,瓜果早熟,轮舟载运极便。沪市正月见黄瓜,四月见西瓜,鲜果如荔枝、龙眼、黄皮果、芒果、香蕉、羊桃、波罗蜜、椰子、柑子等,莫不先时而来。若北地苹婆果、雪梨、葡萄,闽中青果、福橘、甘蔗,秋冬间捆载入市,则高如山阜焉。①

这里对天南海北琳琅满目的果品云集于上海的描述,与1872年付梓的《同治上海县志》中对上海果品的记述大相径庭。《同治上海县志》是上海开埠之后的第一部上海地方志。在列举该县的果品时,县志开出的清单不比上述葛氏的为短:桃、柿、杏、梅、李、橙、香橼、代橘、石榴、花红、葡萄、枇杷、银杏、枣、菱、荸荠、无花果。② 谈到上海桃的时候,作者的骄傲之情溢于言表:"桃种类不一。……惟顾氏露香园及黄泥墙之水蜜桃为上。……皮薄瓤甜,入口而化,有小红圈者最为上品。"③如果我们将这一版县志和1750年的《乾隆上海县志》比较一下,就会发现二者大同小异。④ 即便是对上海水蜜桃的描述,1872年版县志也不过是照搬了1750年版县志中的内容。

75

葛氏的游记与1872版县志是最早的两部对开埠后的上海进行全方位论述的文献,但这两部作品所呈现出来的"上海"有着天壤之别。这种差异首先源于两部作品的文体差异:前者着眼上海市面上所能提供的消费品,后者则只记录那些真正土生土长在此的物产。但这两种不同的上海图景也明显照应了租界和县城两个不同的地理区域,从而制造了两种截然不同的上海想象:葛氏

---

① 葛元煦:《沪游杂记》,第41页。
②《同治上海县志》,8.6b—7b。
③《同治上海县志》,8.6b。
④《乾隆上海县志》,5.54a—55b。

笔下的租界正孕育着一种迅猛发展的、国际化的消费社会。在这里，工业技术使人们的生活不必再受制于农耕社会“四时八节”的自然规律。相比之下，1872版县志中描绘的上海依旧是一个生产型的社会，培植着祖祖辈辈留下来的种子，讲述着世世代代传下来的故事。如同1836年的黄冕一样，1872版县志的编纂者们依旧在守护着这座城市的文化遗产——尽管新的机遇与机构已经以不可阻挡的势头在北边的租界和老城厢内部上演了。但是这份文化遗产的意义也正在悄然改变：19世纪初，上海文人为当地物产背书，为的是要把上海塑造成一个具有都会气象的通衢大邑；到1870年代，葛元煦、王韬以及许许多多生活在租界的都市指南书作家已经在打造一个全新的上海形象，并重新定义到底什么才算得上都会气象。

餐馆与上海的都会理想

19世纪下半叶，上海地界上出现了各种风格迥异的外地、外国餐馆文化。这些餐馆为上海的指南书作家们提供了一个实用的写作框架，使他们得以由此切入，将上海描绘为一座前所未有的国际大都会。从葛元煦笔下有关轮船如何将帝国四境八方的水果集运于此的描述来看，租界之所以能成为各种文化交融、碰撞的地方，可以说是自然而然，水到渠成。但这一过程也不是一帆风顺的，并且直到20世纪初，上海向大都会的转型也没有彻底完成。新近汇集到上海这座城市里的人们讲着不同的语言、有着不同的信仰、吃着不同的食物。他们之间往往会形成一些小圈子，而这些圈子更多的是面向他们共同的故乡，而非对上海这座城市本身敞开怀抱。当然，地域性社团并非总是排外的，它们也有可能发展成更具包容性的社会政治社团。但要沟通不同地域之间的文化差异,使小团体向更大的社会开放,这并不是一件容易的事,且这种“开放”也不会是单向的。①

在这一过程中,餐馆文化扮演了重要角色:它加速了城市移民社团的形成,促进了不同社团间的交流,更建构了人们对地域性饮食文化差异的认识,并使这种抽象的认识具象化。在人口结构更加复杂、餐饮业更加活跃的租界,餐馆文化的这种作用尤其显著。认识到这点,就不难理解为何指南书作家会用大量笔墨来描绘租界餐馆业的灯红酒绿了。但如果仔细考察租界内出现的、有关上海餐饮文化的一套话语,研究者也会注意到另一个事实,那就是租界居民在有意识地弱化老城厢餐饮文化的存在感,并由此界定出哪些社团才是这座城市的核心,而哪些是边缘化的。如此,指南书就为研究者们打开了一扇窗,让人们能够了解新的都会理想是在什么样的历史背景下诞生的。②

19 世纪下半叶,上海移民社团的需求和喜好对租界餐饮产业的崛起产生了深远影响。这些社团主要是由自苏州、宁波、南京、天津、安徽和广东来沪的移民组成的。③ 粤菜馆探花楼便是上海最早涌现出来的新式餐馆之一,它始建于 1851 年,在后来的发展历程中逐渐转型为高端饭店,并以“杏花楼”的新名号广为人知。探花楼的创始人据说是一个普普通通的广州人,他的店只有

① Bryna Goodman, *Native Place, City, and Nation*.

② 叶凯蒂在其研究中曾对上海指南书做过全景式的考察,参见 Catherine Yeh, *Shanghai Love*, pp. 304 - 340。

③ 以 1885 年为例,当时公共租界中的华人人口约达到 12.5 万人,其中约 13%(15814 人)是上海当地人。剩下 87% 的人口中,41304 人来自浙江,39604 人来自江苏,21013 人来自广东,还有少数来自安徽(2683 人)、直隶(1911 人)、福建(708 人)以及山东(374 人)。见邹依仁:《旧上海人口变迁的研究》,第 112 页表格 19,第 114—115 页表格 22。

一扇单开间的门面,主要向沪上广东商号、货栈里做工的广东人兜售便宜的家乡餐食:白天供应广式腊味饭和鸭肉饭,晚上则供应五香粥和鸭肉粥。[①] 后来,餐馆老板聘用了粤菜名厨李金海,经营内容也从家常饭菜向高端精致的菜品转型,以满足沪上越来越多的广东籍商人的需求,从此生意便愈发兴隆起来。[②] 除了杏花楼,其余的早期沪上地方风味餐馆还有制作苏式小吃的五芳斋和以宁波口味为特色的宁帮酒家鸿运楼。

对客居他乡的人来说,家乡菜馆是保持故土文化、维系故乡社团的关键设施。这正如顾德曼对上海人故土情结的研究中所注意到的那样,人们普遍相信,吃不到家乡味道是一个会引发各种后果的严肃问题。当一位旅居上海的广东香山县人士遗憾地发现,这座都市里的“广东婆”“咸水妹”[③]竟多为香山籍时,他便试图用家乡饮食的缺席来解释同乡们道德堕落的境况。他推断,这些女孩子很可能“至幼为他县人拐骗,做此不类之事”,并进而解释道:正因为她们“入其乡,食其水,变其音,而心亦变”。[④] 直到进入20世纪很多年后,对家乡饮食的偏好依旧在很大程度上决定着这座城市的生活面貌。指南书作家王定九在描述1930年代的沪上宁帮餐馆时就指出:“宁波菜的口味不合适大部分人,所以除宁绍人光顾外,其他籍贯的人,便不大欢迎。”在王定九的时代,稍具规模的宁帮餐馆大都拥有同一个名字——状元楼。这是为了让同乡能够一眼认出故土的味道,也让不能欣赏个中滋味的外乡人敬而远之。一旦置身其中,漂泊在沪的宁波人会立刻被店

77

① 王毅:《杏花楼》,第8页。
②《中国名餐馆》,第104页。
③“广东婆”“咸水妹”为当时沪上粤籍妓女的称呼。——译者注
④ Bryna Goodman, *Native Place, City, and Nation*, pp. 7 - 8.

里熟悉的饭菜味和亲切的甬式家具吸引——尤其是宁波人厅堂里少不了的那一套虎黄木桌椅,这种木材贸易几乎为甬商所垄断。总之,在宁帮餐馆里,宁波人的思乡之苦终于得到慰藉。[1]

尽管地方风味餐馆早已在城市的各个角落划分出各自的“势力范围”,但总有少数商业街区能将来自全国各地的人们吸引到一处——这就是上海租界里最繁华的几条商业大街所在的区域。最早发展起来的是宝善街,没过多久,四马路(亦称福州路)也后来居上。对于社会观察家们而言,这些街区正代表了上海在向现代消费社会转型的过程中所要面对的机遇和挑战。王韬笔下的宝善街是世间“第一销金窟”,这里“灯火辉煌,自宵达旦。凡有所求,咄嗟立办”。[2] 在葛元煦和黄式权眼中,四马路的风头比起宝善街不相上下。黄式权于1883年付梓的《淞南梦影录》曾这样描述过四马路上的一幕:“每当夕阳西逝,怒马东来,有女如云,招摇过市。”[3]黄氏作此书时,四马路已经是沪上花花世界的核心地带,同时也成了上海餐馆最为密集的区域。这些餐馆中,有一些已然是青楼书寓的附属产业,靠着为长三幺二提供餐饮服务而存活;有一些则更加独立,为这条街上鳞次栉比的报馆、书局、茶楼、戏园提供饮食。在20世纪的最初几年,四马路一直都是上海高端餐饮业的大本营。发布于1907年的《上海华商行名簿册》在“英租界”一节列举了32家高级餐厅,其中17家地址都在四马路上,而剩下的几家也在以四马路为核心,向北、东、西三面延展的

---

① 王定九:《吃的门径》,见《上海门径》,第26页。逯耀东在其《肚大能容》一书中,也讨论了各种地域文化通过特色饮食的方式在上海渐渐分立门派并互相区分开来的过程。参见逯耀东:《肚大能容》,第48页。

② 转引自熊月之主编:《上海通史》第5卷,第156页。(据译者查证,《上海通史》第5卷该页上并没有这句话。该句出处见王韬《瀛濡杂志》卷一。——译者注)

③ 黄式权:《淞南梦影录》,第127页。

商圈内,最远的离这条马路也不超过3个街区。[①]

宝善街和四马路一带为勇于尝鲜的老饕们提供了一个品尝中国各地风味饮食的好机会,其情形恰如王韬在1873年写的那样:“沪上酒楼,四方毕备。甘脆鲜浓,各投所好。”[②]王氏此语主要是就沪上的南京、天津和宁波馆子而言。除此之外,他只提到了一个上海本地人经营的馆子,那就是“菜兼南北,座拥婵娟,特为繁盛”的泰和馆。王氏的《海陬冶游附录》付梓10年之后,黄式权在其《淞南梦影录》中又多提了一笔沪上的苏州高档酒馆——聚丰园。[③] 1893年,池志澄的《沪游梦影》更在这个五花八门的名单里加入了若干徽菜和粤菜馆,将沪上餐饮业真真正正描绘成了一场精彩纷呈、令人眼花缭乱的饮食狂欢:

78

> (沪上酒馆中)著名者向以泰和馆为先。……外此天津馆则有中和,宁波馆则有鸿运、益庆两楼,亦皆庭盈车马,座满婵娟,然终不若四马路苏之聚丰园、宝善街金陵之复新园尤为当行出色矣!两园上下楼室各数十,其中为正厅,两旁为书房、厢房,规模宏敞,装饰精雅,书画联匾,冠冕堂皇。有喜庆事,于此折笺召客,肆筵设席,海错山珍,咄嗟立办。门前悬灯结彩,鼓乐迎送,听客所为。其寻常便酌一二席者,则以花鸟屏花隔之,左肴右胾,色色精美。上灯以后,饮客偕来,履舄纷纭,觥筹交错,繁弦急管,余音绕梁,几有酒如池、肉如林,蒸腾成霈雾之象。[④]

① 《上海华商行名簿册》,112a—113b。
② 王韬:《海陬冶游附录》,2.34a。
③ 黄式权:《淞南梦影录》,第126页。
④ 池志澄:《沪游梦影》,第158页。

为了帮助初来乍到的外地人和上海酒楼饭馆的门外汉更好地享受这个花花世界，葛元煦在他的游记中列举出上海各家餐馆——也差不多是中国各个地方——的招牌菜（见表 2.1）。[①] 1898 年出版的《海上游戏图说》转引了葛氏的这个榜单。由此看来，品尝赏鉴各地风味餐馆中的特色菜品已然是沪上文化精英们的一种重要的都市消遣活动。[②]

79

表 2.1　各馆著名食品

菜品属地	餐馆名	著名菜品
天津	庆兴楼	烧鸭、红烧鱼翅、红烧杂拌、扒海参、虾子豆腐、溜黄菜、汤泡肚、各式饽饽、溜鱼片、米粉肉
金陵（南京）	新新楼	清汤鱼翅、南腿、煮面筋、春蔬、蒸蛋糕、貂兴酒、烧鸭羹、小烧鸭
金陵（南京）	复新园	清汤鱼翅、清蒸鲜鱼、炒鸽松、徽州肉圆、双拼冷荤、果羹、肝片汤
上海	泰和馆	烧鸭、汤泡肚、鱿鱼卷、清汤广肚、炸八块、饽饽、排骨、炒鱿鱼丝
宁波	鸿运楼	黄鱼羹、蚶羹、炒鳝背、生炒甲鱼、烧鸭、炸紫盖
宁波	益庆楼	黄鱼羹、蛤蜊羹、炒鳝背、虾脑豆腐、小火方、红烧甲鱼

资料来源：葛元煦《沪游杂记》，“上海滩与上海人”丛书（上海：上海古籍出版社，1989）。

虽然王韬、葛元煦、黄式权、池志澂都着意要将上海的餐饮业描绘得花样翻新，但四人的作品在某些方面表现出高度的一致性和排他性，从而流露出一种仅属于文士阶层内部的互动关系。例如，他们都表达出对沪上同乡生活方式和口味偏好的强烈关注。

① 葛元煦：《沪游杂记》，第 30—31 页。
② 沪上游戏主：《海上游戏图说》，4.14b—15a。

对于中国饮食文化中哪些属于“经典”而哪些则流于“边缘”这一问题,他们都有着一些相似的观念和认识。首先,无论四人将上海的餐馆文化说得如何天花乱坠,比起这座城市真正提供给人们的饮食选择,他们所关注的范围其实是比较狭窄的。这四人均来自江浙一带——王氏与黄氏来自江苏省(前者是苏州人,后者是南汇人),葛氏和池氏来自浙江(分别是杭州人和瑞安人),于是他们普遍对江浙菜馆多加赞赏。至于四人为何对天津菜也青眼有加,这或许要归因于沪上天津商界精英与江苏商人(尤其是南京的票号钱庄)之间的频繁往来。可以说,“菜兼南北”的泰和馆正是两地商人合作无间、水乳交融关系的写照。[①] 这种天津与江苏两地之间的连结也可以用来解释为何对一些作家而言,宁波馆子似乎要比江苏和天津餐馆略逊一筹——毕竟宁波的钱庄生意与天津-江苏商人紧密帮衬的钱庄生意之间,存在着某种竞争关系。当然,人们对宁波馆子的态度除了可以从社会、经济学的角度加以解释,也有其自身烹饪特点的因素:甬帮菜常用发酵腌卤的方式制作,烹制海鲜时则强调食材自身的咸鲜味,这使得甬帮菜与杭州和瑞安等浙江其他地方的风味截然不同,也让外乡人更难接受。(事实上,宁波菜馆从来都不是以其美食来吸引人,而是以其门前香车宝马排起的长龙和车内美丽倌人们的身影)。除此之外,宁波菜馆在沪上的主要分布区域也导致了它们不够有吸引力:法租界里的宁波馆子并不在四马路一带,而是紧邻沪上宁波人的聚居地。 *80*

但上述事例都不如指南书作家对徽菜馆的绝口不提,以及

---

① 有关这些错综复杂的商业关系的讨论,参见 Brett Sheehan(史瀚波),“Urban Identity and Urban Networks”,尤其是第 56—58 页。

对粤菜馆的“异域化”笔法,更能体现出这些作家的偏颇态度。徽菜在上海指南书中的缺席与沪上领衔的徽菜馆在这座城市中的地理位置有一定关系。其实,自上海开埠以后,安徽人是最早来这座城市开餐馆的群体之一,围绕着这些徽菜馆还形成了一个沪上绩溪移民的社团网络(绩溪是位于安徽南部的一个县)。在此前的一个世纪中,绩溪人已经把餐馆从安徽南部最大的城市徽州,一直开到浙江北部、离上海南边不远的嘉兴。徽商是该地区最富有、活动范围最广的商人,绩溪的餐馆老板们则紧紧跟随着徽商的脚步,既满足这一群体对家乡饮食的偏好和渴望,同时也为自己划出了一片独具特色的商业版图。在上海县城里坐落着若干家绩溪菜馆:1851 年时至少有两家,1864 年再出现三家,1869 年又出现新的一家。[①] 但直到 1892 年鼎丰园在四马路上开张,徽菜馆才算开到了租界里。这就解释了为何在前述四部游记中,只有池志澄作于 1893 年的《沪游梦影》对沪上的徽菜馆一笔带过:那些开在老城厢及其附近的餐馆,并不是指南书作家正在打造的上海都会理想的一部分,所以作家们对其可以说是视而不见。

81

相比之下,粤菜馆得到了指南书作家更多的关注,不过这种关注和沪上其他地方菜系餐馆有所不同。早期的广东商帮也曾是上海最有势力的商业团体之一。[②] 上海甫一开埠,粤菜馆就悄然来到了上海滩。到 1850 年代初期,在虹口区原美租界的西北角上,已经形成了一个颇具规模的广东人聚居区。考虑到以上这些情形,人们会自然而然地认为,指南书作家在讲述当时沪上餐

---

① 中国皖南徽菜研究所:《徽菜发源绩溪考》。

② 沪上广东社团的情况,参见宋钻友:《广东人在上海》。

馆时,对粤菜馆应予以更多的笔墨。可实际情况是,指南书将主要的注意力都投给了四马路一带的商圈,而虹口离这个区域是相对较远的。不仅如此,小刀会起义之后,由于广东籍人士参与、同情起义军,在这次暴动中扮演了重要角色,沪上粤商团体的社会地位在这次起义之后急转直下,很长一段时期内都无法扭转社会对其的负面印象。最后,与广东以外的大部分内地地区相比,广州餐馆文化——如果我们谨慎起见,不将这个范围泛化到整个广东餐饮文化的范畴的话——的发展相对较为缓慢,在晚清时期还没有形成自己鲜明而独特的风格,这或许也是指南书作家没有给予粤菜馆足够关注的原因。①

但以上3点原因并不能完全解释指南书作家对粤菜馆的态度;还有一个不容忽视的问题,就是对于上海最主流的指南书作家而言,广东人的饮食习惯是有些稀奇怪异的。举例来说,葛元煦在他附录的沪上“各馆著名食品”名单中没有提到任何一家广东酒家,但是他将“广东茶馆”单独作为一个门类加以介绍,尤其强调它们在城市中偏远的位置分布,以及那里供应的颇不寻常但美味的食物:

> 广东茶馆向开虹口,丙子春棋盘街北新开同芳茶居,楼虽不宽,饰以金碧,器皿咸备,兼卖茶食糖果。侵晨鱼生粥,晌午蒸熟粉面各色佳点,入夜莲子羹、杏仁酪,视他处别具风味。②

很明显,对于这位浙江籍作家及其读者而言,哪怕上海已经将中

---

① 有关广东餐馆文化何以发展较为“迟缓”的问题,可参见特级校对:《金山食经》,第10—12页。

② 葛元煦:《沪游杂记》,第31页。

国各式各样的餐饮文化一网打尽，广东依旧能自成一派，别有特色。

广式茶点在沪上各种地方风味中究竟多么独特，池志澄的指南书为读者提供了更多的参考。池氏也是浙江籍人士，在他的笔下，粤菜馆是和西餐馆相提并论的。池氏认为，上海丰富多彩的地方餐饮业是这座城市夜生活的重要元素。但他也失望地发现，随着时间的推移，一些原本各具特色的地方餐馆，做出来的饭食却越来越趋同。究其原因，池氏认为这是为了迎合那些“脑满肠肥必以腥浓餍其饫”的食客。正是因为这些人对美食缺乏品位，沪上各家地方风味餐馆才变得“专味为重”。菜单上动辄就是“红烧海参、红烧鱼翅、挂炉鸡鸭”，以至于发展到后来，“大抵苏馆、徽馆、宁馆、天津馆、南京馆，其烹饪和调无不小异大同”。与此局面形成鲜明对比的只有番菜馆和消夜馆（粤菜馆）；那里的菜品，“染指而尝者辄诧为未有”。[①] 池氏的记述一方面说明粤菜馆的确新颖别致、独具一格，但另一方面，将粤菜与番菜（西餐）等量齐观的做法也充分表明了粤菜在人们心中是多么新奇，甚至带着几分异域色彩。

池氏会将粤菜与番菜联系起来，有可能是因为19世纪末他创作这本指南书时，沪上有头有脸的西餐馆多为广东籍人士经营。当然也有另一种可能，就是广式菜馆所代表的餐饮文化与江南地区历史上一直占据主导地位的城市餐饮文化传统截然不同。上述引文中提到的“消夜馆”（也称“夜市”）的出现，就为沪上饮食文化带来了重大改变。一位晚清作家细致地解释了粤菜馆为何选用“消夜”二字自指，并着重辨析此二字与一个十分类似从而经

① 池志澄：《沪游梦影》，第158页。

常与前者混淆的词——“宵夜”——之间的差别。“广东消夜馆(俗作‘宵夜’,不通),盖取‘消磨长夜’之意。”①尽管我们不完全知晓消夜馆在广州或者广东的其他城市有多普遍,但是上海老城厢里是没有这种餐馆的,因为那里严格地执行着清廷的宵禁政策,夜间绝不能见明火。② 因此,租界里的消夜馆是上海饮食文化史上从未有过的一页,甚至连这种餐饮设施的名称人们都闻所未闻,须得好好辨析一番。

上海的消夜馆起初集中在虹口的广东人聚居区。到 1880 年代,这些店铺渐渐开到了四马路一带,从而引起了指南书作家们的注意,使他们开始关注岭南饮食文化与其他(或许在他们看来更加“正宗”的)中国地方饮食文化之间的区别。池氏便提到,不同于中国大部分地区“一日三餐”的习惯,“广人日仅两餐,夜半则加一餐,故曰‘消夜’”。③消夜馆生意最为火爆的两个时间点,一是夜晚戏园散场后,一是冬季,这很大程度上是因为馆中推出的一种新式餐饮服务,即在桌上放置一个“边炉”供食客自行烹煮食物:“炽炭于炉,沸汤于锅,任客自取鱼片、菠菜之属。烹饪自食,并醉以酒,客皆好之。食竟,既饱且暖。”④到了清朝末期,这些消夜馆已经成为上海滩上的一道风景,以至于社会观察家会将它与其他上海独有的景观一起,算作“上海社会之现象”。⑤ 不过,尽管消夜馆最后的确为上海社会所接纳,研究者也不该忽略其初到

83

①《图画日报》第 3 卷,第 115 页。

② 在《漫游华北三年》一书中,福琼描述了上海老城厢里晦暗的街道,参见 Robert Fortune, *Three Years' Wanderings in the Northern Provinces of China*, p. 146。在租界出现以前,沪上妓馆都是靠在城外浦江沿岸的江船上点着灯笼做生意的,参见 Christian Henriot, *Prostitution and Sexuality in Shanghai*, p. 203。

③ 池志澄:《沪游梦影》,第 158—159 页。

④《图画日报》第 3 卷,第 115 页。

⑤“上海社会之现象”是《图画日报》中专门介绍上海都市生活的一个插图系列。

沪上时,是作为“他者”的广式文化的一个代表。池氏在他记载的结尾部分提到,消夜馆“亦游沪者所有事也”,这种说法似乎在向人们暗示:在池氏的心中,沪上的冶游客(亦即他的读者群)都不大可能会是广东人士,可见岭南文化在上海何等边缘。

如此,在塑造充满活力而丰富多彩的“新上海”都市理想一事上,这群最具影响力的江浙籍作家借着饮食文化这个题目,从两种角度为他们心目中的“上海”划定了疆域。首先,通过将广东饮食描述成无可争议的“他者”,这些作家指出哪些元素属于租界生活的核心而哪些流于边缘,各地餐饮文化中哪些是正宗的“中国”餐饮而哪些是“异类”。尽管人们如今总是习惯性地说中国有“四大菜系”——鲁菜、川菜、淮扬菜和粤菜,但对于当时这群身在上海的江浙籍作家而言,粤菜无疑还是带有浓烈异域色彩的新生事物。其次,通过忽略老城厢饮食文化的时代变迁(例如对徽菜馆在华界的发展视而不见),沪上指南书作家似乎在暗示人们:上海饮食文化的重要革新——亦即这座都市在文化生活上的重要革新——都发生在租界。由此一来,他们所塑造的“蓬莱”可不是随便哪个中国人都能够“到此一游”的了。

老城厢与租界里的炫耀性消费

1872 年上任的上海县知县叶廷眷是广东香山籍人士;上节提到的江浙社团针对广东人士的诸多偏见,叶氏都首当其冲。但另一方面,有关他政治生涯和宴饮待客的记录向我们表明:叶氏自有他的一套锦囊妙计,能利用饮食文化达成某些社会功能,例如巩固他在上海县城的声望地位,或为他的政治社团积累文化资本,又或者是在租界的阴霾下努力提升上海老城厢的形象。这些记录向我们展示了一个现象：尽管租界里的精英们坚持将上海餐饮文化的“心脏地带”划在宝善街和四马路一带，华界的精英阶层自有他们的办法，能让老城厢的饮食文化成为维持阶级地位的工具和上海文化面貌的象征。值得注意的是，叶氏的这套行为处事办法并非只代表遗老们的保守做派，而是上海华界中各种社团群体共同尊奉的法则。的确，叶氏的礼单和各种炫耀性消费都是为他建立社会关系网络服务的，这种行事风格则将他与租界里的新派精英们明显地区分开来。可以说，餐饮社交上的区别正成为一条重要分野，愈发清晰地标示出“两个上海”里正在形成中的两种精英生活方式的异同。

84

作为一县之首，叶氏不得不与社会上的三教九流建立广泛联系。这一点，叶氏是以礼尚往来的办法完成的，而其所赠之物往往是饮食。在其任期之内，叶氏几度面临严峻的挑战：先是在他上任的第二年，上海发生了著名的“杨月楼奇案”。杨月楼是沪上梨园行里的名角，他因与一名广东籍女孩私订终身而被指控拐盗良家女子。在这场官司中，叶氏选择维护广东籍社团的利益而重判了杨月楼，从而为沪上的广东籍社团招致如潮的恶评和讥讽。① 这起事件余波未平，转过年来，叶氏又因为“四明公所事件”遭遇新的政治危机。该事件的起因，是法租界公董局（即法租界的最高行政当局）计划要修建一条新路，而这条路将会贯穿四明公所附带的墓园。② 四明公所是旅居沪上的宁波籍移民的重要大本营，公董局的这一提案也迅速引起沪上甬人的强烈反抗，而叶氏在该事件中选择帮助法方兵勇镇压华人，因此广受诟病。

---

① Bryna Goodman, *Native Place, City, and Nation*, pp. 111 - 117.

② Bryna Goodman, *Native Place, City, and Nation*, pp. 159 - 162.

最后，在三林塘疏浚工程中，叶氏为了保证工程进度征用民力，招致当地士绅耆老们的强烈反对。后者组织当地村民对抗施工，几乎就要演变成一场民变。①

叶知县在任时的账簿记录下了他在上述历次危机中，为了调和维护自身与诸方利益集团之间的关系而送出去的各种礼物。在杨月楼案中，他曾给广东同乡送过茶、酒、特别腌制的火腿，以及广东特产鲜荔枝。在四明公所案中，他则为一位法国领事送上了 18 瓶好酒，也正是这位领事后来代表四明公所出面交涉，让法公董局重新起草了修路计划。至于三林塘案中的乡贤耆老，叶氏则常常赠与精美的书籍和文房四宝，偶尔也会献上各色特制小吃。

或许正是上述这些事件令叶知县作为一县首脑的权威地位大打折扣，他才要从另一些方面弥补这种亏损。于是，叶氏着力要将自己塑造成一个儒家美德的典范，尤其是孝道——即便公务缠身，他也要对母亲勤谨侍奉。每年叶母过寿的时候，叶氏都要大排筵宴，好好向公众展现自己的孝子形象。特别是叶母在 1873、1874、1875 年的三次寿宴，算得上是上海县城有史以来最具排场的宴席了。② 以 1875 年的那次为例：这年是叶母的七十大寿，宴席也因此办得尤其奢华，更在县城最核心的区域维持了数日之久。叶母是农历九月二十五日生人，但从二十三日起，上海县衙已是张灯结彩，宾客盈门。二十四日是“预祝”，转过天的二十五日方是“正寿”。这两日里，叶知县专门置备了待客的“茶担”，并邀请四川的清音小班唱曲助兴。前来为叶母贺寿的嘉宾

85

① Leung Yuen-sang, *The Shanghai Taotai*, p. 131.

② 此处对这些宴席的讨论是基于上海通社编：《上海研究资料》，第 540—542 页的记录。

不下50人,来客名单几乎就是一部当地绅董高官的名录,其中有上海道沈秉成、江南制造局总理冯焌光、总兵蔡金章等人。除此之外,由于叶廷眷之前也在上海附近的南汇做过两任知县,一些南汇的官绅名人也特赶来为叶母祝寿。

无论如何,寿宴才是这场庆典的高潮。最尊贵的宾客被安排在最上等的三席"烧烤"周围,这种席上最出彩的菜品是桌子正中间的一只烤全猪。稍次一等的客人则被安排享用"燕菜"(10席)、"鱼翅"(41席,其中20席特为招待沪上的广东同乡)、"中等鱼翅"(5席)、次等鱼翅(13席)、海参(12席)。此外,这次寿宴还消费了酒18坛,以及各种等级的面近1000碗。除了款待贵宾,叶知县也宽厚待下,就连衙门里帮忙的听差杂役甚至是监狱内的监犯押犯都因为这场祝寿而得到了赏赐。尤其是那些在押犯人,以往叶母过寿的时候,他们也能分到一碗小面、几斤猪肉,但此年更额外赏了酒席。通过这种大规模的赏赐,叶知县为自己塑造了一个心系阖县百姓福祉的父母官形象。但另一方面,借着大排筵宴,他也向租界里的人们传达出一个信号:对于那些新出现的、在饭馆和青楼大摆宴席,并试图挑战老城厢传统宴饮文化、使租界成为上海文化资本的阵地与代表的人,叶知县嗤之以鼻。

宴饮长久以来都是中国文化精英阶层社交的方式。推杯换盏之间,他们巩固了彼此间的交情、加深了事业上的合作,甚至包括红白喜事在内的各种场合都离不开宴饮。租界诞生之前,上海的筵席往往在私园、私宅、同乡会所中举行,而非城中的饭店酒馆。究其原因,即便是城中最高档的饭馆,其布局无非是在一个宽敞的大堂中同时供应数百人的餐食。这种环境很难满足精英家庭举办重要聚会的需求,更无法帮助一群文人雅士巩固他们的

86 友谊。[1] 而在19世纪的最后一个10年,四马路一带餐饮业的革新正是新式沪上宴饮文化崛起的背景。

新式的四马路餐饮文化其实是伴随着上海风月场上的名妓文化而出现的。按照长三幺二里的规矩,嫖客若是想“做倌人”,那么装干湿[2]、打茶围[3]、叫局吃酒等,都是不可省略的流程。[4] 高档青楼里的倌人待客,一般会先用小碟装上瓜子、蜜饯等几样“干湿”,而在低等妓院里,嫖客们往往是冲着性而非追求倌人的乐趣去的,这种烦冗的规矩也就被略过了。倘若一位客人相中了某位倌人,这位客人就要在饭馆里邀请朋友们吃一顿饭,并请这位倌人“出局”作陪。当红倌人一晚上往往要在若干宴席上应酬,对于每一位客人难免蜻蜓点水一般,略坐坐便去了。但如果一位客人决心要得到某位倌人的垂青,向她表明心迹,则可以叫个“本堂局”,即在倌人所在的堂子里宴请宾朋。叫“本堂局”被认为是“最能给倌人撑门面的举动,从而也最能帮助客人获得倌人的垂爱……这种昂贵的‘表示’被视为一段不寻常的情爱关系即将开始的标志,也为倌人在同行中争足了脸面”。[5] 如果倌人接受了客人的“表示”,那就意味着她也认可这段关系,愿意为之付出精力,并认为这种关系是有可能超越一般露水姻缘而成为一段长

---

① Robert Fortune, *Three Years' Wanderings in the Northern Provinces of China*, p. 54. 库克也对这种餐馆里的人群进行过观察:“我们穿过一片‘茶馆区’;之所以这么描述它,是因为这里既是茶馆,馆内部和四周又附带有餐馆服务。当我们穿过这片区域的时候,一些中国人正在里面饮茶或吃点心,每一处都坐得满满当当。我估计,一些馆子里容纳了不下百人,他们人挤人地围坐在小桌子四周。”参见George Wingrove Cooke, *China*, p. 229。

② 装干湿,即倌人以干湿果品蜜饯招待嫖客。——译者注

③ 打茶围,即嫖客在倌人处吃酒、品茶、闲聊。——译者注

④ 要对沪上高档青楼的规矩有一个简单的概览,可参见Han Banqing(韩邦庆), *Sing-song Girls*(《海上花列传》), pp. 544 - 561。

⑤ Catherine Yeh, *Shanghai Love*, p. 111.

期、稳定的感情,甚至走入婚姻的。当然,并不是每一位客人都想娶倌人为妻为妾,但通过叫客局和叫本堂局等种种昂贵的消费,客人既得到了一位高等交际花的陪伴和认可,也获得了公众的瞩目和敬重。毕竟,既然沪上名妓是都市品味和文化的引领者,那么获得名妓认可的客人也一定是位精通都市品味、知情识趣的雅人。

从酝酿、筹划一场筵席到最终操办起来,这一过程也是租界生活风光表面之下的文化与权力运作的写照。租界生活这种错综复杂的本质,在晚清狎邪小说中被体现得淋漓尽致。韩邦庆(1856—1894)的《海上花列传》以细腻的笔触记录上海风月场的内幕,其中许多内容与前文已经提到过的租界文化面貌十分吻合。例如,当小说中的几位主人公去公共租界北边的广东堂子“老旗昌”聚会吃酒时,他们不由地感到这里的装潢陈设“别具风流,花样翻新,较诸把式绝不相同”。[1] 对于上海滩上的饮食文化,小说则着重要向读者传达这样一种信息:熟悉宴会桌上的礼仪规矩,对人们在大都市中安身立命实在是至关重要的。只可惜,这样的知识偏偏是小说的两位核心人物——赵朴斋与其胞妹赵二宝——所不具备的。赵氏兄妹二人从农村来到上海,他们的经历基本上构成了小说的叙事主线:小说始于朴斋抵达上海地面华洋交界的陆家石桥,终于二宝在史公子的背信绝情和赖公子的骚扰欺凌下精神崩溃。正如小说所表现出来的那样,租界风月场中精巧深奥的宴饮文化让本地人和外乡人共同体验到了沪上生活如蓬莱幻境一般的风光美好,但这种体验自有其代价。通过两位外乡客的幻想与恐惧,这部狎邪小说既细数了租界里的炫耀性

87

① Han Banqing, *Sing-song Girls*, p. 363, p. 416.

消费,更强调了新兴都市阴暗角落里所隐藏着的江湖险恶。①

从小说开篇,朴斋就是以没品位、没文化的乡气形象示人的。他入住的客栈连餐食都不提供,这让小说中的其他角色一眼看穿了他作为“沪漂”无足轻重的地位。② 洪善卿是他的舅舅,也是他在上海唯一的亲人,但他们久别重逢后的第一次见面,也不过是在善卿开的永昌参店里吃了一顿“便饭”。③ 这里,一个“便”字表现出舅甥二人对这顿饭所持的不同期待:对于在大都会站稳了脚跟的店老板善卿而言,“四盘两碗,还有一壶酒”就是一顿家常饭,但对朴斋来说,这顿饭足以让他感到上海物质生活的丰盛,正如他后来常在舅舅社交圈子里成功人士的饭局上所暗自感慨的那样。那天晚间时候,舅甥二人一同赴宴。饭桌上,善卿与商业伙伴抓住时机大聊生意,互通消息,而初来乍到的朴斋很快就感到百无聊赖。耳听得“厅侧书房内,弹唱之声十分热闹”,一颗心更是早已按捺不住。于是朴斋佯装解手,离席偷看这边的光景,只见“一桌圆台,共是六客,许多倌人团团围绕,夹着些娘姨、大姐,挤满了一屋子……赵朴斋看了,满心羡慕”。④ 这是朴斋生平第一次对上海这个美轮美奂的蓬莱世界投去的匆匆一瞥,从此他便为之倾倒,满心只想成为这里的一名圈内人。

朴斋渴望有朝一日能在这样的台面上拥有自己的一席之地——这种痴心妄想让他自始至终都是众人的笑柄。在小说塑造的诸多角色中,朴斋是为数不多的、往往独自吃饭的一个。到

① 作者此处所用的“幻想与恐惧”(fantasies and fears)是受到叶凯蒂“fears and fantasies”的提法的启发,稍作改变而来的。见 Catherine Yeh, *Shanghai Love*, p. 254。

② Han Banqing, *Sing-song Girls*, p. 3, 脚注 2。

③ Han Banqing, *Sing-song Girls*, p. 2.

④ Han Banqing, *Sing-song Girls*, p. 8.

达上海的第二天清晨,他便只身在“石路口长源馆里吃了一碗廿八个钱的焖肉大面”,算是打发了早餐。① 等他吃过了这天的午饭,他才终于意识到,自己的生物钟和沪上花街柳巷的作息时间是完全脱节的。这天午后,他来到一家名叫“聚秀堂”的幺二堂子,寻思着找他头天才认识的倌人陆秀宝套套近乎。刚刚起床还在梳妆的秀宝对这位客人这个辰光便已经用完了午饭颇感讶异,就连秀宝的娘姨杨家姆都禁不住语带讥讽,拿着朴斋的乡气做派做起文章。后来,朴斋好不容易摸清了接近秀宝的门径——原来秀宝希望他能在聚秀堂为自己叫个“本堂局”。但不懂规矩的朴斋竟在局上脱口而出,要把头天晚上通过酒肉朋友张小村认识的花烟间低等妓女王阿二也叫来一同取乐。② 其实,如果不是舅舅善卿从中帮衬支应,朴斋凭自己的社交能力实在做不起这个东道。但即便如此,朴斋在饭桌上的表现也左支右绌,让舅舅善卿看清了这个外甥留在上海绝对没有出路。果然,短短几月之后,善卿便惊讶地发现朴斋已经沦为车夫,靠在街头拉车挣得的几文钱维持生计。于是他终于下定决心,要把朴斋送回乡下去。

88

朴斋对于风月场上的餐饮文化一筹莫展,这让他甚至无法保住自己作为一名堂堂男子的起码尊严。朴斋的妹妹赵二宝来沪寻找落魄街头的哥哥,谁知刚到上海地界,就在烟花柳巷的常客施瑞生的引诱下,迅速被租界的繁华盛景勾住了魂魄,不久后索性直接“贴条子”做起了勾栏生意。如果说朴斋在酒席宴会上的无能让他颜面扫地,那么瑞生则正是凭着自己对都市饮食文化和礼仪的了如指掌与潇洒做派,赢得了众人的信任和好感。一天晚

① Han Banqing, *Sing-song Girls*, p. 13.

② Han Banqing, *Sing-song Girls*, p. 22.(花烟间是十分低级廉价的妓院,光顾那里的也多是社会底层的劳动者。——译者注)

上，瑞生邀请朴斋一家人去看戏，戏毕又将一行人送回客栈。二宝暗自吩咐哥哥，让他买点宵夜，以飨瑞生，而在人事上颇为笨拙迟钝的朴斋只“买得六件百叶回来，分作三小碗”。二宝正嗔怪哥哥不会做事，幸而瑞生非但不计较，反而大方答道：“百叶蛮好，我倒喜欢吃个”，且说话间“竟不客气，取双竹筷，努力吃了一件”，其爽快又亲昵的行事风格，令二宝大喜过望。[①] 同一碗百叶，衬得朴斋行为颠倒、头脑迟钝，却显得瑞生潇洒风流、不拘小节。有了这种好印象的加持，瑞生隔天就说服了二宝和自己去吃“大菜”（即西餐）。自此，二宝再也不想做都市里的外乡客，而是义无反顾地走上了她的神女生涯。[②]

二宝贴条子做起倌人，让赵家人尝到了沪上讨生活的甜头，但也埋下了这个家庭最终破败收场的祸根。亏得瑞生帮衬提携，二宝入行不久就成了沪上的时髦倌人，“每晚碰和吃酒，不止一台”。至于无才无志的朴斋，只等“席间撤下的小碗，送在［母亲］赵洪氏房里，任凭赵朴斋雄啖大嚼，酣畅淋漓；吃到醉醺醺时，便倒下绳床，冥然罔觉，固自以为极乐世界矣”。[③] 二宝的名声一日响似一日，终于引起了一位名叫史天然的客人的兴趣。这位史公子不但成了她的常客，甚至两情缱绻间，还许下诺言，定会纳二宝进门。为了探这位“准姑爷”的心意，朴斋一家“茶烟点心络绎不绝”地伺候史公子的管家，好容易讨得后者的欢心。但及至朴斋终于觅得机会，将“许多水蜜桃、鲜荔枝、装盒盛筐”，亲自送到史府上时，史公子却没有受这份礼，这让朴斋一家十分忐忑。[④] 最

89

① Han Banqing, *Sing-song Girls*, p. 245.
② Han Banqing, *Sing-song Girls*, p. 248.
③ Han Banqing, *Sing-song Girls*, p. 308.
④ Han Banqing, *Sing-song Girls*, p. 312.

终,急于敲定二宝婚事的赵家母子商量着,“先往聚丰园,定做精致点心;再往福利洋行,将外国糖、饼干、水果,各色买些”,又上史公子的门。这次史公子欣然收下礼物,二宝诸人始松了一口气。可即便史公子态度颇为倨傲,二宝只当这是他的一片赤诚率真,反怪母亲和哥哥不通人情世故,行事贻笑大方。无论如何赵家人都相信,既然史公子愿意接受“准岳母”赵洪氏的礼赠,那他一定是有心要纳二宝为妾了。可赵家人万万没想到,史公子寻了一个借口离开了上海,从此杳无音信。而一心做着黄粱美梦的二宝,早已将大把的银钱花在筹备豪华的婚服和丰厚的嫁妆上。此时真相大白,她不但心如刀绞,更面临着倾家荡产的局面。赵氏一家三口为了在上海立足,已经使尽了浑身解数,谁承想到头来竟是竹篮打水——他们到底还是一群被沪上的豪富权贵玩弄于股掌之间的“乡巴佬”。

上海租界的确是个美轮美奂的世界,但当19世纪接近尾声的时候,越来越多的声音开始质疑这个美丽新世界的真实性——这样一个“蓬莱”究竟是人间仙境,抑或只是徒有其表的梦幻泡影。韩邦庆无疑也是发出质疑声的一个。一方面,上海为难民和投机家们“提供了一个安全的港湾,让他们能够不受那即将把中国四分五裂的战火的侵扰,也较少受到传统社会的制约和清政府的干预,较为安全和自由地做买卖、讨生活”。[1] 但同时也有很多反对的声音,认为这种蓬莱仙境不过是假象,正如当时的诗人辰桥在他的《申江百咏》中所吟唱的那样:“一进吴淞眼界开,此身疑

① Catherine Yeh, *Shanghai Love*, pp. 11 - 12.

是入蓬莱。若偕刘阮今重到,错认桃花不肯回。”①

在诗歌正文下方的自注中,诗人辰桥点评说:上海的种种景象“绝非凡境矣”。但即便诗人将吴淞盛景描绘得美轮美奂,而选择刘阮遇仙的故事来烘托这种景象,多少说明了他对这座都市的暧昧态度。在这则流传甚广的经典故事中,刘晨、阮肇二人结伴入山采药,不慎迷路。饥饿将死时,望见山间绝壁上一株仙桃。他们想方设法攀缘而上,方得靠着这“琼实”活命。食桃既毕,他们又遇见两位仙姝,四人两两结为夫妻,逍遥快活。等刘阮二人再想到回乡这码事时,凡间已历七世,早已物是人非。② 新时代的刘阮二人迷恋租界里的灯红酒绿,正如他们在原故事中迷恋仙姝的美貌——都是只看到光鲜虚无的表面,却没有意识到其背后的危险,从而迷失了原本的道路。如此,韩邦庆的小说和辰桥的诗向读者们抛出了同一个问题:身陷上海这个花花世界的人们,还能找到返璞归真的那条路吗?

90

作为“武陵源”的上海老城厢

上海花街柳巷里的饮食文化和餐桌规矩很大程度上为洋场上的男男女女树威立信、享受生活提供了场域,但这并不是上海居民通过饮食与这座都市建立联系的唯一方式。正如前文提到的那样:地方风味餐馆是异乡土地上保存着老家味道的孤岛,也抚慰着沪上游子的思乡之苦——不论他是漂泊在租界还是身处

---

① 转引自 Catherine Yeh, *Shanghai Love*, pp. 11 - 12。(原文此处的译文较叶凯蒂的译文有改动,目的是强调人们进入吴淞口后看到的“蓬莱盛景”不过是徒有其表的幻象。——译者注)

② Catherine Yeh, *Shanghai Love*, pp. 348 - 49, 注释 18。

老城厢。此外,即便是对于洋场上风头最盛的豪客和倌人而言,慰藉身心的食物往往并不出现在酒池肉林般的宴会桌上,而是出现在烟火气更重却同样具有重要意义的家常饮食中。小说《海上花列传》里就描绘了许多这样的场景:倌人陪伴着她的相好从热闹的宴席上回到自家房中,喝一碗简单的白粥、就几样点心小菜,聊作夜宵。这种食物才是人们抚慰彼此的佳品,是可以为某位病中的情人滋养身体或帮应酬归来的伴侣恢复精力的。能如此这般凑在家常餐桌边吃饭的男男女女,彼此间往往才有更深刻的情感联系,这种联系有时足以让他们在上海滩的潮起潮落和聚散离合中守护彼此,找到一丝安稳的感觉。

不过,租界里的人们也常常向老城厢寻找美味。在那里,许许多多诱人的食物藏在街头巷尾,其滋味较洋场绝不逊色。其中值得一提的老城厢美味之一,是三牌楼街上一家仅有单开间门面的小店制作的菜圆子。“老上海”刘雅农曾亲切地回忆道,这家店是孀妇徐氏和她的婆婆在经营,徐氏的儿子则在店里跑堂。这种菜圆子的馅料是按照斋饭“净素”的标准制作的。除了菜圆子,她们还会另外制作甜豆沙和鲜猪肉两种馅料的圆子。刘雅农尤其详细回忆了后者的制作方法:“取瘦者十之九,肥者十之一,切极细而粗斩之,毋使过烂,亦无连刀块。”接着,人们就要在这备好的肉馅中拌入“伏晒酱油、小磨麻油、少许极细葱姜末”。如此这般的许多工夫,都是为了让馅料在烹煮的过程中“既不松散,亦不过实,香鲜而带卤汁”。这道美食的制作方法,刘氏之所以能够娓娓道来,是因为他在读中学时常要从这家小店门前经过,每每路过辄留心观察,终于探得其奥诀。①

① 这里及下文中对菜圆子的讨论,参见刘雅农:《上海闲话》,第55—56页。

也是凭着同样的细心观察，刘氏记下了菜圆子的做法。据他回忆，这道小吃令“洋场老饕，青楼豪客”都垂涎欲滴。他们“不惮路遥，日将曛，饬健仆携榼争购”。也正是在这种事情上，住在租界的坏处暴露无遗，因为菜圆子出锅即“顷刻售罄，当日即不再制，迟至者徒呼负负而去”。至于这道菜的制作方法，刘氏记录其主料是“大菜”，而且要“尽剔叶脉及其主茎，仅留纯粹嫩叶”。经过如此处理，一斤大菜就仅剩下四五两可用了。紧接着，店主会将这点嫩叶在沸水中“煮一滚”，煮时切忌时间过长，否则菜叶的翠绿色泽就消失了。然后，店主会将煮好的菜叶斩至烂泥，再放布袋中沥出多余水分，加碾细海盐以及“多量”“上好”的小磨麻油细细搅拌均匀，这才算是备好了馅。至于圆子的皮，制作时一定要选用“香粳碧糯，掺和水磨”。这样和出来的圆子，煮后质地细腻“如软玉”，吃起来则“爽滑不黏齿”。尽管这家小店位于老城厢的穷街陋巷之中，甚至连一块店招都没有，但“三牌楼汤团”的名声不胫而走，达到“脍炙人口，老幼咸知”的地步了。[91]

最常被拿来与租界的纷繁浮夸相对比的，依旧是围绕着上海水蜜桃展开的文化和历史。这种沪城土生土长的桃子，是所有记录上海生活的晚清作家不会遗漏的话题——甚至那些不遗余力宣扬租界文化的作家也不能免俗。在这一点上，前文提到的葛元煦便是一例。葛氏在其《沪游杂记》的“弁言”中已经说明，他的这本书“惟租界独备”，但其实他在书中最起码破了一次例，那就是写到黄泥墙一带的桃园的时候：

> 水蜜桃产西城黄泥墙者为最，实大顶平，多浆味甜美，入口辄化，因名。色浅白缀以淡红晕，俗名“鹅毛圈”，惜未熟全摘，反不及城外所产尽有极大而佳者。清明后闲步西郊，列

树成行,红霞灿目,不减武陵源风景也。①

葛氏对上海桃园和桃子的记录与前人的作品形成了呼应,他的语言和他使用的意象——包括他对"武陵源"的提及——都借鉴自前人。但如果我们将该文本放在这样一个文学传统的背景之下去细细考察,就会发现此时的"武陵源"作为一种上海都市理想的象征符号,其内涵已经悄然发生了变化。

92

"武陵源"是陶潜在其《桃花源记》中描绘的、被时间遗忘的一方人间净土。东晋太元年间(376—396)的某一日,武陵的一位捕鱼人缘溪前行,不知走了多久,忽然遇到一片桃花林,桃树"夹岸数百步,中无杂树,芳草鲜美,落英缤纷"。② 桃林一直延伸到溪水的源头,那里还有一山,壁现一穴。捕鱼人钻进山洞继续走,竟然从山体另一侧出来,并到达了一片与世隔绝的所在。这里的人们告诉渔人,他们的先人为"避秦时乱"来到此处,从此便世世代代在这片土地上生息繁衍。对于世上的事,他们尚"不知有汉,无论魏晋"。听渔人说起当时当日的世界,桃花源中人无不惊讶于时光飞逝、叹惋人间兴废无常。辞别渔人前,桃源中诸人担心自己平静的生活会被外界的纷扰打乱,叮嘱渔人不要将他们的秘密泄露出去。但渔人没能遵守自己的诺言,一回到郡中就将此事报告给了太守。太守立刻派出队伍跟随渔人寻找武陵源,却怎么也找不到了。这座失落的乌托邦究竟位于何方?这成了后世人争论不休的、孜孜以求的谜题。一则晚清上海的资料在经过多方考证之后,重申了人们最早给出也是接受度最广的答案:桃花源在

① 葛元煦:《沪游杂记》,第41页。

② 原文此处及以下各部分对《桃花源记》的英译以白芝(Cyril Birch)的版本为准。见 Cyril Birch, *Anthology of Chinese Literature*, vol. 1, pp. 167-168。

湖南武陵县西南三十里的桃源山中。① 但对于大多数人而言,桃花源在哪儿其实并不重要,重要的是陶潜在这篇散文里塑造了一种对后世无数人产生了巨大影响的理想社会形态:“土地平旷,屋舍俨然,有良田、美池、桑竹之属。阡陌交通,鸡犬相闻。其中往来种作,男女衣着,悉如外人;黄发垂髫,并怡然自乐。”

在谈论上海桃的时候,葛氏并不是第一个拿上海与“武陵源”作比的。但在葛氏的时代,当作家们再次引用这一典故时,往往带着和前辈作家截然不同的感情和意味,也因此标志着一种不仅仅是对上海桃园,也是对上海老城厢的全新想象。早期的上海作家(如17世纪的沪上文人叶梦珠)将沪上桃园与武陵源相联系时,这种写法只是一套更加宏大的叙事策略中的具体个案。通过这种写作策略,沪上作家立意要将他们正在崛起中的家乡呈现为一个不可小觑的地方;它有资格与中国文化史上任何一个文化成熟、驰名海内的地方相媲美。与此形成对比的是,当葛氏与他同时代的作家再次将“上海”与“武陵源”两个意象相联系时,他们字里行间却流露出一丝悲凉的色彩,因为他们正在记录的不是这座城市欣欣向荣浮出历史地平线的一面,而是它即将淹没于历史洪流中的一面。在葛氏这一代作家生活和写作的时代,上海城中的水蜜桃种植光景已经大不如前,许多桃园都荒废了。黄泥墙一带的桃圃,是上海老城厢里硕果仅存的若干桃圃之一,它的历史至少可以追溯到褚华作《水蜜桃谱》的时代——这也解释了为什么沪城中的居民如此热衷于攀折这些园圃枝头上的果实。在老城厢西南方的郊外也有桃圃,其规模之大,已经成为当地一景,以至于19世纪中叶,美魏茶(William Charles Milne)附在其《在华岁

①《图画日报》第7卷,第193页。

月》(*Life in China*)一书中的上海地图还将其专门标注了出来。[①] 但城外桃圃规模的不断扩大更凸显出沪城之内园圃面积的缩水。此时的上海老城厢早已如桃花源般“屋舍俨然”,只是那曾经让当地人夸傲不已的“良田、美池”却被“赶”出了城去,与上海人的生活渐行渐远了。在葛氏眼中,黄泥墙一带的桃花姑且还能算是沪城“不减武陵源风景”的一种象征,但更多的人则开始抱怨上海水蜜桃的质量每况愈下了。

上海水蜜桃种植文化的衰落引发了广泛关注。1872 年版《上海县志》的编纂者们曾骄傲地将水蜜桃列入物产一节“果之属”下的诸条目之首,但也注意到“近年两处[②]已少。惟西南近乡,园圃比连,不下数万树”。[③] 更严重的是,随着水蜜桃园圃离城里当初的那几处名园越来越远,人们开始抱怨上海桃的味道也愈发不对了。上海本地人毛祥麟在他的《墨余录》中就写道:

> 且(水蜜桃)在西城一带者,为真种。若移树他处,则味减矣。近年南门外数十里中,皆种桃为业,色样较胜,其味则远不及。今之商客所卖者,皆南门桃也。真种甚难得。[④]

95

毛祥麟的说法不但得到王韬的附议,后者在讨论上海桃时甚至从前者书中直接照搬了不少内容。不过,王氏还补充道:“每逢(桃子)垂熟,官票封园,胥吏从中渔利,高其价以售之民,一桃辄百钱。贫士老饕,颇难属餍。”[⑤]后来,随着时间的推移,上海的水蜜桃资源愈发贫瘠,以至于李维清(1881—?)出版于 1907 年的《上

---

① William Charles Milne, *Life in China*.

② 指露香园和黄泥墙两处。——译者注

③《同治上海县志》,8. 6b—7a。

④ 毛祥麟:《墨余录》,第 8—9 页。

⑤ 王韬:《瀛壖杂志》,第 18—19 页。

海乡土志》中有了如下记载:“露香园在北城,为顾氏之名园,向产水蜜桃,今则佳种不传,遗址已无,徒存想象而已。”①

这种“想象”不是有关蓬莱的想象,而是对一个日益渺远的武陵源的想象。这里的“渺远”可以从字面去理解:上海的桃圃的确陆续退到了城墙以外,即便是让葛元煦极尽溢美之词的桃林美景也已经僻处城外的西郊了。但这种“渺远”也是象征意义上的:“武陵源”最初的诞生,是陶潜为了逃避东晋政权的腐败和朝堂之上的尔虞我诈而为自己架构起来的一个文学空间,但19世纪上海老城厢里的“武陵源”则是与租界生活的漂泊动荡以及县城政治的腐败肮脏(这种黑暗往往以县官们的横征暴敛、贪得无厌表现出来)相抗衡的一个象征。当人们将上海的桃园与那座神秘的乌托邦作比的时候,人们并非真的如此天真,认为与世隔绝的上海才会是更加美好的社会,但人们的确在这座城市渺远的过往中,找到了逃避都市生活、疗愈身心的“世外桃源”。

无论租界生活为人们提供了怎样的便捷、新奇、满足和刺激,上海在被“发现”——不光是被外国人“发现”,也是被不断抬高其行政等级的清政府“发现”——的同时,这座城市的某些特质也一去不返了。陶潜笔下的“武陵源”只有未被发现的时候才存在。渔人自愿离开武陵源,回归热闹繁华的世界,直到他意识到自己再也找不回那个记忆中的武陵源,他才开始后悔不已、感到一阵阵“乡思”。上海也踏上了一条发展之路,而从它走上这条路的那天起,就注定它再也找不回返璞归真的那条归路了。由此可见,当葛氏这一代作家再次提起“武陵源”的时候,这一意象已经不再是抬升上海地位,使之跻身于帝国文化史上最负盛名的行列的一种

① 李维清:《上海乡土志》,第76页。

努力;相反,“武陵源”的意象令人怀念那些在城市发展进程中终于无迹可寻的园林,也提醒着人们不要忘记这座城市再也回不去的过往。

被比作蓬莱的上海的确令人向往,但上海究竟在多大程度上担得起这个名声,实在不能不令人起疑。上海地界夜夜笙歌,士女如云,着实如传说中的蓬莱仙境一般。但蓬莱也应该是个道德高尚、生活安逸的世界,那里没有辛苦耕作的农夫农妇和底层挣扎的市民百姓,没有韩邦庆笔下朴斋和二宝式的悲情角色,更没有剥削、利诱和巧取豪夺。当作家们将上海与蓬莱相联系时,他们呈现出的其实是上海都市生活中非常有争议的一个侧面:这个“蓬莱”只是权势滔天者和豪富子弟们的安乐窝和销金窟。

而对另一些不属于权贵阶层的人——那些土生土长的上海市民和人生地不熟的外来客——而言,以“武陵源”为代表的上海城市理想则更加诱人。“老上海”毛祥麟、张春华和李维清很明显都在担忧开埠后的上海将要何去何从,也都致力于保护家乡的文化遗产。毛祥麟是参与1872年《上海县志》编纂工作的重要成员之一;张春华在他的《沪城岁事衢歌》中总结了120条沪上特有的民俗文化,并为每一种民俗谱写了生动有趣的歌谣加以描摹;李维清是1816年《嘉庆上海县志》主纂人李林松的曾孙,他秉承着为家乡修史的家学家风,撰写了《上海乡土志》这本书。李维清认为,清廷废除科举之后,学生们尤其需要一种新式教材来熟悉乡里掌故。《上海乡土志》即是为上海地区学堂儿童熟悉家乡历史地理风貌而编写的教科书。

对于漂泊在沪上的外乡人而言,“武陵源”同样是比“蓬莱仙境”更富吸引力的上海景象。以王韬和葛元煦为例,二人都被太平天国运动彻底改变了人生轨迹,因为这场运动让他们的家乡成为焦土,他们自己也彻底成了有家难回的游子。但另一方面,洋场也为二人提供了一个逃避传统社会的空间,让他们得以开启自己新的生活。王氏是在第一次乡试失败之后来到沪上的。他抵沪不久,便在伦敦传道会下属的墨海书馆中担任编辑一职;葛氏来到上海后则弃文习医,也开启了自己新的生涯。对于上述五人(毛祥麟、张春华、李维清、葛元煦、王韬)而言,当他们将露香园描绘为一片"武陵源"般的田园净土时,他们也找到了共同的精神家园,从而在思想上超越他们眼下的困境。如此看来,新、老上海人是在对"旧"上海而非"新"上海的想象中,看到了他们共同的愿景。

第三章　从摩登到传统：晚清与民初的上海西餐

1899年6月12日薄暮时分，上海公共租界文娱产业的大动脉四马路上，忽然冒出滚滚浓烟——一场大火灾爆发了。据说，火灾的起因仅仅是一根火柴：天禄书局里的一位学徒看天色近晚，打算点一盏保险灯采光，谁知火柴燃起后竟在手中炸裂。该学徒惊慌之中忙将火柴甩脱，岂料不歪不斜，径直甩进了保险灯的火油箱里。只听得轰隆一声，火油爆燃。周围伙计们见状，赶紧找来棉被试图捂灭火焰。怎奈火星横飞，迅速引燃了局内的书籍纸张。众伙计见势不妙，只得各自逃命……当人们最终扑灭了这场大火时，已有46处房屋过火，另有6处虽未被大火烧毁，却遭到水龙漫灌，损失同样惨重。这场火灾，光是被毁房屋所涉及的保险金额就高达10万两，财物损失则达8万两之巨。①

过火最严重的铺户中，有不少是华民经营的西餐馆，当时人称“番菜馆”。在四马路大火爆发之前的10年中，这些番菜馆已然对上海高端餐饮业市场形成了垄断之势。尽管沪上有多少种“洋人”，洋场上就该有多少种洋餐饮，但对于当时的大多数中国人而言，所谓“西餐”，主要还是专指有限的几种英式和法式烹饪——至少直到俄国十月革命将大量“白俄”难民送到上海之前，

---

①《四马路火场新闻》，《游戏报》第705号(1899)，第2版。

98

中国人对“西餐”的理解大抵如此。在番菜馆大量出现以前，沪上华人通常是通过以下几种途径来见识西方餐饮文化的：要么是售卖进口食品的零售商店，要么是外国人培育稀奇西方蔬菜水果的园圃，要么是专为沪上西人提供牛肉牛奶的屠宰场和乳制品厂，要么是容纳外国娼妓的“外国堂子”，最后还有西方人经营、主要（如果尚不能说是“专门”）为外国顾客提供餐饮服务的洋餐馆。西人开西餐馆，既是为了在异国他乡的土地上营造出一方故乡与故国的文化空间，也是为了在物质生活领域划分出华洋人口不同的生存空间，但中国人以他们自己的方式对这些空间加以利用：他们将西餐馆当作探索西方物质文化并参与到这种外来文化生活中去的重要媒介。不仅如此，中国商人们（尤以一群粤籍商人为代表）也投身经营中式西餐馆，也就是当时所谓的“番菜馆”。而正是番菜馆的出现，在晚清时期的上海掀起了一阵“西餐热”。四马路上燃起熊熊大火的那个时候，这条街上的番菜馆数量比各式中国地方餐馆加起来的总数还要多。

晚清的西餐热重塑了有关上海的观念和想象，但这种新的城市形象，并不总让当地人感到自豪。诚然，对于上海日益西化、摩登的都市形象而言，西餐馆是如此不可或缺的一个要素，以至于来上海旅行的游客们如若没能去番菜馆体验一遭，这趟上海之旅简直就不能算完满。但这种体验也并不总是美好的。例如，许多中国人是反对吃牛肉的，因为牛被认为是人类的帮手和伙伴，不该为了满足人的口腹之欲而惨遭屠戮，可牛肉偏偏是西餐的重要食材。另一些人则揶揄沪上粤商为迎合中国客人的口味，而对西餐进行了“中化”改革。他们讽刺道：在引进西餐这件事上，中国人做得并不比清廷“师夷长技”改良中国经济、军事和政治制度的种种努力更加高明。

粤籍商人对番菜馆行业的把控也引起了沪上江浙籍文化精英们的焦虑，他们甚至由此及彼，对粤商在上海商业与文化生活整体上日益增加的影响力感到忧心忡忡。人们不会放过任何一个机会来渲染这种焦虑——点评四马路火灾的社会评论员们便是如此：在他们眼中，这场大火烧得简直“巧妙”，火势的蔓延路径仿佛正是受了他们心中的上海情结和文化沙文主义偏见的感召而一路烧将过去。娱乐小报《游戏报》上的一篇题为《火神吃大菜》的文章便玩笑道：

> 杏花楼乃广东酒馆，屡次被烧，此次并延及杏花春、金谷春两番菜馆，而聚丰园（按：苏州餐馆）虽稍殃及，并无妨碍。有善谑者曰：上海火神想是广东人做格。从前只吃广东馆子，现在渐渐模仿西法，喜吃大菜。至中国酒菜，非其所嗜，故聚丰园得安堵无恙。[1]

值得注意的是，本文作者并未将这次火烧番菜馆的事件解读为苍天有眼，要借此杀一杀沪上西餐热的威风。相反，作者仅仅从这次事件中看到了西餐热的巨大影响力，以及这种餐饮时尚正在如何改变着沪城的面貌。尽管沪上的江浙籍文化精英们一直将丰富多彩的中国地方菜肴作为上海餐馆业乃至更广泛意义上的中国烹饪文化的核心组成部分，但事到如今，就连上海本地的火神都厌弃了陈旧口味，想要尝尝新鲜了。

四马路大火发生时，沪上西餐正经历着历史性的转折，其顾客群也发生了明显变化：彼时，名妓成了比这座都市中任何其他群体都更能代表广东与西方间文化联系的社群，她们同时也是这

---

① 《火神吃大菜》，《游戏报》第 705 号（1899），第 3 版。Catherine Yeh, *Shanghai Love*, p. 26.

股沪上西餐热最忠实的拥趸。广东与西方世界之间的联系,起源于鸦片战争前的“一口通商”制度,也就是西方学界所谓的“广州体系”(Canton System)。1842年以前,该制度一直将西方的对华贸易限制在广州这一个口岸,因此为粤商与洋商之间的跨文化交流提供了得天独厚的大环境。即便在上海沦为租界所在地及西方对华贸易的又一中心之后,粤商依旧是华洋贸易的重要纽带,因为洋场上的大多数买办(即在洋商和中国市场之间充当中介的中国商人)都来自广东。此外,在传播西方物质文化一事上,沪上名妓也扮演了关键性的角色。尤其是19世纪下半叶,当上海被一阵西方化浪潮席卷时,名妓们首先受到影响,成了时尚前沿的弄潮儿。她们亲身探索、示范西洋物事的功用,从而成为横在西方物质文明冲击与普通上海市民生活之间的一条“缓冲带”。举例而言,名妓们大多是沪上“洋广货铺”的常客。这种货铺所销售的,都是来自西洋和广东的新鲜玩意。唯有借着沪上名妓身体力行的宣传,它们才能迅速成为都市物质文化生活中最时尚的代表性符号。叶凯蒂曾这样点评道:“名妓是‘海上繁华’的化身;沪上生活的精彩快活和舒适惬意在她们身上得到了淋漓尽致地体现。她们用尽巧思,务要使这座城市的西化面貌和现代设施不但不显得突兀骇人,还看起来时尚、迷人,且难能可贵。”①

海上名妓与西餐之间的关联如此紧密,以至于当清末的改革派精英们对名妓文化大张挞伐的时候,他们自然而然地将改革的矛头也同时指向了西餐文化。在这一改革运动中,西餐依旧与女性形象紧密联系,只是这种女性不再是名妓群体,而是家内的主

① Catherine Yeh, *Shanghai Love*, p. 26.

妇。其实,将西餐与中国主妇相联系的做法,并非清末改革家们 100 的创举;这种想象早在上海的前口岸时期已有先例,例如在美国传教士玛莎·福斯特·克劳福(Martha Foster Crawford)1866年付梓于上海、1909年再版的第一部中文西餐食谱《造洋饭书》中就有体现。世纪之交的中国社会改革家们在致力于消灭名妓文化的同时,也主张对妇女实行新式教育;他们热情地接纳了前一个时期上海都市文化遗留下来的、西餐与妇女之间的密切关联,只是这一次,制作西餐成了一项重要的家政教育课程。特别值得注意的是,改革者们的初衷,是要重申受教育女性对家庭的重要作用,并以家庭为单位,逐步实现基层社会的改革。虽然家政课程的内容是西式的,但改革家们将"修身齐家"视为"治国平天下"之根本的这种理念框架来源于儒家经典,尤其是《大学》这部两千余年来在中国思想史上占据着权威地位的著作。由此,晚清到民初的沪上西餐史也标志着两种"归化"的过程:一是以番菜馆这种中式(抑或说"广式")西餐餐饮机构归化了代表着"摩登"的西餐文化;二则是略带讽刺意味地将备制西餐作为传统中国文化意义上"齐家"的一个组成部分,从而对西方物质文明加以归化。

划 界

中国人第一次邂逅西餐,并不是在掀起了清末西餐热的中式番菜馆里,而是在西方人自己设计经营、旨在对上海进行西化改造的一系列都市空间里。在这些空间中,西人努力地延续着故土文化,也竭力维持着自己社团在异国他乡的权威性。对于沪上的西方社团而言,保持文化权威性是保有独立生存空间的关键因素，因为即便是在上海的外国租界中，华民人口也是远远超过外国人口的（见表 3.1）。在政治与社会层面，西人以各种形式排斥华人，从而为自己保留了一定的专属空间。例如，直到 1926 年，上海公共租界的最高行政当局工部局里，是没有一个中国官员的。而沪上的上流社会圈子，如曾被一位常年旅居沪上的外国侨民形容为“沪城的交易所，在推杯换盏之间就能做成生意”的上海跑马总会（俗称跑马厅），也是拒不接纳中国人入会的。① 在 19 世纪的最后 20 年，华人精英们为争取在西人主导的政治和文化机构中取得一席之地而奔走呼号，但西人也在竭尽全力抗拒这种来自中方的努力，甚至以前所未有的强硬态度，务要在华洋生存空间之间划清界限——当时严格限制华人入园游赏的黄浦公园就是一例。② 在政治与社交层面以外，日常生活与市民文化也是西人试图与华民划清界限的重要领域。

101

表 3.1　公共租界内的中外人口数量

年份	外国人口	中国人口
1855	243	20243
1865	2297	92884
1870	1666	76713
1876	1673	97335
1880	2197	110009
1885	3673	129338
1890	3821	171950
1895	4684	246679
1900	6774	352050

资料来源：邹依仁《旧上海人口变迁的研究》（上海：上海人民出版社，1980）

① Medhurst, *The Foreigner in Far Cathay*, p. 16.

② Robert Bickers（毕可思）and Jeffrey Wasserstrom（华志坚），“Shanghai's ‘Dogs and Chinese Not Admitted’ Sign”, pp. 445 – 447.

由此一来,洋行货店、花园、家内空间、办公区域,以及人们获取食物的饭店、酒馆,就成了这种划界行为争夺的重要阵地。[1]

不管是在家内、工作场合,抑或是在旅途中,最早抵达上海的西人往往需要凑在一处就餐。于是,当上海还没有西餐馆和西式宾馆时,“初来乍到者不得不借宿在那些在上海已有落脚处的前辈家中”。好在正如一位当时来沪访问的医生 B. L. 博乐(B. L. Ball)所观察到的那样:这些为同胞提供食宿的人家“往往慷慨善良,热情好客”。[2]《泰晤士报》特约通讯记者乔治·温格罗夫·库克在上海期间,曾受邀登上宝顺洋行(Dent and Company,该洋行在华主要从事鸦片贸易)名下的舰船,并在船上享用到了“侍酒温度正合适的苏玳白葡萄酒,品质极好的上海羊排,以及一份精致美味的冰淇淋布丁”。[3] 库克还注意到,未婚的男雇员一般就在洋行内吃便饭,洋行提供的“食物充足可口,凉爽的酒水饮料令人身心愉悦”。洋行的年轻合伙人“则带领着他手下的丝绸专家、茶叶专家、书记员和几位雇员,另有其就餐的地方”。[4]

对于沪上西人而言,坚持故国的餐饮烹饪方式,是保留故国文化、保有自身作为“文明开化之民族”的身份认同的重要办法。主要从事在华英国人历史研究的毕可思(Robert Bickers)就曾注意到:在华英国侨民“依旧保持着英式饮食习惯。他们利用中国本土或进口食材,尽可能地重现家乡饮食的风味,而中餐则总体上让他们感到无法下咽”。[5] 麦华陀(Sir Walter Henry Medhurst)

102

① 有关各种力量在这些领域的争抢,见 Ye Xiaoqing(叶晓青),“Shanghai before Nationalism”, pp. 33 - 52。

② B. L. Ball, *Rambles in Eastern Asia*, p. 226.

③ George Wingrove Cooke, *China*, pp. 94 - 95.

④ George Wingrove Cooke, *China*, p. 220.

⑤ Robert Bickers, *Britain in China*, p. 102.

是当时上海最有名望的外交家,著名传教士麦都思之子。他热衷于观察“在华洋商的性格特点”,尤其是沪上英国侨民的行为处事风格,并认为英国文化对这一海外群体产生了不可磨灭的影响:

> 沪上英人的行为做派和在国内时并无二致。只要他或他公司的财务状况尚且负担得起,他一定倾尽所有,为自己建一栋最漂亮的别墅……由于业务需要,上海的英籍居民通常会购置一部诺威奇马车、布劳姆马车,或者任何一种体面而方便的交通工具……至于傍晚时分的休闲活动,普通人会选择板球、壁球、滚球,或是骑着小矮马散步、乘着轻便四轮马车出去兜风等。但如果这位侨民是一家之主,或者最起码是位已婚人士的话,他则一定要驾着套了开普马、澳洲马或者加利福尼亚马的气派马车才肯出门。总之,大多数人要么驾车、要么骑马,总得占一样。而那既不驾车也没骑马的,八成是个生计无着的可怜虫。

麦氏进而观察到,食物是这一套社交礼仪表演中尤其重要的保留节目:“傍晚的散步之后,就是晚餐时间了。正是在这一餐中,沪上西人要尽可能忘却他们正远离故土、漂泊在外的现实。”①20 世纪初,当戴义思 (Charles Dyce)回忆起他在上海度过的 30 年时光时,他也注意到饮食在区分华洋文化空间上的重要意义,从而呼应了麦氏的上述观察。“我们(西方人)和他们(中国人)不一样,”戴义思写道,“我们割腥啖膻,吃结结实实的牛羊肉,他们却尽量不碰这些食物。在他们眼中,我们之所以热衷于激烈的运动,或许就是为了消耗掉牛羊肉对身体带来的影响。‘此乃

---

① Medhurst, *The Foreigner in Far Cathay*, pp. 24 - 25.

洋人风俗'——他们会一边吃着他们的米饭、鱼肉和包心菜，一边对我们的食物嗤之以鼻。"①事实上，对于很多英国侨民而言，尽管他们来华的最初目的是赚钱，但是对进口食品的渴望和依赖已经让他们顾不得经济方面的任何考量："最重大的开销都发生在副食店，也就是说，花在了油、盐、酱、醋和什物百货上。这些东西都是不远万里从英国运来的，售价异常昂贵。有人……为了能常常吃到鳀鱼鱼露而搞得自己入不敷出，有人则抱怨说英式火腿的价格简直让自己愁白了头。"②

但华洋生活的边界也不总是泾渭分明的，因为到底什么才算"英式的""文明的"，以及这种"英式""文明"的生活状态又如何通过饮食得到标榜和传承——这些问题并没有非黑即白的答案。生活在沪上的西方人总难免要食用一些当地土产。这种时候，个人好恶就成了评判华洋物产孰高孰下的唯一裁判。戴义思描述宁波产的牡蛎时，认为"它们品质极好——虽然比我们本国产的要略逊一筹"，但他对福州产的一种"小竹蛎"则青眼有加，说它们"与其他品种的牡蛎绝不相同。笔者曾亲身尝试，味颇鲜美。加之这种竹蛎个头很小，食客一次就能吃下很多。噫，每思及此，垂涎欲滴"。③ 令戴义思印象深刻的，除了这种竹蛎的味道，还有其养殖方式：蛎农将牡蛎苗固定在竹竿上，又将竹竿直插在海涂中，以为牡蛎苗提供生长的环境。很明显，当有多年岭南地区生活经历的西方人来到上海之后，他们早已将一些岭南饮食融入为自己日常饮食的一部分。由此，我们才会在1867年出版的《中国和日本的通商口岸》这本指南书中读到这样的抱怨："水果方面，上海

103

① Charles Dyce, *Personal Reminiscences of Thirty Years' Residence*, pp. 99－100.
② Charles Dyce, *Personal Reminiscences of Thirty Years' Residence*, pp. 204－205.
③ Charles Dyce, *Personal Reminiscences of Thirty Years' Residence*, pp. 205－206.

的资源非常贫瘠。像柑橘、芭蕉和荔枝之类的果品，当地人见所未见。”①

不仅如此，对于一些西方人而言，中国的所谓“英式饮食”简直令人尴尬。库克就揶揄道：在中国，说某人吃得“像个英国人”或许远非一种赞美。他对在华英人的饮食质量感到沮丧，甚至会想象中国人到底是以什么样的眼光看待他们这个群体的：

> 中国人会说：英国人填饱自己的方式和福尔摩沙的野蛮岛民最为相似。明明是屠宰场里的活计，他们偏要在自己的盘子里干；明明是后厨该完成的步骤，他们硬是拿自己的胃来做……各个民族中喜静不喜动的人，以及患有消化不良症的人，恐怕都会同意我们中国人的观点：什么腿啊、肩啊、腰啊、头啊……总之，那些能让人一眼看出这盘子里的肉也曾是个生猛活物的部位，只会让两个群体食指大动：野兽和英国人。英国人所谓“朴实无华的健康一餐”，指的就是一大块红肉外加几片令人毫无食欲的菜叶子。要消化这么一餐，人们不仅需要动物一般的消化力，还要辅以高强度的体力劳动和剧烈的运动——这是自然原始状态下的人才有的饮食方式。

库克的记录证实了在华英籍侨民对他们心目中的“英式饮食”的偏好和坚持。万里之外的故国，同胞们在饮食方式上已然发生了变化，但海外侨民们依旧保持着他们离乡前的饮食记忆。库克在书中就提到了当时英国国内饮食内容的巨变：在伦敦，“人们所从事的职业不再允许他们‘像个猎户一样’粗糙地对付饮食。现代

① Dennys et al., *The Treaty Ports of China and Japan*, p. 392.

文明已经悄然占领了厨房这块阵地”。这种精致饮食的观念构成了英国国内正在浮出历史地平线的、对于文明社会的新兴想象。然而远在上海等地的海外侨民,却成为这种正在成型的观念中的不和谐因素,由此才有了“英国主妇们的抱怨:‘长途旅行和俱乐部让男人们举止粗野’”。库克进而附和主妇们的观点说:在大量的在华英籍侨民群体中,这种正在英国本土出现的新式文明饮食准则却毫无萌发的迹象,“在这里,中国人所见、所闻、所被传授的,都是最要命的英式烹饪法。在香港和上海,英籍侨民夏日里的晚餐桌,简直是令人沮丧的糟糕食物的大观:盘子里的肉都是当天现杀现宰的,其冰冷僵硬的程度,能让食客充分领略到死亡曾如何折磨过这可怜的小东西”。① 这种“最要命的”西式烹饪法的确让很多中国人望而却步,但总有人勇于尝试新的食材和饮食方式,并最终让它们成了上海都市生活的新要素。 104

越 界

中国人一直试图提高租界行政机构和社会团体对华民的包容度,从而弱化社会和文化生活中的边界感。面对来自中国人的这种吁求,西方人尚且还能抵制,处处将华民排斥在自己的疆界以外。可在饮食一事上,界线两侧的世界就远非泾渭分明了。尽管沪上的外籍居民总是不遗余力地要划清自己的文化边界,都市里的中国人却总能无孔不入地越界,甚至借“饮食”这个题目趁机打通外国人已然设立好的壁垒。光顾西人经营的百货零售店,是中国人众多越界方法中十分重要的一种。这些百货商店在外国

① George Wingrove Cooke, *China*, p. 236.

人来沪定居的最早期就出现了。毕竟,要在上海重现西方饮食的风采,日用百货是不可或缺的关键要素。1843 年,一位名叫爱德华·霍尔(Edward Hall)的面包师在南京路和四川路的交叉口开设了一家百货店,并以自己的名字为其命名,中文称“福利洋行”。福利洋行开门迎客的第二年,另一家名为“隆泰”(P. F. Richards & Co.)的百货商店在同一条大街、一两个街区开外的地方也开张了。后者在 1851 年 7 月 25 日《北华捷报》(*North-China Herald*)上刊登的一则广告向我们显示:当时的隆泰洋行有着丰富的英国食品库存,包括橘子酱、切达奶酪、上等斯提耳顿奶酪、上等芥末酱、燕麦片、可可糊、香柠檬油、法国橄榄和土耳其无花果,等等。① 20 年后,当麦华陀回顾租界生活的情形时,他提道:“有些外国商店专门贩售各种美味食材,货品琳琅满目。为它们提供货源的是福南梅森(Fortnum & Mason)以及克罗斯和布莱克威尔(Cross & Blackwell)这样的英国知名大型食品经销商。”在上海,进口红酒和啤酒的供应十分充足,以至于“高档红酒成了餐桌上的标配,各类麦芽酒更是应有尽有”。麦华陀最后总结道:“如果只聚焦物质生活这个侧面,那么身在上海的外国商人的餐桌,绝不比他身在祖国的富裕同胞们的来得逊色。”②

至于中国人是从何时开始光顾这些西洋百货商店的,史料中并未有过明确记载,但可以确定的是:中国人很珍爱这些洋货商店,因为只有在那里,他们才能找到寻常商店难得一见的新奇玩意、时尚衣饰以及外洋物产。中国人购买这些货品,主要是拿来作为体面的礼物馈赠亲友,从而积累自己的文化资本。在《沪游

① 转引自胡远杰:《福州路文化街》,第 307—315 页。

② Medhurst, *The Foreigner in Far Cathay*, pp. 25 - 26.

杂记》中,作者葛元煦便对租界里贩售的“荷兰水”和“柠檬水”颇感新奇可喜。他向读者解释道:这两种夏日里的消暑饮品是“以机器灌水与气入瓶中”。由于瓶内压力大,人们开瓶饮用时往往“其塞爆出”,葛氏于是特意提醒读者诸君,尝鲜时要慎防这小小的爆炸“弹中面目”。① 洋场上的买办和名妓,是这些洋货店的常客,因为这二者多少都要靠着与“西洋”之间的关联,方能在这座都市里站定脚跟,扬名立万。② 借着“洋货”的名头,这些百货商店里的食品往往自带文化光环,从而成为馈赠亲友的上上佳品。从晚清狎邪小说《海上花列传》中我们多少能够看出:对于当时的不少中国人而言,外国货比中国土产的水果之类更显体面,更适合作为赠礼。如此才有了这样的情节:当赵朴斋摸不清贵公子史天然究竟是否有意要娶妹妹二宝时,赵母果断决定不再用水蜜桃和荔枝之类的土特产向史公子试探,而是不惜血本“往福利洋行,将外国糖、饼干、水果,各色买些”,务要赢得史公子的好感。③

105

外国人经营的菜园果圃,是沪上华人邂逅西方饮食文化的另一条途径。起初,沪上西人耕种这些园圃,主要是为了从食品来源上进行质量把控,因为饮食安全问题一直是困扰着沪上外国居民的头等大事。在上海,西人几乎找不到足够清洁的饮用水,且不说感染痢疾如同家常便饭,哪怕霍乱这样的大疫病,似乎也是随时都有可能爆发的。外国人不是不承认,中国市场上售卖的一部分食物的确是很安全的,但这并不能阻止他们对很多其他的食品感到忧虑。正如《中国和日本的通商口岸》一书中所解释的那

---

① 葛元煦:《沪游杂记》,第 40 页。

② 有关妓女群体对西洋百货的消费,参见 Catherine Yeh, *Shanghai Love*, pp. 34 - 51。

③ 韩邦庆:《海上花列传》,第 315、317 页。

样:“上海市面上售卖的羊肉等肉类食品质量上乘,享誉海内。但在肉类以外的其他方面,上海人的餐桌实在不能不令见者攒眉蹙额。当地人用粪肥直接浇灌蔬菜,如此栽培出的东西怎能让人安心食用。”[1]起初,沪上西人试图通过经营自家后院的菜园果圃来解决这个问题。一位游遍上海的西方旅行者在造访了美国医生霍尔的家后,就对其后院那片“宽敞而美丽的花园”赞不绝口,欣喜而如释重负地强调道:“在那里,霍尔医生种植了大量的蔬菜和花卉。”[2]后来,外国人开始在沪城北面人烟稀少的宽阔土地上大面积种植蔬菜。王韬就曾游访这些园圃,并在1870年出版的《瀛壖杂志》中描绘了他在那里目睹的一些新奇可观的作物:

> 北郭外,多西人菜圃。有一种不识其名,形如油菜,而叶差巨,青翠可人,脆嫩异常。冬时以沸水漉之,入以醯酱,即可食,味颇甘美。[3]

106

显然,西人甫将这些蔬菜引入上海之时,王韬这样的中国人就已经注意到了它们的存在,并踊跃尝鲜。与王氏相识的李壬叔更是“酷嗜”这种蔬菜,认为它是“异方清品,非肉食者所能领略也”。李氏的这段评述尤其值得注意,因为它似乎昭示着:即便是在西方食物传入上海的最早期,中国人对自己品鉴西方饮食文化的能力已经非常自信,甚至自认远超那些嗜肉如命的西方人。[4]

---

① 即便是对中国市场持更加宽容态度的外国人,同样认为中国市场不足以满足他们的日常饮食需求。麦华陀就认为:“当地市场能供应充足的鱼、红肉、白肉以及蔬菜。而外国人自己苦心经营的家禽农场、猪舍、奶厂以及自家后院的果圃菜园则为他们提供了堪称奢侈品的高质量食物——这是从中国人那里买不到的。”(Medhurst, *The Foreigner in Far Cathay*, pp. 25–26.)

② B. L. Ball, *Rambles in Eastern Asia*, p. 226.

③ 王韬:《瀛壖杂志》,第18页。

④ 王韬:《瀛壖杂志》,第18页。

王氏的记录还有另一点值得讨论的地方:对于像他这样的一个江苏籍文人而言,“异域”食物似乎并不总是专指西方饮食(或者换句话说,“西方的”也不一定就不能成为“本土的”);有时广东饮食也会被认为是“异域的”——蕹菜(一种半水生热带植物,可作为叶菜食用)便是一例。王氏认为,“蕹菜一种,亦来自异域,茎肥叶嫩,以肉缕拌食,别有风味。每岁发芽于夏,至秋则老。按蕹菜见晋嵇含《南方草木状》,盖岭表物也”。①

正如本书在第一章已经介绍过的那样,《南方草木状》是一部记录广东、广西、云南等地植物的专著,相传其作者嵇含为铚县(位于今安徽省境内)人,公元 4 世纪早期,他曾在中国南北各地担任过若干官职。② 上文所谓“岭表”即指五岭地区,其北面在今湖南与江西两省的交界处,南面即是两广构成的岭南地区。王氏认为岭表的蕹菜“亦来自异域”,这种论述一方面更佐证了本书前面已经提到的一种观点,即早在“广州体系”时期,西人已经接纳了岭南地区特产的一些蔬菜和热带水果,并将其融入了自己的日常餐饮中。另一方面,最起码在王氏个人的观点看来,南中国地区的特产与西方饮食一道,都算“异域”食物。换言之,在晋代的嵇含写下《南方草木状》的 15 个世纪之后,被其视为“南方之奇蔬也”的蕹菜依旧是江浙籍文人王氏眼中“异域殊方”的代名词。③

沪上西人的居所与工作地是中国人接触西方饮食的又一条途径。富裕洋商和他们的家人从不自己下厨,这“通常就意味着

---

① 王韬:《瀛壖杂志》,第 18 页。

② Hui-Lin Li (李惠林), *Nan-fang ts'ao-mu chuang*, pp. 8 - 9.

③ Hui-Lin Li, *Nan-fang ts'ao-mu chuang*, p. 71. 同王氏一样,李惠林亦祖籍江苏,他还先后在燕京大学和哈佛大学(1942 年获博士学位)学习过生物学。在李惠林的著作中,“蕹菜”被译为“中国菠菜”(Chinese spinach)。这种翻译选择似乎表明:在王韬之后的一个世纪中,中西文化在饮食上的分界线已经愈加清晰明朗。

(他们)需要训练中国厨子仿制熟悉的家乡味道”。① 但对于这些富裕阶层而言,中国厨师在家内空间的出现,并不一定就意味着那道由侨民们苦苦坚守着的、环绕着他们文化舒适区的防线,就此被突破了。相反,许多西人“虽然在中国度过了漫长的岁月,但他们对于餐桌上的各色食物没有半点抱怨,因为这些菜肴从烹饪风格到制作方法,都令他们倍感亲切。至于为其完成这一切的中国大厨,他们则自始至终连个照面都不用打”。② 不仅如此,在洋商经营的公司里,人们对建筑的布局规划格外留意,务要“在建筑主体后方设置独立的厨房间和佣人的活动区域,使之与办公区域分隔开来”。但对于沪上的外国单身汉和普通人家而言,情况就不一样了:他们不但没法坚守这道中西文化之间的防线,甚至还不得不连带着逾越一道新的边界,就像戴义思观察到的那样:“身在中国的年轻单身汉们需要掌握多种技能,其中一项就是持家。之所以这么说,并非因为这些小伙子对这项极其女性化的技能感到了什么特别的兴趣,而仅仅是因为他不得不身体力行,学习操持家务。在上海这个通商口岸,几乎所有的女性都是名花有主的……单身汉们则不得不将家务全权委托给男仆们,甚至还要亲自出马,对付生活中的各种鸡毛蒜皮。”③

至于这些中国大厨和仆欧是否也与沪上的英籍居民一样,小心翼翼地坚守着某种文化边界而不越雷池半步,这是我们无从知晓的了。但很明显,他们被西人提供的各种工作机会深深吸引。麦华陀曾这样描述沪上西人家后厨里的中国人:

① Robert Bickers, *Britain in China*, p. 102.

② Medhurst, *The Foreigner in Far Cathay*, p. 28.

③ Charles Dyce, *Personal Reminiscences*, p. 200.

> 厨房里……有一位主事，他手下一般还有两到四位帮厨。多数情况下，帮厨们才是真正的操刀者……事实上，一位技艺高超的大厨，往往会同时供职于五六户人家，并从每户人家那里都拿一份薪水，而每一位雇主也都庆幸自己找到了一位真正懂行的厨艺大师。可事实是：这位大师自始至终只干了一件事，那就是训练手下的帮厨和学徒，让他们为自己代劳。随着时间的推移，帮厨和学徒渐渐出师，成长为新一代的主厨，他们烹饪时的技法风格，则自然而然是循着最上乘的英式或法式烹饪路数来的。我在中国时，就颇见过一些家庭餐会和晚宴，其规格水准之高，是很让主人家脸上有光的。①

后来，沪上涌现的华资西餐馆也正是因循着引文中提到的这种学徒制，在中国人中培养出一代代技术过硬的西餐大厨。②

除此之外，随着中国人开始接触租界内西人经营的餐馆，这些地方也成了他们邂逅西方饮食文化的重要场所。虽然小刀会起义爆发后，大量的中国人就已经涌入了租界，可彼时的上海还没有出现西人经营的餐馆，华人也就无从通过餐馆了解西餐文化。后来，当西方人刚刚开始在上海的餐饮业崭露头角时，沪上的中国人便立刻注意到了这种新式饭馆。渐渐地，人们对于什么是西餐馆、西菜又为何物等问题，都形成了自己的观念和认识。礼查饭店（Richard's，坐落于苏州河与黄浦江交界处的威尔斯桥［Wills Bridge］北堍）附带的西餐厅，以及四美司酒栈（Smith's Bar，由礼查饭店的一位前雇员创办，位于广东路11号，后于

① Medhurst, *The Foreigner in Far Cathay*, pp. 28–29.

② "番馆蜚声"，《游戏报》第619号(1899)，第3版。

108

1872 年 10 月迁至四马路)，均在上海最早出现的西餐厅之列。[1] 葛元煦的指南书《沪游杂记》中有若干则对沪上西餐馆的介绍，可以算是中国人对西餐馆最早的记录之一。书中所谓“外国菜馆”，很可能指的就是上述这几家馆子。

> 外国菜馆为西人宴会之所，开设外虹口等处，抛球打牌皆可随意为之。大餐必集数人，先期预定，每人洋银三枚。便食随时，不拘人数，每人洋银一枚。酒价皆另给。大餐食品多取专味，以烧羊肉、各色点心为佳，华人间亦往食焉。[2]

在葛氏看来，这些外国菜馆既承办大型宴会，也接待散客便饭；既兜售餐食，也提供娱乐。如此观之，外国菜馆在经营形式上与中国地方风味餐馆并无太大的区别。而真正能让它们从沪上众多餐馆中脱颖而出的，还在于外国菜馆所提供的食品本身别具风味。

不独葛氏十分享受在外国菜馆进餐的体验，这些菜馆“多取专味”的菜品和独具一格的烹饪方式，都让西餐成了沪上中国人眼中的“大菜”。“大菜”一词，起初是一小群最早接触西餐的中国人为这种餐食取的别号。他们是在洋泾浜以北的“外国堂子”(即收容外国妓女的妓院，这些妓院最初的服务人群主要是外国水手，但偶尔也有中国人前去消费)里见识到这种餐食的。其主菜通常是一大块冷肉，“非用刀叉不能分割取食”，于是这群人便用“大菜”一词，客观概括了西餐的主要特征。[3] 可在后来的传播

① 胡远杰：《福州路文化街》，第 318 页。
② 葛元煦：《沪游杂记》，第 30 页。
③ Catherine Yeh, *Shanghai Love*, p. 121.

图 3.1　一品香携友吃大菜

资料来源:香国头陀《申江名胜图说》(上海:管可寿斋,1884)。感谢哥伦比亚大学 C. V. 斯塔尔东亚图书馆(C. V. Starr East Asian Library, Columbia University)提供的文献资料。

与流变中,“大菜”逐渐成为“上流菜品”的代名词,与寻常的中式“小菜”形成对比,更观照出在沦为半殖民地的上海,中国人心中普遍感受到的一种难以纾解的自卑情结。① 可无论人们对该词的用法如何变化,包括图像在内的多种晚清文献都表明:“大菜”一词,起初不过是人们对西餐特征的直白描述。

1884 年出版的《申江名胜图说》曾以图文并茂的形式,介绍了当时沪上最负盛名的一家中资西餐馆——一品香(见图 3.1);该文献可以作为“大菜”一词之缘起的绝好例证。由于该图是从中国人视角描述中资西餐馆(而非西人自己出资经营的西餐馆)中的景象,因此图画内容既能表现华人餐馆经营者如何模仿西餐厅里的菜品,又能展现中国人对这些菜品所持的态度。与插图相配套的解说性文字开篇即谈道:“西人饮馔,俗呼‘大餐’,亦称‘大菜’,大约以专味为贵。如牛排、猪排、烤鸡、烤羊肉之类,触鼻腥臊,几至不堪向迩。”②配图中是两位有点摸不清状况的客人:其中一位一手持肉,悬停空中,另一手持刀,正努力试图切下一片肉来享用。他们面前的桌上有两支红酒杯及若干碗盏,但二人面前都没放餐盘。似乎对他们而言,这一大块肉本就该在空中切,从手中吃。很显然,此时的中国人对西方饮食文化已经不再无知无

110

① 从 20 世纪中叶回顾这段历史,常年居住沪上的陈定山(1897—1987)回忆道:“上海人叫西餐不叫西餐,叫‘大菜’。洋场居民从前有些自卑感,对于外国东西都要替他加上一个大字。”见陈定山:《春申旧闻》,第 189 页。在西餐进入上海的早期,中国人对租界的看法还不那么消极。彼时,人们提到“大菜”,主要还是客观描述其量“大”。而直到 20 世纪初期,“大菜”一词附加了感情色彩的用法才出现。这一时期的中国人开始感到,比起中餐,西餐对于都市人的生活越来越重要。于是,中餐成了人们口中的“小菜”,而西餐成了名副其实的“大菜”。这种观点可参见“小大菜间”,《游戏报》第 1774 期,第 2 版。直到进入 20 世纪,西方餐饮才终于被正名为“西餐”,但这一新称谓在当时还不为大多数人所熟悉,总是需要加以解释。1909 年出版的《上海指南》里就有这样一段话:“西式菜:番菜,亦称大菜。”(8.6a)

② 香国头陀:《申江名胜图说》,38a。

识,但有时他们依旧不甚明白该如何理解这些异域菜品,更不必说该如何正确地享用它。

《申江名胜图说》对于西餐的图文介绍,与该书对苏州餐馆聚丰园的描述,简直有着天壤之别(见图3.2)。在介绍聚丰园的插图中,三位男性客人正享受着两位名妓的周到服务:一位弹奏琵琶,另一位则为客人奉上烟枪——这两样物件都是当时闲情雅趣的象征,与一品香配图中客人费力挥舞的餐刀形成强烈反差。两幅插图已然呈现出鲜明对比,图后的配文又将这种对比推向新的高度,在有关聚丰园的配文中,作者罗列出该餐馆最值得称道的菜品:鸭臛、羊羹、猩唇、象脑。如果说西餐的特色就是大块的肉——分量实在、制法朴实、毫不做作,那么苏州菜则要么是以"慢工出细活"的功夫对普通食材精雕细琢,要么就是将世间罕有、价格不菲的珍奇食材烹制成玉馔珍馐。二者孰高孰下,已是一目了然。

番菜馆的兴起与牛肉的"臭"

不同于葛元煦笔下西人经营的"外国菜馆",一品香这样的西餐馆是中国人自己经营管理的,光顾其生意的也大都是中国食客。1876年葛氏写作《沪游杂记》时,上海还没有中国人自己经营的西餐厅,但在黄式权1883年编写的《淞南梦影录》中有了这样的记载:"近日所开一家春、一品香等番菜店,其装饰之华丽,伺应之周到,几欲驾苏馆、津馆而上之。"[①]由此可见,这种被黄氏称为"番菜馆"的中资西餐馆,是在19世纪的最后20年才在上海滩

① 黄式权:《淞南梦影录》,第132页。

图 3.2 聚丰园买醉拥名花

资料来源:香国头陀《申江名胜图说》(上海:管可寿斋,1884)。感谢哥伦比亚大学 C. V. 斯塔尔东亚图书馆(C. V. Starr East Asian Library, Columbia University)提供的文献资料。

上繁荣起来的，且他们甫一出现，便给国人留下了深刻印象。其中，一品香是沪上最为人称道的番菜馆之一。尽管我们并不清楚，它是否是这座都市中的第一家中资西餐馆，但史料普遍认为，正是一品香首创性地对西餐的烹饪法进行了“改良”，以更好地迎合中国食客的口味。① 据说，1880 年代中期，沪上类似一品香这样的饭店共有 10 家，但 10 年后它们的数量就翻了一番。

在 19 世纪与 20 世纪之交昙花一现的小报《游戏报》刊登过数百则番菜馆广告，这使得番菜馆成了当时沪上宣传力度最大的行业之一。这些广告大都或宣称该店才经过一番精心装修，或刚刚兼并了邻近的某家商铺，扩张了门面，此番是重新开门迎客。② 它们用着几乎千篇一律的辞藻，鼓吹着店内如何“陈设雅洁”，厨师如何能够做到“各国大菜巧造”，西崽茶房又怎样地“伺候周到”。显然，番菜馆生涯鼎盛，宾客盈门，许多餐厅的扩张速度远远无法满足庞大客户群的需求，无怪一位点评家会将番菜馆内的拥挤情形与上海滩上“寸土寸金”的现实做一番类比。③

112

今天的研究者们对于番菜馆的经营者所知有限，但从各种迹象看，这一行业主要被广东籍商人把持。一些馆子（如杏花楼）就

① 一篇研究四马路（福州路）历史沿革的文献认为，一品香是 1879 年 6 月在福州路 22 号开业的，但我们尚不清楚这种说法的依据是什么（参见胡远杰：《福州路文化街》，第 318 页）。叶晓青则沿用了陈定山（《春申旧闻》，第 191 页）的说法，认为沪上的第一家中资西餐馆是万家春，一品香则是后起之秀（《点石斋画报》，第 109 页，注释 151）。但陈氏的这一说法并不足以了结这段公案，因为陈氏所说的一品香开在西藏路上，而那是一品香后来搬迁的地址。换言之，该店首次诞生的时间应该是早于西藏路上的店面开门营业的时间的。当然，那些认定一品香就是沪上首家中资西餐馆的作者，或许也仅仅是受了该店名气的误导。出版于 1906 年的游记《绘图游历上海杂记》中就有这样的记载：“中国番菜馆，始于一品香，开设于四马路。”（7. 10a—b）

② 同许多当时番菜馆的情形类似，杏花春和万长春这两家餐厅在 1897—1902 年间，几乎每三天必在《游戏报》上刊登一则广告。

③《番馆初开》，《游戏报》第 783 号 (1899)，第 2 版。

兼制粤菜和西菜,另一些馆子则大大方方将"广东"这一地域元素体现在它们的招牌里。岭南楼便是一例,其字号中的"岭南"即指五岭以南的两广地区。供职于番菜馆的大厨也有许多是从香港来沪的,餐馆往往将他们作为"活招牌",在广告中大力宣传。①更不用说上海指南书的作者们,也普遍将沪上番菜馆与广东籍移民加以关联。②

其实,"番菜馆"这个词本身就与广东有关。"菜馆"的含义无需赘言,"番"字则有着更加复杂的来历。如魏根深(Endymion Wilkinson)所指出的那样,"番"字自周朝起"便用以表示'外来的'或'封地的'的意思",其书写方法"也有若干不同形式,如'蕃'(有'茂盛、繁多'之意)、'番'(有'外来、野蛮'之意)、'藩'(有'保卫、封地'之意)"。③ 当作"外来"讲时,"番"是中国人指称外国人时最常用的 6 个字眼之一,其余 5 个分别为"夷""戎""狄""蛮"(这四者合起来即所谓"四夷"),以及"胡"。及至清代,这 6 个字中唯有"胡""蛮""夷""番"4 个字还较常见,它们各自指代一个特定的地理区域以及居住在该地域内的人群。"胡"通常指中国北方的民族,包括契丹族、女真族、党项族、蒙古族,甚至是后来入主中原的满族,等等。对于中原地区的人们而言,这些民族往往使人联想起历史上的暴力冲突与武装征服。"蛮"则指南方的少数民族,这些民族在历史上鲜少对中原地区构成军事威胁。帝国晚期中文语境中的所谓"夷",在英语中常常被直接翻译为"野蛮人"(barbarian)。这个字往往用来称呼那些虽然微不足道,但毕

① 参见金谷春刊登在《游戏报》第 1047 号第 9 版上的广告。

② 池志澄:《沪游梦影》,第 158 页。

③ Endymion Wilkinson(魏根深), *Chinese History*, p. 725. John King Fairbank(费正清), *The Chinese World Order*, pp. 9 - 10.

113

竟为中央政府所承认、拥有一定自治权的政体，例如日本（东夷）和英国（英夷）。至于“番”这个字，据一些文献称，是在感情色彩上较前述几个字眼最为中立的一种表述，它不仅可以被用来指代南方的诸多民族（甚至包括那些被划归为“蛮”的民族），也可以被用来称呼那些从中国南部海岸登陆并在南方定居下来的海外商人，例如沪上的西洋人。最早被中国人称为“番”的，是来自阿拉伯、波斯以及非洲的商贾，人们称之为“蕃客”或“蕃民”，他们聚居的地方则被称为“蕃坊”或“蕃巷”。在唐代，这些“蕃坊”主要集中在广州，而宋元时期其中心转移到泉州。但直到19世纪，中国人还没有将“番”的名号加诸欧洲和北美人身上；明代和清初期，人们更习惯于称这些人为“西洋人”，即“西方海洋（或大西洋）上来的人”。① 不过，到了19世纪早期，人们不但开始用“番”这个字眼指称定居于南中国一带的欧美人，甚至就连从南方进入中国的食物，也一并获得了“番”的称号，例如“番茄”（西红柿），就是中国人送给“番邦茄子”的别称。事实上，各种带着“番”字的称谓也标明了某种商品是从何处引进的，正如人们将从北方引入中原的物产标示为“胡”，从而有了“胡椒”之谓。

然而，什么样的菜堪称“番菜”——是“外国人的菜”还是“野蛮人的菜”？上文虽然已经厘清了“番”字的来历，但这并不等于就回答了“番菜”的问题，因为这个词的含义比上文的讨论更为复杂。刘禾（Lydia Liu）新近发表的对“夷”字的研究，或许能够为我们回答眼前的问题提供一点思路。目前英语世界通行的译法，是将“夷”译为贬义词“barbarian”（野蛮的）。刘禾认为，该译法存在很大的问题：这种自19世纪中叶起就在英语世界流传开来并

① Endymion Wilkinson, *Chinese History*, p. 729.

广为人们所接受的译法，其实并没有抓住“夷”字在中国语境中真正的意义。相反，“夷—barbarian”的翻译所传递出的，其实更多的是英国人自己的焦虑，因为他们不愿在与清廷的交涉中被当作未开化的野蛮民族而受到歧视。① 那么，同样的论证对于“番”字也成立吗？就以“番”字在英语世界中最广为人知的搭配——“番鬼”一词为例：今天英语世界的通行译法，是将“番鬼”译为“foreign devil”（外国魔鬼）。但一则书写于鸦片战争前夕的英文文献解释道：“番鬼”一词“从字面上解释，就是‘barbarian wanderer’（蛮邦的漂泊者），亦可理解为‘outlandish demon’（异状殊形的魔鬼）”。② 那么，“番菜馆”到底应该被翻译为“foreign cuisine restaurant”（卖外国菜的饭馆），还是“barbarian cuisine restaurant”（卖野蛮人饮食的饭馆），甚至是“outlandish cuisine restaurant”（卖奇形怪状菜品的饭馆）呢？当然不要忘了，这里“outlandish”一词可以说是兼有“异域殊方”的中性含义、“殊形骇状”的讽刺意味，甚至是“尚未开化”的贬义色彩。③

一方面，正如刘禾对“夷”的中性感情色彩做的详尽分析所呈现的那样，广东方言中带“番”字的许多词语——如“番枧”（肥皂）——和普通话里“番茄”这样的词语类似，似乎“番”在其中只起到中性的描述作用。④ 另一方面，刘禾用一本出版于 19 世纪早期的英文写就的广东方言词典厘清了“夷”字的许多中性意义，而同一本方言词典在解释“夷人”的用法时更是明确指出，“夷人”是比“番人”一词“更为尊重的说法”。换言之，“番人”是二者中更

114

① Lydia Liu, *The Clash of Empires*, pp. 40 – 46.

② C. Toogood Downing（唐宁）, *The Fan-Qui in China*, vol. 1, v.

③ “Outlandish”, *Oxford English Dictionary*.

④ Robert Morrison（马礼逊）, *Vocabulary of the Canton Dialect*, np.

具贬义的词语。[1] 在中文语境下，人们用"番"指代那些之前被称为"蛮"的民族，这进一步印证了"番"字的贬义色彩。在更为广阔的语境中，"番"字则往往出现在描述文化归化进程的叙事中："生番""熟番"在旧时就被用来表述非汉民族被汉文化价值观同化的程度。[2] "生""熟"二字与烹饪相关，而烹饪是一种针对原材料进行加工的文化行为，因此比起食物本身，烹饪别有更为深刻的文化意涵。不过很明显，虽然英国人和其他的"蛮"在中国人眼中都属于"番"，但二者绝不相同——中国人从没指望过前者有朝一日能够被"化生为熟"。"夷"字与文化归化企图的不相干以及它的中性含义，解释了为什么在1858年以前，清廷的官方文件中一直称呼英国人为"夷"。但毫无疑问，自1858年清廷在西方的强烈要求下禁用了"夷"字之后，"番"字有了更大的可能去取代"夷"字留下的真空地带，成为人们指代外国人的新名词。在上海这样一个四通八达的都会，人们不会不晓得这道禁"夷"令。不过即便在这里，"番"字真正和外国人产生关联，似乎还是在1870年代末到1880年代初，广东籍商人掀起一道番菜馆热潮之后的事。读者只需要回想一下：在沪上出现粤资番菜馆以前，葛元煦在描述外国人开办的西餐厅时，仅仅使用了"外国饭店"这么一个直白明了的词。

综上所述，似乎并没有这么一个万全的办法，能够用英语明确而完整地表达"番"字的各种含义。但如果我们能够接受这种困境存在的事实，抵御一定要为中文的"番"字寻一个完美译法的冲动（刘禾对于"夷"字的翻译也发出了同样的倡议），那么我们或许反而能够更好地理解：沪上番菜馆的华人顾客们，是如何带着

---

① Robert Morrison, *A Dictionary of the Chinese Language* (1815), cited in Lydia Liu, *The Clash of Empires*, p. 41.

② John Robert Shepherd(邵式柏), *Statecraft and Political Economy*, pp. 362 - 394.

对“番菜”的矛盾情感,勇敢而踊跃地进行了各种尝试和实践。尽管“番菜”不一定带着贬义,但这个表述的确有着些许比“异域殊方”更加“古怪骇人”的色彩,甚至还可能暗示着这里有一些“尚未开化”的东西——虽然这怪异之中,有时也颇有几分情趣与风味。

“番”字所携带的复杂多元的情绪,在中国人对西餐的评价中可以算是体现得淋漓尽致了。对于大多数中国人而言,西餐散发出的味道简直令人无法靠近——说得客气一点是让人没胃口,讲得难听一点,简直就是令人作呕。黄式权就曾点评道:“西人肴馔,俱就火上烤熟,牛羊鸡鸭之类,非酸辣即腥膻。”对于黄氏这样的中国文化精英而言,西餐的缺陷主要来自这么几个方面:首先,肉食是西餐绝对的主角,在一餐饭中所占的比例过大。其次,比比例失调更可怕的是,西式烹饪法并没能将生肉以正确的方法烤熟。黄氏提到的西餐之“腥”,指的是刚刚宰杀的动物所自带的一股不甚好闻的“肉味”。这股味道是中国厨师用料酒、葱姜等佐料务要去除的(即中式烹饪法中所谓的“去腥”),但西餐大厨没有在这一点上格外留心。最后,西餐对食材的选择,也令中国人望而却步:鸡鸭还算中餐烹饪中较常用的食材,但羊肉就比较少见了——这在黄氏的家乡江苏尤其如此。上述引文中的“膻”,其本义就是“羊肉的气味”,而羊肉是生活在北方草原上的游牧民族的重要食物,因此“膻”在历史上也是与这些地区的非汉民族饮食文化相联系的。可在黄氏的时代,似乎这股“膻气”不仅让中国北方的疆界失守,更是从南方侵入华夏大地了。①

令人倍感沮丧的是,即便在一些中国人经营管理的西餐馆

115

① 罗芙芸(Ruth Rogaski)注意到,中国北方的通商口岸城市天津也存在这么一条类似的“嗅觉边界”。具体内容参见其研究 *Hygienic Modernity*, p. 84。

中，这股腥膻之气也没有完全消失，中国食客因此根本没法大快朵颐。正如黄氏在他的记录里写的那样："裙屐少年，往往异味争尝，津津乐道，余则掩鼻不遑矣。"由此可见，在一些食客眼中，尝试散发着"异味"的西餐不仅是勇于尝鲜的表现，还能成为众人炫耀攀比的资本，甚至更带来高人一等的优越感。这一点在《申江名胜图说》有关一品香的记述中得到了更加充分直白的体现：尽管在图画部分，画家着力表现人们在西餐厅内使用刀叉进餐的特色，但文字部分则将读者的注意力导向那些不大容易以绘图描摹的方面——西餐的味道："（西人饮馔）大约以专味为贵。如牛排、猪排、烤鸡、烤羊肉之类，触鼻腥臊，几至不堪向迩。"这里，西餐不仅具有现宰生肉的扑鼻"腥"味，更兼活物体液中自带的逼人"臊"气。值得注意的是，这种腥臊之气正是令一些食客趋之若鹜的原因，正如这位作者紧接着就写道的那样："慕膻之辈，尤复甘之若饴。"不过他末了还是补充了一句："予则一脔初尝，已如君谟之食蟛蜞，不禁作恶欲呕矣。"①

但在番菜馆提供的两种腥膻之物中，牛肉引起的问题和忧虑比羊肉更甚。对于中国人而言，吃牛肉要克服的不仅仅是生理上的厌恶，还有情感和道德上的障碍。牛是农业社会中的宝贵生产力，因此也是中国人心中的重要伙伴。在中国的早期文献中，的确是有食用牛肉的记载的，但正如有学者指出的那样："牛是如此有用的动物，以至于历朝历代都会时不时颁布禁止屠牛的法令。"②在

---

① 这里用了蔡襄（1012—1067）的典故，蔡襄字君谟。

② 参见 Ying-shih Yü, "Han", p. 74。中国人食用牛肉的证据来自马王堆汉墓出土的上书有菜谱的竹简（K. C. Chang, "Ancient China", p. 58）。弗里德里克·西蒙（Frederick J. Simoons）对于中国牛肉禁忌的历史沿革做过一个简明扼要的总结（*Food in China*, pp. 303 - 305）。至于更加详尽的研究，参见 Vincent Goossaert（高万桑），*L'Interdit de Bœuf en Chine*，该研究的英文摘要参见 "The Beef Taboo and the Sacrificial Structure of Late Imperial Chinese Society", pp. 237 - 248。

唐代，随着佛教思想的传播和发展，朝廷的禁牛肉令下达得更加频繁，食用牛肉的现象更是急剧减少。[1] 中国人既有“善恶有报”的传统观念，又吸纳了“因缘业报”的佛教理论，于是将杀牛以饱口腹之欲的做法视为一桩极大的罪孽，而不吃牛肉则能积德积福。总之，对于禁吃牛肉一事，沪上中国人基本上就是这样理解其背后的逻辑缘由的。王韬便是一例：他将有关“牛肉之禁”的记载上溯到唐传奇小说集《宣室志》中的一则故事，故事中年轻的女主人公因为戒食牛肉而逃脱了一场灾祸。[2] 但在上海，即便在开埠之前，人们也没有严格执行这一戒律，西人的出现又明显地将食用牛肉的风气推向了新的高潮，甚至那些企图靠着屠牛贩肉获利的人，都借着这股东风变得明目张胆起来。不过，沪城的不少居民对这种饮食文化上的新动向深感忧虑，其中也包括王韬。他在笔记中这样写道：“沪人素不戒食牛，无赖子遍地宰屠，莫之能禁。自西人来此，食牛者愈多，明目张胆，陈于市肆，不为异也。”[3]

那么这种食用牛肉的新风和谴责者的呼声，究竟能说明西方饮食文化对该时期的上海饮食习惯产生了怎样的影响呢？叶晓青认为，禁食牛肉的做法，是“传统士绅阶级”价值观的遗存，而沪上食牛之风大盛，则反映出“以农为本的社会结构与传统观念信仰的式微”。这也解释了为何“19 世纪末的上海，吃牛肉已显得稀松平常，仿佛世道向来如此”[4]，而待到 20 世纪初，社会上几

---

① 迈克尔·弗里曼(Michael Freeman)注意到，在宋代，“没有饭馆或宴饮场所将牛肉明文列在菜单里”(“Sung”, p. 164)。研究元明时期历史的牟复礼也指出，“许多人都不吃牛肉，有些或许是受了佛教观念的影响，还有很多人则是感到牛羊肉气味难闻，不宜食用”(“Yüan and Ming”, p. 201)。

② 王韬：《瀛壖杂志》，第 23 页。

③ 原文此处的英文翻译，转引自 Ye Xiaoqing, *The Dianshizhai Pictorial*, p. 217。

④ Ye Xiaoqing, *The Dianshizhai Pictorial*, pp. 217 - 220.

乎已经听不到对于食用牛肉的谴责声。叶晓青提到的所谓“传统士绅”阶级，其实是一个非常宽泛的概念，它涵盖了当时社会上许多不同类型的群体——上文提到的文化名流王韬、《申报》（当时上海发行量最大的日报）的编辑记者、《点石斋画报》（当时上海最为流行的画报）旗下的写手和画家，以及职业作家和娱乐小报创始人李伯元等，都是这些群体中颇具代表性的面孔。最后一位尤其值得一提：在李伯元创作于20世纪初的讽刺小说《文明小史》中，他以犀利的笔锋，生动刻画了巧舌如簧之辈如何为上海滩上的食牛之风进行辩护。书中的一个角色为了要吃牛肉吃得心安理得，为自己狡辩道：“上海的牛肉，不比内地。内地的牛都是耕牛，替人出过力，再杀它吃它，自然有点不忍。至于上海外国人，专门把牛养肥了宰了吃，所以牛又叫作菜牛，吃了是不作孽的。”①

其实，这样一个群体已经不仅仅是“传统士绅”一词所能概括的了。这些各行各业的人一面对于“新上海”何去何从心怀疑虑，一面又有意识地去勾画、构建自己心目中的“新上海”——他们是这座城市形象的辛勤缔造者。对于他们中的一些人而言，尝试吃牛肉或许正是投身西式文化改革的一种积极姿态，而另一些人则对席卷上海的宰牛吃牛风潮颇感不安，更难以接受世人将上海定位为中国道德体系鞭长莫及的化外之地——无论这“鞭长莫及”仅仅是在象征的意义上而言，还是在实际的地理意义上来说。这后一种观点正是1885年《点石斋画报》上的一则题为“觳觫可怜”的图画所要极力表现的：画面中，一“乡人”牵着一头小牛，要往外国人在虹口设立的屠宰场进行宰杀。当这一人一牛行至租界边

① 原书此处英文翻译转引自 Ye Xiaoqing, *The Dianshizhai Pictorial*, p. 219。

117

表 3.2　岭南楼番菜馆菜单

汤	主菜	甜点
乳油汤	卷筒鱼	牛油布丁
水鸭汤	炸各色鱼	牛乳布丁
芦笋清牛汤	红烧鱼	杏仁布丁
芦笋鸡绒汤	黑菌烩鸡	香蕉布丁
水鱼汤	白菌烩鸡	佛兰地(白兰地)布丁
番茄汤	卷筒鸡	
杏仁汤	红酒烩鸭	
牛尾汤	毛菰烩白鸽	
鹅头汤	青豆绘白鸽	
牛乳汤	白烩鸽蛋	
鲍鱼汤	红烩鸽蛋	
波蛋汤	英腿鸽蛋	
鸽蛋汤	角尖牛排	
	烧牛肉	
	烩羊排	
	煎羊排	
	白烩虾圆	

资料来源:《上海指南》(上海:商务印书馆,1909)。

境的白大桥时,遭到了中国巡捕的阻拦和盘问。说话间,小牛竟忽然长跪不起,仿佛求人放生。画面上方的文字部分点评道:“大抵贪生怕死,物与人同,而况土牛,上应列星,代人耕种,其裨益于人事者不浅。无故而屠戮之,牛固不自主,牛何尝不自知也?”①

① 原书此处英文翻译转引自 Ye Xiaoqing, *The Dianshizhai Pictorial*, p. 217。

但在结尾处，点评家还是将严厉的指责转为委婉的规劝：倘若沪上众人能够坚守底线，上海就还是一个在道德生活上存有希望的城市。无论如何，人们对于吃牛肉所持的复杂情感至少对番菜馆的菜单产生了一定的影响——正如岭南楼的菜单所显示的那样：直到20世纪初，这家西餐厅都破天荒地没有让牛肉在各类菜品中唱主角，其所占比重甚至远不如其他肉类菜肴。

物质文化、名妓与驯化西方的努力

餐馆与食客们通力协作，一面最大限度地降低牛肉在菜单上的存在感，一面将牛羊肉的“腥臭”变成一种小众的时尚品味，种种努力终于共同成就了晚清的这股西餐热。但与这种新的餐饮方式同样（如果我们尚且不能说“更加”）重要的，是番菜馆所倡导起来的一种物质文化。历史的记录者们或许对番菜馆所提供的菜品褒贬不一，但他们无不对饭馆的室内装潢产生了深刻印象——让番菜馆与中国地方风味餐馆大相径庭的，也正是前者的这种审美格调。黄式权就不喜欢西餐，但这不妨碍他被这些菜馆“装饰华丽”的内部陈设所吸引；池志澄笔下的番菜馆，从建筑到餐具都“精致洁净，无过于斯”；某一本指南书强调番菜馆的“陈列雅洁”①，另一本则聚焦一品香，大赞其“刀叉件件如雪亮，楼房透凉，杯盘透光，洋花洋果都新样”②。作为最早使用电灯的中国商铺，番菜馆无疑是上海“蓬莱仙境”般绚丽影像的重要组成符号。

118

① 黄式权：《淞南梦影录》，第126页；池志澄：《沪游梦影》，第158页；《绘图游历上海杂记》，7.10a—b。
② 参见《海上游戏图说》，转引自 Ye Xiaoqing, *The Dianshizhai Pictorial*, p.61。

在有关番菜馆——特别是一品香——的图像记录中，作家和画家们总要格外突出这种新式物质文化的具体表征。久而久之，这些图像贡献了一系列独特的符号，成为人们心目中“西方物质文明”的核心象征。其实，有关一品香的早期图像，例如前文已经提到的《申江名胜图说》，并没有什么突出的符号元素在里面；番菜馆在这些文献中被呈现为一个中西文化之间模棱两可的所在。如果说有什么东西让番菜馆和人们更熟悉的中国馆子有所区别的话，那主要就是其食物的异域风味了。在《申江名胜图说》付梓的同年，《点石斋画报》上也出现了一幅图像，或许可以被视为人们探索沪上中西文化世界边界的又一次尝试。在这幅题为“得窥全豹”的插画中，只有画面右上角带着“番菜馆”三个大字的店招，再勉强算上天花板上悬垂下来的两盏保险洋灯，能够提示读者：该画面所展示的可不是某家中式餐馆的内景。除此之外，这幅插图的核心事件基本是由中国元素构成的：一群中国食客正围着餐厅正中的一只笼子观看里面的花豹。画面上方的文字解释道：一品香的店主时不时在店内展示珍禽异兽以飨顾客。之前已经展出过数条“巴蛇”(其图像就挂在画中豹笼后的墙壁上)，最近又购进一只豹子。[1] 店主豢养豹子的初衷，自然是“供人观玩”，但是文字部分对豹子的描述也表明这样一个事实：在该时期，即便是在番菜馆内，与西方文化的互动交流依旧是充满试探性的：

---

① 该店主很可能是受了法租界的一位外国商人的启发：这位洋商在自家的店内豢养了一只“脾气暴躁的马来亚虎”，虎啸声总是能吸引华人顾客将他的店门团团围住，见 George Wingrove Cooke, *China*, p. 221。

据云:豹生不过十阅月,而大已如猘犬,嗥声如豕,伏笼中。啖以生牛肉,顷刻尽数磅。厥性类猫,投以圆物,则玩弄不已。向人狰然狞然,小时了了已如此,宜乎雄威所至,足以震慑乎山君也——日报述见者之言如此。其幸而获观全体也,有非管中所窥、仅见一斑者,所可同年而语矣。①

119

很明显,这只豹子象征着西方,而中国人围着豹笼赏玩的情景,则喻示着与西方世界的一次十分克制的接触。豹子虽然尚未长成,但已经威风凛凛——正如当时的许多中国人眼中的西方世界一样。豹子嗜食牛肉,且生性勇猛,常常以游戏的形式锻炼自己的野性。(就像前文已经提到过的那样:戴义思注意到,在中国人眼中,英国人"之所以热衷于激烈的运动,或许就是为了消耗掉牛羊肉对身体带来的影响"。)面对中国人时,这只"豹子"不但板起面孔,甚至"狰然狞然"。如此,唯有将这只"豹子"关入笼中,并置于传统中国环境的包围与限制之下,这家番菜馆的主人方能请他的中国食客们安心惬意地一窥"全豹"——也就是见识见识所谓的"西方"。

在更晚些的图像出版物中,一品香里的中国食客渐渐学会了熟练而优雅地享受西餐,画家也对那些能够代表西式物质文化的元素给予浓墨重彩的表现。只要将1898年出版的《海上游戏图说》中描绘番菜馆一品香和苏州菜馆聚丰园的两幅图加以对比,那些代表西方的物质文化元素便跃然纸上。聚丰园的餐室(见图3.3)是以画面右边的巨大屏风和左侧的镂空木格花窗隔断出来的一个就餐空间;中式灯笼从屋顶悬垂下来,灯笼四壁则装饰性地绘着书法和国画里的常见题材。客人尚未入席,餐桌上已然摆

① 《点石斋画报》,丙集,37a。

好了杯盘碗盏及几碟开胃小菜,而茶壶茶碗备在宴会桌边的一个便桌上;圆桌和木椅也都是传统的中国样式。与此形成鲜明对比的是,书中对一品香的描绘(见图 3.4):一品香的餐室是典型的维多利亚风格,光洁的墙壁正衬托出屋内各种“雪亮”“透光”的器具。本该悬中式灯笼的地方,一品香挂了一盏保险汽灯,弯曲的枝形金属灯架上安装着一只只玻璃灯泡。画面左侧的墙壁下方打造成了西式的壁炉样式,壁炉架的台面上,则装饰性地摆设了一只欧式钟表、几只瓶瓶罐罐以及插瓶鲜花。画面的另一侧,一盏落地大窗装饰华美,窗外的露台清晰可见。餐桌边缘虽然呈现出一定的弧度,但总体上是方形的,这样一来,桌边的客人们也就能两两相对而坐。桌子的木腿上被车出球状的花纹,桌面上则覆盖着桌布,椅子也都有软垫。每位食客面前均陈列着刀叉以及各自的一份食物。由于历史上并没有留下一张一品香内部的实景照片,我们很难确定这幅图是否忠实于实际情况。但可以确定的是,这幅图表现出的就是人们对沪上西餐的代表性想象。其实,《海上游戏图说》里的这幅有关一品香的画作,是照着更早前《点石斋画报》里的一幅图画稍加改动而来的。后者的作者是吴友如,画面描述了一群名妓享受西餐的场面(见图 3.5)。这幅较早的画作并未声称画中的场景就发生在一品香,但是将两幅画放在一起稍加比较,我们就会发现画面中的主要元素几乎完全相同——就连壁炉架上的时钟都指着同一个点钟。[①] 不过,正如本章后面会讨论到的那样:这同一幅模板,后来也被用于表现西餐的坏处。

122

① 特别感谢德波拉·柯恩(Deborah Cohen)注意到这一细节。

图 3.3　聚丰园饭馆

120

资料来源:沪上游戏主《海上游戏图说》(上海,1898)。

121

图 3.4　一品香番菜馆

资料来源:沪上游戏主《海上游戏图说》(上海,1898)。

我们很难确切地知道，这种物质文化，连同承载着这种文化的番菜馆，是如何在上海滩上风靡一时的。这种装饰风格本身，似乎是从沪上西人经营的各种场所借鉴而来的：正如葛元煦在其对早期“外国酒店”的观察中所提到的那样，西人室内处处“陈设晶莹”。①

图 3.5　名妓吃西餐

资料来源：吴友如《吴友如画报》（初版出版于上海，1908；再版出版于上海：上海古籍书店，1983）。

123

但又是谁积极推动着这种审美风格，使其发展成了上海滩上的新风潮呢？叶凯蒂（Catherine Yeh）在她的《上海·爱》（*Shanghai Love*）一书中认为，名妓才是这场文化新浪潮最前沿

① 葛元煦：《沪游杂记》，第 30 页。

的弄潮儿,并且她也为此观点提出了强有力的证据。叶凯蒂首先指出:“只要看看当时描绘西式饭馆的图片,人们就不难明白,名妓们都是从哪里得到了[布置她们闺房的]灵感。”言外之意,最起码在室内装饰艺术这一点上,名妓们似乎是潮流的追随者,而非引领者。① 但她更指出:即便上海的餐饮业从业者们首创了西式室内装饰艺术的模板,名妓们确也在这一模式的基础上大胆创新,不仅将番菜馆的西式风格移植到了秦楼楚馆内,更使其成为沪上名妓独具辨识度的标志。在上海开埠早期,名妓文化的拥趸们公推苏州籍妓女为沪上第一流的名花,这导致各地妓女在举手投足、穿戴打扮上纷纷效仿苏州样式。但到1880年代,名妓们又开始将西式和广式元素融入自己的日常风格——所有那些将番菜馆与中国地方风味菜馆区分开来的家具什物,都被妓女们依样画葫芦地搬进了自己的春闺中。② 如果我们将晚清狎邪小说中的描写视为对现实生活较为可靠的再现的话,那么当时甚至已经出现了一些高档妓院,院内就配备有自己大菜间。在《海上花列传》中,名妓屠明珠的院落里就有这样一间西餐室,“粉壁素帷,铁床玻镜,像水晶宫一般”。③

晚清文献也向人们表明了这样一个事实:名妓往往是男性与番菜馆之间的纽带与桥梁。当然,男人才是这些场所真正的金主,且正如上文引用过的《申江名胜图说》中的图像所示,有时即便没有倌人作陪,他们自己也会前去消费。但也正如这幅图画所表现出来的那样,缺少了名花簇拥,西餐馆里的男人们很有些无所适从。相比之下,《海上游戏图说》中一品香里的男

① Catherine Yeh, *Shanghai Love*, p. 36.
② Catherine Yeh, *Shanghai Love*, p. 34.
③ 原书此处英文翻译出自 Han Banqing, *Sing-song Girls*, p. 149。

人们则与倌人们相对而坐，悠闲自在。妓院中的情形大抵也是如此：虽然名妓们从番菜馆学来的那些装点春闺的西式物件——如“四泼玲跑托姆”（spring-bottom sofa，即弹簧沙发）和“狄玲退勃而”（dining table，即餐桌）等——往往是由她的情人付账，但男人们是在倌人们的指点下才知道该如何寻觅、鉴赏这些物件。换句话说，他们与西方物质文化的互动，是在妓女们的教导下方才发生的。①

男性在谈论西方饮食的时候，往往喜欢在传统框架内引经据典，这似乎进一步向我们证实：比起对西餐热情高涨的名妓，男性的思想包袱更重，态度更加暧昧。池志澄讲述自己在消夜馆和番菜馆中的就餐体验时，便用了“染指”这个典故。该典故出自《左传》，讲的是春秋时期郑国人公子宋（字子公）的一段故事。郑灵公曾以楚人献来的鼋大宴群臣，却故意独独不赐鼋羹给公子宋。这一举动刺激了公子宋，他不顾就餐礼仪，“染指于鼎，尝而出之”。公子宋的僭越行为反过来也激怒了郑灵公，于是“公怒，欲杀子公”。② 池氏使用这一典故，足可以见得男性作家在尝试西餐的时候，多少意识到这是一种象征着“越界”的非分行为，全然不似名妓群体的百无禁忌。总之，对于名妓们而言，“吃大菜”是打造全新个人形象、提升文化身份的妙法，而对于男性食客来说，这一行为与踊跃尝新的关系不大，倒更像是模仿古人的冒失莽撞。其实，在男性食客中，“效子公染指”已然成了“吃大菜”的另一种委婉说法。③

124

文字和图像史料也普遍反映出这样一个现象：相比于男性食

① Catherine Yeh, *Shanghai Love*, p. 44.

② 原书此处英文翻译出自 James Legge, *The Chinese Classics*, vol. 5, p. 296。

③ 例如，在前文讨论过的《申江名胜图说》（38a—b）里，该典故就曾出现在作者对一品香的讨论中。

客,名妓们在吃西餐这件事上展示出更加高超的技巧。小说《海上花列传》中就有这样一幕:财大气粗的红顶商人黎篆鸿在名妓屠明珠的家里宴饮玩乐。等“大菜”上桌,还得“屠明珠忙替黎篆鸿用刀叉出骨”。[①] 我们可以再比照一下《申江名胜图说》里独自在一品香吃饭的男人们,以及吴友如笔下没有男性在场、自行享用西餐的名妓们(图 3.1 及 3.5)。在后一幅画中,最左侧的女性如此自如地使用着刀叉,即便身边的侍女正递上一只水烟,也完全没有影响她的发挥。坐在她对面的女士似乎已就餐完毕,正将用过的刀叉轻轻地放置在盘子边缘。我们只需要看看这些女性娴静优雅的仪态,再想想那些在男性文人和读者之间流传的文字是如何将“吃大菜”描绘成刀劈斧砍般的一场劳碌,二者之间的鲜明对比着实不能不令人咋舌。诚然,西餐的就餐方式多少将人们从中式宴饮的繁琐规矩中解放了出来,就像池志澄解释的那样:“人各一肴,肴各一色,不相谋亦不相让。”但各种文本对如何使用刀、叉、勺不厌其烦地进行详细指导,这多少也说明“吃大菜”不见得总是一件轻松愉快的乐事。下面这位作者给他的读者们的建议就是一个极好的例证:

> 饮食之时,左手按盆,右手取匙。用刀者,须以右手切之,以左手执叉,叉而食之。事毕,匙仰向于盆之右面,刀在右向内放,叉在右,俯向盆右。欲加牛油或糖酱于面包,可以刀取之。[②]

---

① 原书此处英文翻译出自 Han Banqing, *Sing-song Girls*, p. 152。

② 徐珂:《清稗类钞》第 13 册,第 6270 页。西餐的座次也大有讲究,且按照实际情况不同,座次的意义也不尽相同:“男女主人必坐于席之两端,客坐两旁,以最近女主人之右手者为最上,最近女主人左手者次之,最近男主人右手者又次之,最近男主人左手者又次之,其在两旁之中间者则更次之。若仅有一主人,则最近主人之右手者为首座,最近主人之左手者为二座,自右而出,为三座、五座、七座、九座,自左而出,为四座、六座、八座、十座,其与主人相对居中者为末座。”

在洋场上，能够践行这些琐碎礼仪的人会得到众人的推崇与尊重，而手忙脚乱的人则会当场丢丑，遭人耻笑。①

125

随着时间的推移，番菜馆发展出更加成熟的装饰风格和更加高档的物质享受，人们对它的内部装饰艺术风格也愈加熟悉，这使得番菜馆渐渐成为上海都市景观中不可或缺的一个元素。据记载，西餐作为食物，“光绪朝都会商埠已有之。至宣统时，尤为盛行”，但只有在上海这一个地方，番菜馆成了都市理想图景的核心特征之一。② 上海刚刚出现外国菜馆时，县令莫祥芝曾邀请外地贵客去那里享用“夷馔”。③ 但初时人们眼中稀奇的“夷馔”，很快就成了大家都愿一试的“大菜”。包天笑(1876—1973)在其回忆性文字《儿童时代的上海》中解释道：“这时以内地到上海来游玩的人，有两件事必须做到，一是吃大菜，二是坐马车。”④其实不只是内地，便是东亚其他国家的人们，来到上海也一定要尝尝这里番菜馆的手艺。一时间，上海竟成为品尝西餐的胜地，且这种城市形象如此深入人心，以至于20世纪初的一部历史小说在描写更早期的上海时，竟然加入了以西餐厅为背景的情节，而事实上，在小说所涉及的那个历史时期，上海甚至还没有出现西餐厅。⑤

上海与西餐之间的紧密联系，进一步捍卫了这座城市在中外文化交流互动中前哨先锋的角色和地位。19世纪末的小报《游戏报》上刊登的一篇社评就将此种城市面貌的想象体现得淋漓尽

① 陈伯海主编：《上海文化通史》上卷，第157—158页。
② 徐珂：《清稗类钞》第13册，第6270页。
③ 熊月之主编：《上海通史》第5卷，第511页。
④ 转引自胡远杰：《福州路文化街》，第318页。
⑤ 曾朴写于1905年的小说《孽海花》便是一例。转引自Theodore Huters(胡志德)，*Bringing Home the World*, p. 44。

致。这篇文章以雄辩的文字，把上海番菜馆的流行视为一个延续了上千年的历史进程的最新发展阶段。换言之，这种看似自外而来的风潮，也可以被认为是长久以来植根于中国文化中的一个有机组成部分。作者开宗明义地指出：对于新鲜事物的渴求，从来就是饮食文化向着更加精致的方向发展的一个重要驱动力；“自茹毛饮血以至于今”，莫不如此。在此进程中，那些最敏锐的美食鉴赏家们搜求食品时“务极精华”，以至于“鸡取其跖，猩取其唇，熊取其掌，凫取其臑”，这些都是饮食文化“由粗而精”发展的具体例证。作者进而认为，在对新奇精巧饮食的不懈追求下，“虽中国之人，亦未尝不以外国为美。如史书所载，南夷蒟酱，北戎酪聚，哈密巨瓜，波斯大枣之类，录之食谱，称为美味”。但古时，由于“中外隔绝，不与交通”，大多数中国人无法品尝到这些美味，也就没能发展出一种系统而成熟的、对外来饮食的品鉴文化，而如今的上海却为饮食的跨文化交流创造了无限可能：

126

> （上海地界）今则中外一气，华夷杂处。如通商各口之居民，尤与洋人熟习，事事效法。而于饮食一项，更为爱慕，诚以西人之炮燔精制，肴品芳洁，远胜中国，奚啻霄壤。是以沪上番馆林立，仿行西式建造洋房，并用外洋什物。所有名宦殷商、王孙公子，暨夫青楼名妓、绣阁娇姝，驾言出游过其门者，莫不携手入座，愿尝异味。遂使宾朋满座，车马盈门，檀板珠喉，卜昼卜夜。①

这篇社论认为，番菜馆的出现不仅是中华文明进入新的历史时期的标志，也符合中国饮食文化伏延千年的传统。至于为何近

① 《论上海新正番菜馆生意渐不如昔》，《游戏报》第 617 号，第 1 版。

来番菜馆生意似不如昔日畅旺，据作者推断，只会是如下两个原因：一来“今岁新正，阴晴不常”，来洋场上坐马车的客人们兴致大减，连带着番菜馆也冷清了下来；二来“旧岁银根吃紧”，着实让19世纪最后一个早春的上海市面颇显出了几分萧条。[①]

作为社会问题的番菜馆

对于那些最具影响力的城市形象的塑造者而言，番菜馆的欣欣向荣就是上海已然取得的辉煌成就的明证；对于另一些人而言，它们的存在却是这座城市逐渐显现出来的各种问题的一个缩影。甚至这种关于上海的矛盾体验，有时竟能被同一个人兼而有之。举例而言，即便是那些对沪上番菜馆颇为得意的指南书作家，对光顾其间的顾客群体也难免流露出几分不以为然。这种态度暗示着的，其实是一种日渐增长的社会焦虑情绪。在“西餐热”出现的早期，黄式权已经将番菜馆的典型顾客群刻画为终日无所事事的“贵游子弟”。[②] 十年之后的池志澄，则将这个地方描述为“裙屐少年，巨腹大贾，往往携姬挈眷，异味争尝”的销金窟。[③] 李伯元是《游戏报》和沪上若干小报的创办者兼主要写手，他在评论上海的娱乐大亨和普通消费者时，也向读者发出疾呼：“不知歌楼舞榭，一痛哭之场也；甘饴旨酒，一鸩毒之味也。”[④]总之，番菜馆现象激起了两种批评的声浪：第一种对“番馆热”进行反思和批判的声音，正来源于当初催生了这一热潮的那种文化力量。第二种

127

① 《论上海新正番菜馆生意渐不如昔》，《游戏报》第617号，第2版。
② 黄式权：《淞南梦影录》，第126页。
③ 池志澄：《沪游梦影》，第159页。
④ 转引自 Catherine Yeh, “Creating a Shanghai Identity”, p. 118。

批评声浪的出现时间稍晚于前一种;它与沪上西餐文化的发展本无甚关联,而是针对另一种截然不同的都市现象而发出的。但后来,这两种文化现象的历史进程竟以一种不可思议的方式勾连、重合起来了。

第一种批评的声浪,是在中外关系的第一个历史转折点上爆发的。1895年,清政府在刚刚结束的中日甲午战争中遭遇了耻辱的惨败,签订了《马关条约》。根据条约规定,清政府不仅割让台湾岛及其附属岛屿、澎湖列岛,放弃对朝鲜的宗主国地位,还要割让整个辽东半岛。随后,俄、法、德三国唯恐各自在清帝国的利益被日本抢占,纷纷出面要求日本归还辽东半岛,并争先恐后地在中国划分起自己的租界范围,这使得当时的中外关系迅速降至冰点,并最终爆发了义和团运动。后来,义和团运动彻底失败,清政府又和列强签订了《辛丑条约》,赋予外国军队在中国领土上驻军的权力,这进一步让国人惊恐地意识到:国家主权已经岌岌可危。上述事件所涉及的领土危机主要集中在中国东北和台湾地区,上海也同样深切地体会到了这种危机感——民族主义情绪不可避免地渗透进中外之间的所有交往,而上海本地发生的事件更是往火上浇油:1898年5月13日,法租界当局要将四明义园迁至法租界以外,这引起了沪上的宁波籍社团的强烈反应。他们集体抵制洋商洋货以为抗议,最终促成了“中国近代史上反抗外国势力的第一次政治胜利”。①

这种新的社会政治背景不仅引发了国人对西方列强的强烈批评,也推动一些人去反思过去几十年中清廷的各项改良措

① 有关沪上甬人的抗议和反抗运动,参见 Susan Mann Jones, “The Ningpo Pang and Financial in Shanghai”, 以及 Bryna Goodman, “The Politics of Public Health”, pp. 816 - 820。

施。中日甲午战争中清政府的惨败已经让他们警醒地意识到，这些改革或许只是浮于表面，却没有触及中国社会的根本问题。但另一些文化沙文主义者，则决不允许人们对中国进行诋毁污谤——甚至小到对一饮一食的批评都不可容忍。他们反复重申：和西方饮食相比，中国饮食绝对具有无与伦比的优越性。针对当时社会上流传的、中国“各事与欧美各国及日本相较，无突过之者”的反思论调，一位作家反驳道：最起码在肴馔一事上，中国常见的保留菜品就有 800 余种，而欧美各国合计也只 300 余种，日本稍多，也不过 500 有余。① 不过，对西方饮食的批评姿态倒也不意味着对这种饮食文化的全盘拒绝。当时《游戏报》上的一篇社评，将沪上的番菜馆描述为中国饮食文化的集大成者。短短几个月后，另一位评论家却对这些馆子里饭菜的粗糙无味深表遗憾。他指出，沪上“番菜”已沦落得“不中不西”，既失去了西菜的精致，也没有中菜的“至味”。商人们只知用中菜烹饪偷换西餐概念以求射利，却不对西人“一饮一食之微”深加钻研。正是这种不求甚解的态度让中国在世界舞台上失去利权，着实令人可恼可叹。②

128

值得注意的是，尽管这后一位评论家大声疾呼中国人在西方化的道路上钻研精进，但他的论述是在儒家的话语框架内展开的。如果说从社论中立的标题——“论番菜馆宜讲究烹调”中，还不大看得出来这种保守的论调，那么其内容所体现出的立场则是十分传统而教条的。文章开篇即对《中庸》和《论语》中的经典语录进行了一连串引述：

---

① 徐珂：《清稗类钞》第 13 册，第 6237 页。
②《论番菜馆宜讲究烹调》，《游戏报》第 778 号，第 1 版。

> 孔子曰："人莫不饮食也，鲜能知味也。"良以味失，则饮食皆属粗臭。其取焉不精，则用焉不宏。《乡党》云："食不厌精，脍不厌细。精细者，味之所从出也。注云：食精则能养人，脍粗则能害人。"圣贤一二语，足括古今食谱矣。[①]

《中庸》是儒家经典《礼记》中的一篇，后来成为阐释宋明理学核心思想的"四书"之一。《中庸》认为，统治者和被统治者都必须遵从"道"，即上天的指示；钻研上天之"道"，就是获取美德和力量的途径。而中国社会最大的问题，正在于大多数人都背离了"道"，其情形正如孔子在《中庸》中所揭示的那样："道之不行也，我知之矣：知者过之，愚者不及也。道之不明也，我知之矣：贤者过之，不肖者不及也。"[②]在《论语》这部为"君子"的日常言行所制定的更为详尽周密的指导中，"道"的重要性再次得到了确认和强化：要获得"道"的智慧，君子必须要在生活的方方面面勤谨审慎，这其中就包括饮食与烹饪。[③]

129

正是在这一儒家思想的基础上，《游戏报》的这篇社论对沪上番菜馆里贩售的"中式西餐"展开了批评。这位作者首先指出，西方的烹饪与其他任何一种符合体统的烹饪法一样，都讲求一个"道"："尝考西人番菜之制，必精、必洁、必鲜、必腴。燔炙烹调，皆

---

① "人莫不饮食也，鲜能知味也"出自《中庸》4. 2。原书此处英文译文取自 James Legge, *Chinese Classics*, vol. 1, p. 387，微有改动；"食不厌精，脍不厌细"出自《论语》10. 8。原书此处英文转引自 E. Bruce Brooks（白牧之）and A. Taeko Brooks（白妙子），*The Original Analects*, p. 61（在该书中，这段话被标记为 10. 6a）。理雅各（James Legge）将这段话翻译为"He did not dislike to have his rice finely cleaned, nor to have his minced meat cut quite small"（*Chinese Classics*, vol. 1, p. 232）。两段话的大意是一致的，但白牧之和白妙子的翻译在本文语境中更加明白晓畅。

② 原文此处英文引自 James Legge, *The Chinese Classics*, vol. 1, p. 387。

③ E. Bruce Brooks and A. Taeko Brooks, *The Original Analects*, p. 59.

有良法。无论肉腥鱼腊，必得其味而后已。”而上海的番菜馆——作者接着论述道——败就败在这里：和真正的西餐相比，中式“番馆”要么太“过”，要么“不及”。所谓“太过”尤指“番馆”外观装潢，一眼望去，其“陈设之整雅，杯盘之精洁。鼎鼎生涯，居然驾苏馆、徽馆、津馆而上之”。但豪华的外表包藏着深层的问题：这些饭馆提供的菜品“名为西菜，实则中菜，不过易箸匙为刀叉而已”。更何况，这已然名不副实的“西菜”还做得毫不讲究，令人难以下咽，让食客不得不起疑，“亦何贵其为番菜也”。作者观察到，或许正是这些不讲究的做法，才导致“沪上番菜不下数十家，而西人问津者少”。

这位作者进而议论道：“番馆”烹调的不讲究，破坏的绝不仅仅是人们的胃口。换言之，口味正宗与否，可绝不是一件小事。如果说国人在与西人的竞争中处处落在下风，那正是因为中国人对于西方人获得财富和力量的要诀一窍不通且不予深究：

> 今谋救商务之弊者动辄曰：仿西法以收利权。夫西人于华人嗜好无不深悉，故鸦片、纸烟、药品之类，凡畅其销场者，皆中吾嗜好者也。今华商欲仿西法以收利权，而于西人一饮一食之微且不知其嗜好之所在，且并华人之嗜好而亦失之。吾是以不能不为番菜馆惜，更不能不为华商惜也。①

由此观之，番菜馆非但不是“西化”典范，反为其败笔，更是上海乃至中国在西方化的道路上的各种失败的一个缩影。

沪上的番菜馆的风光势头持续了足有10余年，可即便是那些态度最为温和暧昧的观察家也不会否认，番菜馆到底是在走下 130

① 《论番菜馆》，1—2。

坡路的;人们对番菜馆批评的重点,也逐渐从其东施效颦式的浅薄,转移到其对社会秩序可能造成的威胁。陈定山在其回忆性文字《春申旧闻》中,就生动地记录下了当时沪上"番馆"的社会角色。陈氏忆道:除夕之夜,上海人"兜喜神方",必要去四马路上走走。夜半时分,其他餐馆俱已打烊,只有四马路麦家圈(Medhurst Circle)十字路口的万家春、岭南楼和一家春三家番菜馆还开门迎客。这个点钟,正是"红袖(按:指倌人)凭栏、褐裘(按:指嫖客)倚槛,隔着一条街,互道恭喜的时候"。这景象再跟"楼下的玩童爆竹声,马车辘辘声"一道,共同构成了陈氏记忆中除夕夜里颇为温馨亲切的"一片热闹"。但离麦家圈并不远的胡家宅,就是另一番场面了。胡家宅既是老牌番菜馆一枝香的所在,又是出了名的"野鸡窠"。在那里,"野鸡们"打扮得花枝招展,遇见马车路过便蜂拥上前骚扰拉客,引得"趁闲的人在此起哄"。陈氏还回忆道:画师蒲华(1832—1911)是一枝香的常客,几乎每晚都要来吃菜饮酒。回去的路上,他往往要为"阻街夜莺"们一人准备上一块"番饼"(洋钱),否则恐怕绝难回家。①

尽管在陈氏的记忆中,一枝香附近的街区如此声名狼藉,以至于"闺阁良家很少此地经过",但另一些文献则似乎在向人们表明:已婚女性对番菜馆同样热情高涨,而她们积极参与这场"番馆热"的事实,引发了更加深层的社会焦虑。一般而言,名妓们在社会公共生活中享有家内女性无法企及的流动性和可见度——最起码在理论上,社会的期待就是如此。但西餐馆似乎为男人们提供了一种较为宽松的环境,让他们能够与妻子共同露面,一同享受社会生活,这正如一本指南书中所描绘的那样:"尽有招妓侑

① 陈定山:《春申旧闻》,第190页。

酒、歌管并陈者，更有携眷同啖者。习染西俗，此亦一端。”①起初，这种公共场合夫妇同游的和谐画面，颇能令人忆起中国传统叙事中的一些美好典故。葛元煦在记录外国酒店的时候，就对其间贩酒的西人妇女形成了深刻的印象。他用“洋妇当垆”四字，将这些贩酒的西妇比作中国历史上最有名的酒店老板娘——卓文君(公元前175—前121年)。② 卓文君十七岁上寡居时与诗人司马相如两情相悦，离家私奔了。后来生活所迫，又携爱人回到她的家乡，二人开了一个酒馆维持生计。这段故事后来成了中国历史文化中象征夫妻恩爱和美的一段佳话。③ 但到19世纪末，番菜馆里的情形引起了社会对家内女性行为的担忧。社会观察家们也纷纷选择将婚内不忠的新闻轶事放在西餐厅的背景下展开。

131

1897年《点石斋画报》上刊载了一幅题为“易妻贻笑”的画作，讲的就是这么一则故事。故事中贻人笑柄的是两位丈夫，他们都恰好勾引了对方的妻子做情妇，却各自对自己妻子的不忠毫不知情。某晚，二人不约而同地选择在一品香与情妇共度良宵，虽是邻桌而坐，偏巧隔着一道间壁，对墙那边的情形无知无识。偏偏此时餐馆里又来了一人，与二人皆是相识。起初，这第三人看到自己的两位相识易妻侑酒，只是诧异。但他探头探脑的窥视举动被两位丈夫中的一位捉了个正着。这位丈夫厚颜无耻地宣称情妇为自己的“眷属”，恐吓这位目击者，称要捉他去见官。谁

① 《绘图游历上海杂记》，7.10a—b。

② 葛元煦：《沪游杂记》，第30页。

③ 关乎卓文君的故事，详见《司马相如列传》，司马迁：《史记》第117卷。该段文字的英文翻译，参见 Burton Watson, *Records of the Grand Historian*, vol. 2, pp. 259-306。

承想，壁板这边的吵嚷惊动了那边的用餐的情侣。那另一位丈夫好奇心作祟，过来凑热闹，终于“各见其妻，掩面大惭，曳尾而遁”。这则故事可以说是一出近乎低俗的闹剧，但其将背景设置在一品香，足以显示出社会大众对于番菜馆究竟被人们用来做些什么“勾当”，有着普遍的认知和深切的担忧。西餐本身与故事的情节发展毫无干系，但番菜馆是展开这样一个私通故事的绝佳场所：在这里，男的心怀鬼胎，醉翁之意不在酒；女的即便对其所处的情形半知半觉，终究还是心甘情愿地投入这场男欢女爱的游戏中来。

与这种对家内女性举止的焦虑遥相呼应的，是 19 世纪末出现的、对上海名妓文化的批评声浪。这种批评声反映出的，其实多少是上海文士阶层“自我评价的变化”。在 19 世纪 60 年代至 80 年代，海上文人一直自认是名妓们最渴求的客人和伴侣。但到了 19 世纪的最后几年，沪上风月场被商业的“铜臭之气”玷染，文士阶层深感“自己的价值和特权受到威胁”。[①] 在这股批评声浪中，名妓胡宝玉首当其冲。胡宝玉虽是苏州籍出身，却有意学习广州妓女的做派。为此，她远赴广州，亲自采购广式家具装点自己的闺房，并公开结交拉拢“咸水妹”，也就是专做洋人生意的广州妓女。如果说她炫耀与自己交好的西方客人，只是令名士们嗤之以鼻，那么她毫不遮掩自己与梨园名伶的暧昧关系，则简直让文人们气急败坏——对于自诩风流的文人而言，没有什么比妓女“姘戏子”更令他们恼羞成怒的了。就这样，胡宝玉成了好几篇社会谴责小说中的女主人公，其中也包括吴趼人 1897 年的小说《胡宝玉》，以及民国早期出版的《九尾狐》。这些描写

133

① Catherine Yeh, *Shanghai Love*, p. 270.

“上海商业社会创造力和道德破坏力所带来的矛盾体验”的作品，开启了其后长达一个世纪的对名妓形象的污名化和庸俗化进程。①

在对名妓文化的批评浪潮中，番菜馆为各种风流故事充当了布景；社会谴责小说的插画师们则通过一幅幅画作，将名妓文化变成了西餐文化的一种内在特征。以图 3.6 为例，这幅插画来自小说《九尾狐》，表现的是胡宝玉“番菜馆赴约会伶人”的情景。此画是以前文提到过的吴友如早些时候的一幅画为基础而进行的再创作。吴氏那幅画描绘的是名妓们在侍女的簇拥下享用西餐的场面（图 3.5），该作品不仅为小说《九尾狐》的插画师提供了灵感，也为上文提到过的另一幅描绘倌人和客人在一品香共进西餐的画作提供了蓝本（图 3.4）。但在《九尾狐》的插画中，胡宝玉身边既没有名妓大姐花团锦簇，也没有风雅文人相对而坐，她自己更全无吴氏画作中的名花们所表现出来的那份优雅娴静。只见她坐在名伶黄月山对面，一眼睁一眼闭，向对方秋波频送：原来这顿一品香的晚餐，正是他们风流韵事的前奏。② 名妓——这个曾经凭一己之力，推动西餐文化成为上海都市生活的时尚标签和城市理想的光辉象征的群体，如今也让西餐成了这座城市走向失衡和无序的明证。

---

① Catherine Yeh, *Shanghai Love*, p. 203.

② Catherine Yeh, *Shanghai Love*, p. 266.

132

图 3.6　胡宝玉在一品香

文献来源:梦花馆主江荫香《九尾狐》(底本:上海交通图书馆,1918),转引自《中国近代小说大系》(南昌:百花洲文艺出版社,1991)。

以传统归化西餐的第二次努力

上海社会对西餐文化的第二次认识改观，发生在清朝灭亡前的最后十几年中。这个时间段，恰与印刷文化对名妓形象污名化的发生时间基本相吻合，但这一次对西餐的重新认识是另一场社会政治运动——19 世纪末至 20 世纪初的教育改革——的结果。这场改革运动旨在建立中国历史上第一所女子公共教育机构。仅就该点而言，它多少预演了中国知识分子在紧随其后的新文化运动中追求男女平等的诸般努力。但不可否认的是，晚清的这场改革运动在精神内核上更为保守；至少在一定程度上，它是对该时期显著出现的、传统社会结构松动瓦解的现实所做出的被动回应，而前述上海名妓文化的“沉沦”，正是这种社会结构从深层瓦解的一个典型例证。改革者们的初衷是通过创办新式女子教育机构，让女性获得持家的技能，成为合格的贤内助。为了促进运动的顺利开展，改革者们大力宣传一种足以与名妓形象相匹敌的都市生活的新象征——体面的家内女性。这种女性形象的灵感主要来自中国社会长久以来所秉持的家庭理想，但它也在某些方面融合了西式的教育理念，将包括西方餐饮文化在内的一系列舶来品纳入了女子教育的课程中。如果运动能够有效地开展，那么理想中的效果应当是：女性将与上海的西餐文化保持着紧密的联系，但在这种关联中，她们并不是消费者，而是能熟练制备西餐，且对西餐的营养学价值具有丰富知识储备的主妇。

134

几个世纪以来，中国一直设有完备的机构，为致力于通过科举考试取得功名的男性提供接受教育的机会。但帝国晚期的女性教育场所主要还是在家内，由父母亲自教导女儿获得一系列的技术、艺能和知识：从四书五经、诗词歌赋，到医学药理、刺绣烹饪，女性家庭教育的内容十分广泛。① 相比之下，名妓们的教育则主要在秦楼楚馆内开展。当然，她们之中也有人曾受到过家内的教育。19 世纪中叶开始，基督教士和出身士绅阶级的社会改革家们都曾创办过女子教育机构，但直到 20 世纪初期以前，这些社会改革措施都没有真正得到过清廷统治者的官方许可。1907 年，清政府批准了包含“家事”和“家政”课程在内的女子教育方案，以训导女子承担“相夫”和“教子”的重任。② 不过同是改革女子教育，政府官员和士绅阶级出身的改革家们初衷却有所不同：前者将此视为培养忠顺良民的手段，而后者致力于“拔救底层大众，使其摆脱愚昧落后的状态……并赋予其一定的技能，最终使中国得以在世界经济舞台上能有一立足之地”。③ 但不论两类改革者的动机有何不同，当他们看到租界里异常高调的名妓文化正欣欣向荣地成长为这座都市的时尚标杆时，他们都深刻意识到，以新式教育改造女性已经刻不容缓。

在此之前，上海租界的风月文化还不曾成为清朝官僚实施政治改革的领域，这多少是由于清廷统治者对于租界内的事物没有实际的政治操控力。但另一方面，不论是官僚还是士绅，都不曾将名妓文化视为一种社会问题。事实上，这两个阶级正是名妓文化的重要拥趸和赞助人。进入 20 世纪后，一些学问出众且敢于仗义执言的知识分子指出，中国女性的低微地位正是中国政治改革和国家发展之路上的一大障碍。同时，他们也非常简单粗暴地

---

① 有关帝国晚期知识女性的研究，参见 Dorothy Ko(高彦颐)，*Teachers of the Inner Chambers*；以及 Susan Mann(曼素恩)，*Precious Records*。

② Paul Bailey, “Active Citizen or Efficient Housewife”, p. 319.

③ Paul Bailey, “Active Citizen or Efficient Housewife”, p. 318.

将名妓文化直接贬低为卖淫嫖娼，对其大张挞伐。[1] 在新的政治与社会认知背景下，租界里纸醉金迷的名妓文化鞭策着政治和社会改革家们去探索一种新的女性角色——以及与之相匹配的一种新的餐饮文化。

135

20世纪初，参与改革的各方对于兴办女学一事尚未形成统一的理念和话术，但他们都绝不会将女子教育视为女性离开家庭、走向职业生涯的途径。郑观应（1842—1921）敦促女性接受教育，从而获得女红、烹饪、书算等主持家计的技能；梁启超（1873—1929）则强调：女性接受教育，是为了更好地完成培养未来公民的道德使命，成为家内的“生利者”，而非社会的“分利者”。[2] 晚清杰出的教育家吴汝纶（1840—1903）综合当时各派的理念学说，编写了一套女学教育的课程大纲。吴氏还在上海作新社的帮助下，出版了日本明治时期宫廷女官下田歌子1892年两卷本的《家政学》，并将这套女学教育课程大纲附在其中。[3]《家政学》的出版，一方面代表一种西化上海餐饮文化的新范式的出现，因为下田这本书，从体例到内容都参考了西方模式，吴氏自己也解释道：“《家政学》一书，原本西人学理。”但另一方面，吴氏在为中译本《家政学》一书所作的序言中流露出这样一种观点，即他改革女子教育的努力归根结底是一种回归传统的保守主义，正如其序言所说：“古之治天下者，必先齐家。家者，国之本也。”[4]这段话是对《大学》一书中家喻户晓的一句名言的复述。而与前述《游戏报》批评

---

① Gail Hershatter（贺萧），*Dangerous Pleasures*；Christian Henriot（安克强），*Prostitution and Sexuality in Shanghai*.

② Paul Bailey, “Active Citizen or Efficient Housewife”, pp. 321－322.

③ 有关吴汝纶与下田歌子的研究，见 Joan Judge（季家珍），“Talent, Virtue, and the Nation”, pp. 765－803。

④ 吴汝纶：《家政学》序，第1页。

沪上番菜馆时所引用的《中庸》一样，《大学》也是阐释儒学核心思想的“四书”之一。①

齐家为治国之根本这样的观点在中国思想和文化史上可谓源远流长，但吴汝纶和下田歌子在这一层意思上更有所发挥，强调家庭的卫生与营养是“齐家”的重要内容。这样，“国之福泽绵长与否”与“家内之饮食质量高低”之间便有了联系，正如下田所述：

> 家齐而郡县安，郡县安而一国治矣。盖一国之德教，源于一家之德教；一国之财用，根于一家之经济；国民之康宁，基于一家之卫生……故人人能理其家政，则虽欲国之不治，不可得也。②

136 尽管这段论述听起来已是老生常谈，但下田的书依旧是中文世界大众读物中，最早对西式的或者说生物医学角度的营养观进行阐发的著作。由此，《家政学》一书和当时其他的社会力量一道建立起一种医药学话语，将家庭日常餐饮的科学营养抬升到与国民健康和救亡图存紧密相关的地位上；它也开启了一个长期的进程，让专业的生物医药学术语成为大众心目中妇女应该掌握的一门重要学问，因为妇女作为主持家政的人，肩负着保障家庭成员健康的重任。其实，在中日甲午战争之后，中国社会对国民健康问题的关切就已经日益凸显出来；中国在战场上的惨败似乎在向人们表明了一个令人沮丧的事实：中国人的身体素质远比西方人和

---

① 这句经典名言原文是这样的：“古之欲明明德于天下者，先治其国；欲治其国者，先齐其家；欲齐其家者，先修其身；欲修其身者，先正其心；欲正其心者，先诚其意；欲诚其意者，先致其知，致知在格物。”英文翻译可参见 James Legge, *The Chinese Classics*, vol. 1, pp. 357 - 358。

② 下田歌子：《家政学》，第 1—2 页。

日本人为差。人们在各个现象之间所建立起的想象上的因果关联，渐渐成了新一代商业烹饪食谱类书籍的编纂指导原则：在这类书籍中，女性不再是昔日大众文化中清一色的都市消费者和男性取悦者；她们被想象为家中的“生利者”和家政的主持者。

在进入20世纪以前，烹饪类专著在中国是极罕见的。即便偶尔出现，也往往是作为其他类型书籍中的一个组成部分。而像民国时期非常流行的那种以商业出版为目的的食谱烹饪类书籍，在20世纪以前恐怕更是闻所未闻。[①] 但不管哪个时期，烹饪书传达给读者的，除了菜谱，更是一种文化价值观。在这一点上，民国初期的烹饪书就承袭了清代食谱类书籍的精神内核。以李化楠（1742年中进士）的《醒园录》为例，如果说李氏这部食谱是传递社会文化价值观念的一部代表性著作，那并不只是因为书中所收录食谱的内容，而是因为李氏之子李调元（1734—1803）为这本书的出版所做的解释。这部食谱是李化楠在浙江任上做官时搜集整理而成的，而李调元主持出版这部手稿的初衷，则是要彰显父亲的孝行。他解释道：“先大夫自诸生时，疏食菜羹，不求安饱。然事先大父母，必备极甘旨。”[②]所以该食谱集中所收录的，不论是玉馔珍馐还是家常小菜，都是李父清廉忠孝的美德的体现。[③]

《醒园录》这样的文本为20世纪早期的烹饪书作家提供了范本，他们将食谱这种文体变成了向女性输送文化价值观和知识的载体。直到清朝的后期，中国都还没有出现专门由女性撰写并针

① 在晚清时期，大部分的早期“食经”类书籍已经失传，而晚清社会流传的食谱类书籍则主要分为四大类型：综合阐释农业和食品生产的书籍、以“养生”为主旨的药膳食补类书籍、居家历书和类书中的条目，以及个别非主流作家的写作。见 Endymion Wilkinson, *Chinese History*, pp. 625 - 650。

② 李调元：《醒园录》序，第3页。

③ 李调元在父亲去世后为他出版该书，这种行为本身也是孝道的体现。

对女性读者群的烹饪书。当然，这并不意味着食谱不在女性群体中流传：烹饪是广受社会认可的女性技能，在岭南一带尤其如此。[①] 只是这种知识主要依靠口头传播，其情形正如刺绣和其他“女红”技艺在女性群体中的传播一样。然而，正是在清朝的最后时期，女子教育改革运动刚刚兴起不久后，“女红”这一门类下的若干技艺就被整理成指导性的手册付梓发行了；由女性撰写并以女性为受众的烹饪书，也首次大规模地出现在出版市场上。这类书籍中最早的一种，是曾懿(1852—1927)的《中馈录》，最早出版于 1907 年。[②] 与《醒园录》相似，《中馈录》也是以烹饪书的形式宣扬正统的文化价值观。不同的是，曾氏所传达的观念是针对女性而言的，这使她的作品别具一格，并为清末民初烹饪书的写作、出版与发行，建立了新的范式。

该书题名已经清楚表明了其对于女性生活的关注。“中馈”一词原指妇女在家主持与膳食相关的诸般事务，由此也有了一层引申义，就指“妻子”。对于女性与膳食的关系，曾氏在她的序言中做了进一步阐释：“昔蘋藻咏于《国风》，羹汤调于新妇。古之贤媛淑女，无有不娴于中馈者。故女子宜练习于归之先也。”[③]

这短短一段话，用到了两个典故。“蘋藻”指的是《诗经》中的《采蘋》一首，讲的是女子采集蘋草和水藻，为饮食和祭祀做准备。[④] 第二个掌故并非出自典籍，而是来自旧俗：在新婚后的第

① 正如薛爱华(Edward Schafer)复述过的一段 19 世纪中叶留下的文字中所说的那样：“在岭南，只要姑娘酱得一手好黄瓜，就能嫁得一个好人家；若她还是个腌制蛇肉和黄鳝的好手，那天赐良缘简直是命中注定的了。” Schafer, “T'ang”, pp. 129 - 130.

② 曾氏之书并非写于上海，但 1911 年的《妇女时报》曾对该书进行过转载。见《妇女时报》第 3 卷，第 71—75 页。

③ 曾懿：《中馈录》，第 1 页。

④ 原诗英文译文见 James Legge, *The Chinese Classics*, vol. 4, part 1, p. 25。

三日，新妇要下厨亲手烹制羹汤侍奉公婆。[①] 曾氏的这部食谱，实际上是以新的形式对长久以来的文化理想进行复述。最值得注意的是，曾氏的食谱主要记录的都是能长期保存的加工食物，例如各种熏肉和调味酱料，但这些食品都是市场上常见的。《中馈录》对这类食品制法的关注，其实体现了改革者们正在努力试图将饮食文化的重要参与者——妇女群体——从商业文化的辖制下解脱出来。

曾氏的食谱只涵盖了中餐的烹饪法，但《中馈录》确为西餐文化走进中国家庭指明了路径：西式的饮食文化需要调整自身定位，不能再像在上海历史上被典型刻画并广为人知的那样，甘作饭店酒馆和长三幺二里供人解闷尝鲜的“玩意儿”，而要成为妇女主持家政必不可缺的技能。上海销量领先的女性杂志《妇女杂志》开辟的饮食与烹饪专栏，题名就叫“中馈录”。1917 年，两部篇幅颇长的食谱烹饪类书籍也付梓了，分别是李公耳的《家庭食谱》和卢寿籛的《烹饪一斑》。从此之后的整个民国时期，每年都至少会有一部新的烹饪书面世。[②] 菜谱不仅是杂志专栏里的常

---

① 该民俗至少可以追溯到唐代，并成为唐代诗人王建（主要文学活动见于公元 775 年前后）《新嫁娘词》的主题，诗云：“三日入厨下，洗手作羹汤。未谙姑食性，先遣小姑尝。”转引自陈光新注释，曾懿：《中馈录》，第 1 页。

② 李公耳：《家庭食谱》；卢寿籛：《烹饪一斑》。部分民国时期出版的食谱书籍的书单，可参见任百尊编：《中国食经》，第 939—940 页。虽然我们今天很难确定这些书的读者群规模究竟有多大，但从许多烹饪食谱书籍都多次再版这一事实推测，出版商们相信这片市场是有利可图的。例如，李氏的《家庭食谱》首次出版后，又在 1924、1925 和 1926 年陆续出版了三卷续作，每卷篇幅长度都与第一部类似（400 页左右）。而第一卷则在 1946 年进行了第 12 次印刷。李氏《家庭食谱》的情况并不特殊：卢氏的《烹饪一斑》于 1930 年再版；闽侯潘衎的《食品烹制全书》出版于 1924 年，到 1934 年已经第六次重印；时希圣编写的《素食谱》初版于 1925 年，1935 年进行第五次重印；陶小桃的《陶母烹饪法》1936 年 5 月第二次重印，而这距离其同年一月的付梓仅仅过去了 4 个月；萧闲叟 1934 年出版的《烹饪法》，于 1948 年再版。烹饪食谱类书籍并非个别出版社的冷门兴趣；全上海的主流出版社（包括中华、上海世界、商务、上海广文、大同）都将食谱书作为出版发行的对象。

驻话题，家政文章中的老生常谈，还是日常生活百科全书之必备内容。西餐食谱有时也会出现在这些文章和文集的附录部分——这是主妇们在掌握基本的中餐料理之外，同样应该有所了解的附加内容。这一时期也出现了若干单行本的西餐料理书，如李公耳1923年的《西餐烹饪秘诀》。① 而即便是那些没有收录西餐食谱的烹饪书，也会将西式餐饮文化作为一种营养学上的范例和指导意见加以介绍。

以上烹饪食谱书的作者均传递出了两条明确的信息。其中第一条，在1918年出版的《家事实习宝鉴》中得到了十分清晰的表述："西俗宴客，一切肴馔，必由主妇亲手调制，为足以表敬意也。"②即便在家内，吃西餐也不只是为了饱腹，而可能是一种社交。而这第二条信息，正如《妇女时报》上的一篇文章所强调的那样：吃，并不是消遣娱乐的玩意儿，而是严肃的健康议题。

> 人之言饮食者，恒求其味美适口，不一计其能否有益损于体质，故误认饮食为徒以娱口，斯诚大谬！……须知凡饮食之物之元素，须与吾人体质之元素相同，或能变为吾人体质，以补益吾人身体之发展，始可名为饮食。否则虽有饮食，无异以饮食而自戕其躯矣。③

在如何吃得有营养这件事上，中国历史悠久的膳食传统已经提供了大量范例。④ 但对于这一时期的改革者而言，似乎只有西餐文

---

① 李公耳：《西餐烹饪秘诀》。中华新教育社也出版过一本《西餐烹制全书》，笔者尚未能获得该书，但在该出版社1934年再版的《家庭万宝全书》版权页的背面，的确刊印了一则《西餐烹制全书》的广告。

② 王言伦编：《家事实习宝鉴》，第90页。

③ 毅汉：《西食卫生烹调法》，第25页。

④ 有关该话题的简要文献综述，参见Ruth Rogaski, *Hygienic Modernity*, pp. 22－47。

化才能为营养学议题的讨论提供合理的理论框架和知识体系。[1]因此，卢寿篯的《烹饪一斑》便以对消化吸收和新陈代谢的讨论开篇，而以一则“日用食品分析表”收束。这张表中提供了各种常见食物的蛋白质、脂肪、碳水化合物、纤维以及矿物质的含量。卢氏自己解释道：将这些材料纳入本书的用意，是“冀诸姑伯姊，撷其精华，既可增家事智识，又易得卫生门径，固不仅为烹饪学上添一心得已也”。[2]

以上这些书籍和文章，无不影射着一种日渐标准化的女性形象；她与西餐文化之间的关系，和19世纪末沪上名妓与西餐之间的关系大相径庭。名妓总是都市背景上最亮眼的明星，或者说，她是名副其实的城市名片；她不是在繁华的街道上闲游，便是坐着马车去见客人——去的往往就是番菜馆。[3] 而正如图3.7所示，烹饪书上的女性形象是以家庭为背景的：她是家庭内的生产者，而非都市里的消费者。这一原则中唯一的例外情况，就是家内的女性劳动者也需要购买生产工具，用以烹制（而非享受）西餐。相应地，这些作品也着重描述主妇如何精明理智地购物。由此，新式烹饪书籍在介绍西餐时，不见了早些时候文学作品中，名妓们打发恩客采买的“四泼玲跑托姆”（弹簧沙发）和“狄玲退勃而”（餐桌），却转而提供了另一种旨趣截然不同的购物清单：宿司锅（sauce pan，即深平底锅，通常用于炖煮）、二层锅（double-boiler，即蒸锅）、派哀皿（pie pan，即浅平底锅，主要用于烙馅饼）、

---

① 这一转变的原因是非常复杂的，牵扯到当时人们对于身体和国体形成的一系列新观念，以及一种新的营养文化观的出现。对于该话题的详细论述，参见 Ruth Rogaski, *Hygienic Modernity*, pp. 104－135, pp. 165－192，以及 Mark Swislocki, “Feast and Famine in Republican China”, pp. 138－177。

② 卢寿篯：《烹饪一斑》，第2页。

③ Catherine Yeh, *Shanghai Love*，尤其参见271—303页上的内容。

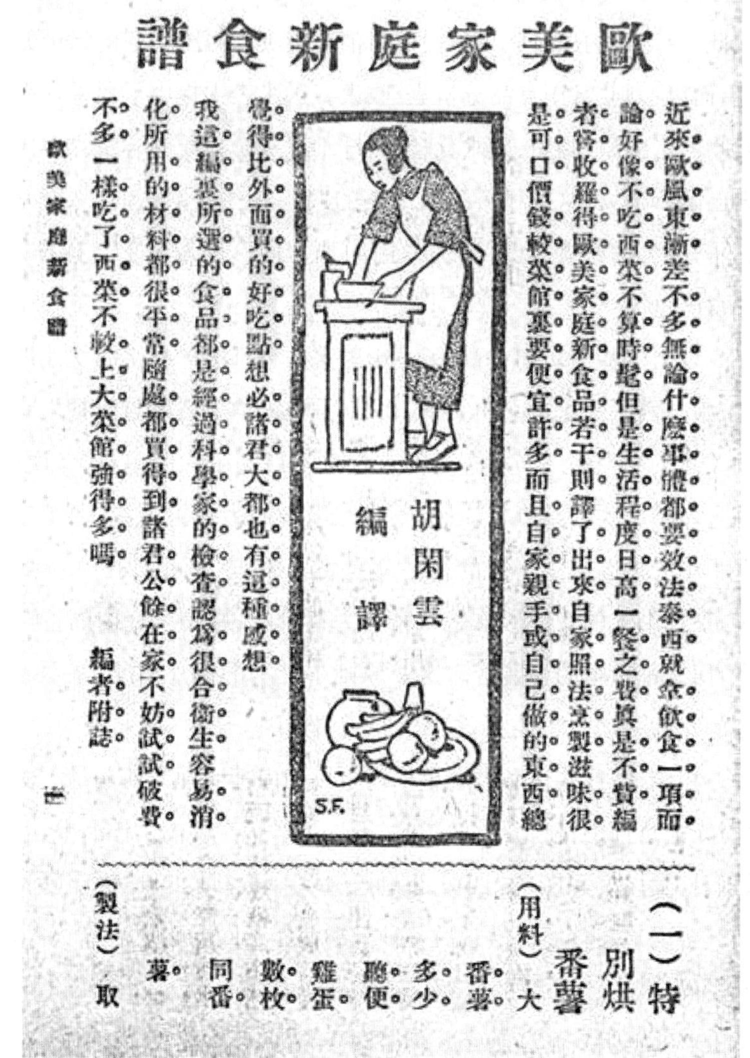

歐美家庭新食譜

胡閑雲 編譯

近來歐風東漸，差不多無論什麼事體，都要效法泰西。就拿飲食一項而論，好像不吃西菜，不算時髦。但是生活程度日高，一餐之費，眞是不貲。編者嘗收羅得歐美家庭新食品若干，則譯了出來，自家照法烹製，滋味很是可口，價錢較菜館裏要便宜許多。而且自家親手或自己做的東西，總覺得比外面買的好吃點，想必諸君大都也有這種感想。我這編裏所選的食品，都是經過科學家的檢查，認爲很合衛生，容易消化。所用的材料，都很平常，隨處都買得到。諸君公餘在家，不妨試試，破費不多，一樣吃了西菜，不較上大菜館強得多嗎？

編者附誌

（一）特別烘番薯

（用料）大番薯。多少聽便。雞蛋。數枚。同番薯。

（製法）取

140

图 3.7　欧美家庭新食谱

资料来源:《家庭》1923 年第 4 期。

布丁模（pudding mold，给布丁成型的模具）、赛离模（salad mold，给沙拉成型的模具），等等，并在食材的精挑细选上给主妇们以建议。① 一些烹饪书细致的程度令人惊讶，比如某篇教妇女选购牛肉的文章，便敦促主妇们一定要学会辨别专为食用目的饲养的“真正之小黄牛肉”，万不可贪图便宜省事而误买了“（耕田的）水牛或老牛之类”。②

这类新式读物也对如何在家中举办西餐宴会予以详尽的指导。如前所述，有关在西餐宴会上应当如何举止的教导性文字，对于上海社交场上的男性而言一直是十分重要的知识。而尽管名妓们在工作性的交际应酬中也学会了享用西餐，却从未出现过为这一群体书写的系统性指导。如今，作者们却开始针对家内女性编写西餐指南，要将她们改造成晚宴上宾客簇拥下的女主人：“西宴主人主妇分坐大菜台之两端，客坐两旁。上客之妇人坐主人右，上客之男子坐主妇左，次客之妇人坐主人左，次客之男子坐主妇右。”③这样的座次安排与晚清“番馆热”中屡见不鲜的画面形成鲜明对照：那时提到西餐，人们脑中浮现的总是倌人与客人双双对坐进餐的场景。

在之后的两章中，本研究还会对民国时期的上海饮食与商品文化进行进一步的讨论。但目前笔者只想指出：面对民国时期上海商品文化的迅速发展，改革者们只有前所未有的紧迫感；他们深感在家内女性和西餐烹饪之间建立联系已经刻不容缓。西方

---

① 陈铎编：《日用百科全书》第 37 编，第 27 页（页码不连贯）。

② 关于牛肉的采购技巧，见《家庭乐园》“附：上海指南”，第 175 页。原文写道：“在普通小菜场中出售者，多系水牛或老牛之类，而在此等小菜场（译者注：即西人住宅区附近的‘贵族化’小菜场）中所售者，则皆系真正之小黄牛肉也。是以欲求精美菜肴，及欲得佳品牛肉等，宜向上等小菜场求之。”

③ 宋诩等编著：《家庭万宝新书》第 1 编，第 45 页（页码不连贯）。

食品的生产经销商们借此大做文章,在广告中将女性描述成为家庭成员提供西式滋养饮食的关键角色。[①] 例如,瑞士进口品牌阿华田(Ovomaltine)[②]主要生产一种由大麦芽、牛奶和鸡蛋加工而成的饮料。在一则广告中,这种饮品被描述为“四季咸宜之补品”“家庭最宜之滋补饮料”。广告的配图,展示了一个象征着中国传统家庭理想的“三代同堂”的场面:祖父身着中式帽子和长袍马褂,帮家中最小的幼子扶着碗碟,好让他喝到里面热气腾腾的饮品。祖母手中捧着自己的那一杯麦乳精,眼中却满是慈爱地望向这祖孙俩。餐桌旁的父亲手里也端着一杯,坐在父亲身边的小女儿正专心致志地自顾自享用着她的一份饮料,而另一位小儿子迫不及待,闹着讨要他母亲手中的饮品。尤其值得注意的是这位母亲的形象:她身着时尚的旗袍,打扮新潮而得体。这种形象似乎在向读者昭示:女性只要在家内扮演好她贤妻良母的本分角色,在此基础上也不是不可以追随外面广阔都市里的物质文化潮流。[③] 这样,女性依旧是沪上西餐文化的代表性符号,只是这一次,她是作为对西方食物的营养价值有着充分了解的主妇,而非纯粹的西餐消费者。总之,在20世纪初的主流媒体中,女性的身影逐渐从西餐馆的场景中消失,却又在家庭的背景中重新浮现出来。[④]

141

---

① 对这种商业风气的讨论,也可参见 Susan Glosser(葛思珊), *Chinese Images of Family and State*, pp. 134 - 166。

② 该品牌早年在中国被翻译为“华福”。——译者注

③《家庭》1940年第6卷第6期,第23页。

④ 但在这里,影星胡蝶是一个重要的例外。1930年代,胡蝶开办了自己的连锁平价西餐厅。相关论述参见王定九:《吃的门径》,见《上海门径》,第5—6页。但总体而言,在20世纪初现代主义作家的文学想象中,即便女性是西餐馆和咖啡厅里必不可少的形象,她们基本上也是作为女招待而非女顾客出现的。有关咖啡厅里女招待形象的讨论,见 Leo Ou-fan Lee(李欧梵),*Shanghai Modern*,pp. 17 - 23。

第四章　“五方杂处”：民国上海的地方饮食、国家想象与消费文化

1911年9月26日，在清政府的统治即将被辛亥革命的浪潮推翻的前夕，上海当地发行的报纸《时报》似乎并未受到云谲波诡的政治氛围的影响，刊登了一首风格颇为欢快的歌谣——《上海著名食品歌》。① 该歌谣列举了上海滩上的名吃，以及能用最正宗的方法制售这些食品的名店：先得楼的羊肉面、一家春的大菜、万有全的金华火腿、邵万生的“南货”、杏花楼的广式宵夜、苏州陆稿荐的酱肉、沿街叫卖的良乡（位于京郊房山）栗子、言茂源与王宝和的绍兴花雕，等等，不一而足。虽然歌谣作者谈起上海名小吃“汤包”时，竟将本地厨子的手艺排在苏州陆鼎兴之后，但可令读者聊以自慰的是，在另一样上海名吃“小馒头”上，本地饭馆大观楼扳回一局。当王韬为上海初露峥嵘的花花世界编写指南书的时候，他曾称这里为“海陬”小城；如今，正如食品歌所称的那样，上海早已是“五方杂处”的大都会。

142

这首《上海著名食品歌》从侧面反映出19世纪下半叶以来，上海逐步成长为四方辐辏之地的转型过程。在1842年开埠之前，上海已长期充当着地区间贸易往来集散地的角色。但如果说，当时的上海已经能以食品的美味多样见称于世，那么撑起这

143

① 转引自熊月之主编：《上海通史》第5卷，第521—522页。

名声的,主要还是当地丰富的物产,而非外来的商品。不过,正如我们在第一章所讨论过的那样,即便前口岸时期的上海物产带有鲜明的本地特色,明清时期的上海居民也并不会就此认为,家乡是偏处帝国一隅的穷乡僻壤。及至20世纪初,上海的处境早已今非昔比:上海人再也不屑于将这座城市的人杰地灵泛泛地归因于其如何上合天时、下逢地利;20世纪初的上海人很清楚,家乡的优势正在于它地处长江三角洲下游的入海口处,成了连接内陆腹地与大洋彼岸广阔世界的一道门户——比起其他的所谓"天时地利",只有这一区位优势在19世纪的漫长岁月中,吸引着中国乃至世界各地的商人云集此地,从而给这座城市带来了全新的机遇。当然,随着这些外乡人一同到来的,还有他们各自家乡的食物,上海这座城市也从此拥有了极其丰富多样的都市饮食文化。此外,新的交通方式的出现更加速了上海作为美食之都的进程;在上海这个大市场上,海内外的珍馐异馔随时供人选购品尝,其情形正如葛元煦在其游记中所描绘的那样:"(瓜果)莫不先时而来。"①

上海餐饮业的繁荣成为这个丰富而多元的国际食品大市场最鲜明的表征。开埠以前,上海仅有为数不多的餐馆能在满足当地人需求的同时兼顾外乡客商的口味,烹制几种地方风味小菜。但从19世纪下半叶起,这座城市便渐渐以其餐饮的世界化著称于世。晚清西餐馆的风行则进一步表明:在餐饮国际化一事上,上海确是中国的排头兵和弄潮儿。诚然,并不是所有的居民都对西餐厅所代表的都市文化持肯定态度,但如果《食品歌》在它的第一行、第一句就提及"大菜",那这多少说明:直到1911年,西餐都

① 葛元煦:《沪游杂记》,第41页。

是让上海成为“上海”的重要元素。不过，纵观整首歌谣，与西餐相关的也只有一个“一家春”，这多少暗示着晚清以来的“西餐热”风头渐衰，人们的兴趣则渐渐被上海滩上百花齐放的中国地方餐饮与特色食品所吸引。事实上，在民国时期的公共话语中，各色各样的中国地域特色饮食逐渐成为代表上海都市饮食文化的主流。上文引述的《上海著名食品歌》在提及泰丰公司的罐头制品时就宣称它们“远胜舶来品”，一种自豪的民族主义情绪溢于言表。

这一时期中国地域饮食文化的东山再起，是若干要素共同作用的结果，其中既有当时上海乃至整个中国在政治上分崩离析的原因，也有晚清以来沪上商品文化愈发盛行的作用，还受到上海精神和文化生活日益西化的影响。从政治上说，民国初期的中央政府对于上海几乎没有持续性、实质性的掌控。① 与此同时，租界社会中的华人政治力量也日渐衰落。② 直至北伐（1926—

① 19世纪末的上海见证了地方自治运动的兴起。在清政府的实际控制力日渐衰微的历史时期，这种自治在一定程度上填补了中央政府留下的空白。举例而言，20世纪初，上海出现了一系列由地方士绅领导的公共事业，并由此诞生了各种地方性的委员会和办事处，其职能涵盖了修路养路、维持地方治安、兴办学校等公共领域。1912年，新成立的国民政府将这些地方委员会和办事处重新划归江苏省政府下辖（上海县当时隶属于江苏省），由此也把这些带有地方自治性质的机构纳入国家政治体制的框架之下。不过，袁世凯复辟帝制的企图，迅速动摇了成立未久的中央政府的根本。1916年袁氏死后，北洋军中不同派系的将领以及其他各地的军事武装和政治强人纷纷活跃起来，中国陷入了军阀割据的局面。直到1924年，南市（旧时上海老城厢一带）和闸北（当时新划分出来、位于租界以外西南方的行政区域）才出现了真正的市级行政机构“市公所”。有关以上这些历史事件的脉络和发展，参见 Mark Elvin, “The Administration of Shanghai”, pp. 239 - 262，以及 Christian Henriot, *Shanghai, 1927 - 1937*, pp. 9 - 19。

② 华人力量在租界的式微是显而易见的。例如，直到1911年，清朝官员在租界会审公廨（Shanghai Mixed Court）内都还保有相当大的影响力。但自那以后，工部局（Shanghai Municipal Council）的权力日益扩大，极大地压制了会审公廨的作用。参见 Mark Elvin，“The Mixed Court”。

1928)结束,上海才出现中国人自己做主的且在实际意义上能够维持当地秩序、提供社会服务的市政机关。北伐是中国国民党和中国共产党共同参与的军事行动,其结果是促使听命于蒋介石的广州国民政府获得实权,并最终迁都南京。对于上海而言,北伐同样具有重大意义,它为后来的“大上海计划”以及相应的市政建设铺平了道路。但即便是这个新成立的市政府也只对上海的一部分地区拥有实际控制权,城市的其他部分则依旧处于外国势力的管辖之下。

民国时期,商业文化无孔不入地渗透到上海社会生活的方方面面,这为食品市场的繁荣创造了条件,也为大众生活制造了问题——后者促使人们去探寻一种新式的饮食文化的公共话语。其时,日益走高的生活成本正是日常焦虑的来源和最为重要的公众议题。举例而言,大米恐怕是这座城市居民生活中减无可减的刚需商品了,可即便是米价也往往处于失控状态。在晚清的最后几十年中,人们开始追踪、记录米价的走势,并定期在城市中发行量最大的报纸《申报》上公布数据,供市民参考。[①] 城市指南——一种20世纪出现的、与19世纪末城市游记相类似的出版物——不光记载城市里的风景名胜,也开始讨论高昂的物价如何使城市生活变得“大不易”,更将当时的生活成本和旧日相比,慨叹生活的艰辛程度不可同日而语。人们普遍感到,那些市井生活的烟火气里所不可或缺的各式食物——主食、土特农产品、地方风味小馆里的家常便饭——全都只剩下一个标签:商品。尽管民国时期,上海市各级政府机关都曾颁布相关措施,试图缓解消费社会

① 后来,上海市社会局正是基于这些数据对上海米价的走势进行了调研。参见《上海最近五十六年来米价统计》,第1—25页。

对食品文化所造成的各种影响,尤其是物价飙升的问题,但是从国家层面出发的、更强有力且系统性的物价调控措施,还要等到1949年新中国成立之后方才出现。总之,面对民国时期失控的食品价格,上海市民基本上只能八仙过海,各显神通了。

在这一时期的精神和文化生活层面,上海呈现出明显的西化倾向。1911年的辛亥革命致力于推翻中国传统的专制帝制政权,学习西方模式,建立共和政体。但在当时的许多人看来,如何在清王朝被推翻后留下的权力真空中建立新的政权,本身就是一个大难题。新文化运动以摧枯拉朽之势,向中国传统的儒家文化宣战,誓要以西方的"德先生"和"赛先生"为向导,在中国的土地上创造出一种能与新的政治体制相辅相成的新文化。尽管《凡尔赛和约》的生效(1920年)和"五卅惨案"(1925年)的发生,向中国人学习西方的高涨热情上兜头浇了一盆冷水,但相比于当时各式各样新儒家式的改良主义方案——例如国民政府下大力气宣传倡导的"新生活运动"——西方的文化与政治改革模式依然具有更大的号召力。不仅如此,在这一时期的上海,西方物质文明的影响力达到了前所未有的高度,不论是建筑艺术、家居装潢、服饰潮流,还是汽车、电车等新交通工具的普及,方方面面无不闪烁着西方物质文明的成果;艺术、文学、音乐、电影等领域,更是紧紧追随着西方典范。烹饪以外的饮食话语(如对食物的营养学讨论)也呈现出明显的西方化倾向。在晚清改革家们已经打好的基础上,新政府大力倡导西医西药,进一步将生物医学角度的营养学知识运用到对城市饮食问题的分析中去。尽管不论是西方的意识形态、物质文明、艺术,抑或是医药,只要来到中国,其最终产物往往都会呈现出鲜明的本土化特色。但对于当地受众来说,即便是这些"变了味"的阐释和尝试,也依旧是一种"西

145

化”的努力。

但如果聚焦饮食的烹饪,那么上海则走向了截然不同的方向。民国时期的上海,中国地域饮食文化发展出了一种前所未见的社会功能:人们通过品鉴各地菜肴,畅想着国家在政治和文化层面实现统一。从民国初期开始直至“南京十年”(1927—1937)期间,上海见证了中国地域饮食的东山再起;城市中原本就已经相当繁荣的餐饮业变得更加丰富多彩。但更关键的是,居住在上海的人们赋予地域饮食文化以全新的社会意义:在这座消费文化异军突起的城市,地方烹饪传统成了医治消费社会各种弊病的良药;面对上海社会乃至国家政治的分裂,人们更是在地域饮食文化中找到了弥合裂痕的妙方。对于这座城市中的居民而言,“中国人”这个身份究竟意味着什么,是见仁见智的,更不必说那些生活在外国租界里的中国人,其身份处境更处在一个模糊的灰色地带。但很明显,饮食为人们追寻文化身份认同提供了重要的根据。

民国时期,诸多都市群体都将饮食视为构建地域和国家文化身份的载体,而这样的一套话语也成为当时人们应对上海社会涌146现出的各种问题的重要思路,这从当时市面上出版发行的指南书就能看出端倪。这些书的作者,往往对地方餐馆如何极大地丰富了这座城市的餐饮文化进行详细介绍。城市居民会在自己的写作中,记录下个体对都市饮食文化的观察和感受,并赋予各式各样的中国地域饮食文化以各不相同甚至常常截然相反的意义。他们当中,有人热情地拥抱这座城市的饮食多样性,有人则对此持批评态度,更有人带着诗意怀念起这座城市旧日的辉煌。在类似王定九《上海门径》和《上海顾问》这样的商业指南书中,当时社会上各种由饮食生发而来的思绪和情绪都有迹可循。在此基础上,王氏的指南书进而呈现出两种关于地域饮食文化的思考。①一方面,王氏的食物书写是对这座城市中五花八门的中国地方餐饮进行介绍和概览,更是通过食物将中国多种多样的地域文化归化在一个国家框架下进行讨论。另一方面,王氏和他的读者既为上海发达的地域饮食文化骄傲,又深深叹惋这种多姿多彩的饮食文化也禁不住商品化浪潮的冲击。但通过食物书写,王氏向他的读者们传授了一种消费者策略,让他们得以在饮食文化商品化的进程中找到门径而不至迷失。

地域饮食文化的复苏

在民国初期的各种商业指南书、回忆录以及诸如《上海著名食品歌》这样的流行歌谣中,都能够窥见中国地域饮食文化东山再起的迹象。以此食品歌为例,虽然它赞扬的是那些晚清以来逐渐在上海闯出一番名气的美食,但我们依旧能从中看到民国头十年中,上海在饮食文化尤其是餐馆文化方面取得的进步。与清朝的最后一个十年相比,民初的这十年间,城市里的地方风味餐饮业呈现出更加丰富的多样性。

在城市生活的叙事中,这种饮食的多样性日益明显。相比之下,昔日上海餐饮业呈现出的丰富性显得微不足道。本书第二章曾提到作家刘雅农童年记忆中的清末“三牌楼汤团店”。这位作家还曾记录道:“五十年前,饮馔品本帮而外,仅有京苏徽宁各馆,川湘闽粤尚不风行。”但很快情况就发生了变化,以至于“以后日

① 王定九:《上海顾问》;《上海门径》。关于王氏本人,我们知之甚少。但他除了写作指南书,也编纂过书信写作模板大全和女性作家的作品集等。

新月异，各省口味皆备，且后来居上矣”。[①] 作家兼编辑严独鹤（严桢，1889—1968）也留意到了类似的现象，并在记录城市变迁的同时提供了一种阐释：

147

> 沪上酒馆，昔时只有苏馆、京馆、广东馆、镇江馆四种。自光复以后，伟人、政客、遗老，杂居斯土，饕餮之风，因而大盛。旧有之酒馆，殊不足餍若辈之食欲，于是闽馆、川馆，乃应运而兴。今者闽菜、川菜，势力日益膨胀，且夺京苏各菜之席矣。[②]

尽管对于1911年辛亥革命前上海的地方风味餐馆都有哪些，严氏与刘氏的记录略有分歧，但二人都注意到：上海的餐饮业日益多样化，沪上的新老顾客对于各式各样新出现的地方特色烹饪也都跃跃欲试。

各式各样的中国地方烹饪料理在上海迎来第二春，这一现象也被商务印书馆出版的一系列《上海指南》记录了下来。这个系列的图书是20世纪初上海市面上最重要的商业指南书中的一种，它的第一版付梓于1909年。其时，晚清的“西餐热”方兴未艾，《上海指南》是这样描述当时沪城里餐饮业的面貌的：“沪上酒馆林立，肴馔纷陈。然大别之，华式西式而已。顾无论中西，名目不一，价值不一，而其滋味之各擅胜场亦不一。”[③]

1909年版的《上海指南》肯定了沪上中西餐馆的多样性。说起“华式酒馆”，《上海指南》甚至还用小号字体将每一家的地方特色标注出来，并附上该店地址。但“酒馆”一节的大部分内容，其

① 刘雅农：《上海闲话》，第69页。
② （严）独鹤：《沪上酒食肆之比较》，第389页。
③《上海指南》(1909)，8.5a。

实只是将两家餐馆的菜单原封不动地照抄了下来:一家是粤菜馆杏花楼,另一家则是番菜馆岭南楼。这样的编排似乎表明:指南书作家在中西烹饪间划界的渴望,远远盖过了其清晰界定不同的华式烹饪如何“滋味之各擅胜场”的兴趣。相比之下,1912 年版的《上海指南》则将更多的注意力放在这座城市餐饮业所呈现出的中国地域特色上。其“饮食店”一节是这样开篇的:“酒馆种类,有四川馆、福建馆、广东馆、京馆、南京馆、苏州馆、镇江扬州馆、徽州馆、宁波馆、教门馆之别。新鲜海味,福建馆、广东馆、宁波馆为多。菜价以四川馆、福建馆为最昂,京馆、徽馆为最廉。”[1]可见, 148 1912 年版的《上海指南》已经留意到,上海的中餐业呈现出不同的地域特色,且在烹饪上各有所长:有的擅长烹制海鲜,有的则专做清真食品。

将两版《上海指南》放在一起做一对照,我们还能看出上海餐饮业在商品化转型过程中呈现出的另一个重要变化。在讨论“酒馆”的章节,1909 年版《上海指南》着重介绍了不同等级的套菜标准:根据一“整桌”配备的菜色不同,价格也从一圆到十圆不等。[2]由此可见,该版《上海指南》是将整桌套菜的等第作为区分餐馆食品质量高低、价格贵贱的主要指标的。[3] 相比之下,1912 年版的《上海指南》不再聚焦套菜的等级,而是将烹饪的地域风格作为评判等第的重要考量因素。换言之,对于沪上食客而言,各个地方菜品本身的口味和格调,已经取代了一套放之各餐馆而皆准的套菜等第体系,成为餐馆食品价格贵贱的主要依据。除了一般的餐

---

① 《上海指南》(1912),5.9a。

② 《上海指南》(1909),8.5b。

③ 在“整桌价目”之外,该书也将“零点价目”(各个菜品的零售价格)作为体现餐馆食品档次高低的次要指标。

馆，1912年版的《上海指南》还重点介绍了几种带有地域特色的餐饮场所，例如广东“宵夜馆”[①]和“饭店”——后者专指一种规模较小、价格较廉，专门供应苏州、四川、山东或天津式菜肴的小餐馆。[②] 短短几年间，《上海指南》在介绍餐馆食品时，其注意力已经从套菜这种一家独大商品形式，转移到各式地方风味菜品上。

有关中西餐饮的内容在1909年版《上海指南》中基本做到了平分秋色，与此形成鲜明对比的则是：在1912年版的《上海指南》中，介绍中国地域饮食的篇幅已经远超有关西餐的部分。书中首先指出，“大餐馆”按种类大致可以分为“西人所设”与“华人所设”两种，然后便简要解释了一下西餐的上菜流程和就餐礼仪了事，丝毫没有在菜品本身的内容上浪费功夫（相比之下，1909年版的《上海指南》则提供了一份完整而详细的“岭南楼番菜馆”菜单，以助读者了解西餐菜品）。可一旦说起中式烹饪，则即便是城市中最低端廉价的小馆子，1912年版的《上海指南》也绝不吝惜笔墨，娓娓道来。下面对上海“面店”的介绍便是一例：

> 面店有鱼面、醋鱼面、肉面、虾仁面、火腿面、火鸡面、锅面、馒头等。羊肉面以山西路先得楼、时如春为最，素面以城内邑庙六露轩为最。炒面馆有炒面、炒糕、炒粉、汤面等。馄饨店有馄饨、水饺、烧麦、春卷、汤包、汤团等，以福州路四如春、近水台、四时新、聚兴春、四时春为最。[③]

149

除了这些四季常供的饭食，1912年的《上海指南》还专门提名了

---

① 1912年版《上海指南》已经采用今天更常见的“宵夜”一词来指称这种餐馆，而非本书第二章中《图画日报》作者专门强调的“消夜”。——译者注

②《上海指南》(1912)，5.10a—b。

③《上海指南》(1912)，5.11a。

好几样家常小馆里的中国特色时令吃食,比如夏日里的熟藕和糖芋艿。不过,要充分领略沪上的地方特色小吃,不光要把握时令,便是一日之内的时辰也有讲究。书中细致地指点读者:镇江扬州饭馆“以面及咸甜饼饺为佳”,适合作早餐;广东茶馆午后多兼售馒头、水饺、烧麦等;晚间则要数在宵夜店里品杏仁茶、莲子羹最为惬意。①

在民国时期,都市指南书对餐饮业的描述越发精细。付梓于1925年的《上海宝鉴》比前述1912年版《上海指南》晚了十数年,但这本书对沪上餐馆介绍得已经如此全面细致,以至于它不得不借助表格的形式来整理复杂的信息。例如,《上海宝鉴》列举了41道沪上的“四川馆名菜”和43道“福建馆名菜”,分别罗列在“常时”和“春季”“夏季”“秋季”“冬季”4个季节标签下。什么节令能品尝到什么菜色,分门别类,清清楚楚。至于广东馆和徽州馆,虽然《上海宝鉴》罗列出的菜名较少(分别只有18样和15样菜品入榜),但也提供了足够详细的信息,能让读者对两地菜品的风格和口味形成系统的印象,并了解两种菜系中较为知名的几样菜品的名称。②《上海宝鉴》开列出的这些菜品表格在后来的多种上海指南和其他出版物中被反复翻印,其中就包括1926年商务印书馆出版的增订版《上海指南》,以及1928年出版的日用百科手册《常识大全》。出版商之间互相翻印的行为,让研究者较难捕捉中餐馆在那些年中所提供的餐饮的变化,但这种出版行为以文字的形式让沪上的中国地域饮食文化叙事呈现出了某种连贯性,并令这座城市中各类地方风味餐馆分别提供什么特色菜品成

---

①《上海指南》(1912),5.11a。

②《上海宝鉴》,14.1a—2b。

了在大众中广泛流传的“常识”。①

这一时期的商业指南书，也继续反映着城市居民赋予各色地方菜肴以何种社会文化价值。举例而言，《上海宝鉴》的编著者在介绍沪上餐馆行业的各个地域帮派时就有详有略，这种编排设计反映出来的，是餐饮业各菜帮之间社会地位和菜品价格的不尽相同。书中介绍道：四川馆以其“烹调精美”规模宏大”而“颇称名贵”；福建馆供应的闽菜则“与川菜不相上下，烹调绝佳，为一般人所喜食”。相比之下，虽然广式宵夜馆尚且算得“价廉而物美”，但广东菜——或者说最起码“真正”的广东菜——就不是那么出彩了，其情形如该指南书所言：“他省人多不喜食。”②由《上海宝鉴》中的介绍可以看出，一些地方菜帮的烹调口味尚能迎合五湖四海的食客，另一些则苦于众口难调。在外省人看来，后一种菜肴的受众无疑是十分有限的。

150

地域饮食文化之于上海：三种视角

民国初期，指南书中描绘的各式各样地方饮食，成了人们心中上海都市图景的一个鲜明特征。因此，如果说地域饮食文化已经成为此时上海居民体验都市生活的重要途径，也绝非夸大其词。下面即将讨论的3篇散文均创作于这一时期，并共同围绕饮食文化这一主题展开。它们向人们展示：个体是如何以饮食为途径，描绘他们与这座城市之间的关系的。严独鹤的《沪上酒食肆之比较》发表于1923年，散文展现了一位文化精英如何通过饮食

① 《常识大全》第5集，3—10；《上海指南》(1926)，5.3—5。
② 《上海宝鉴》，14.1b。

来获取和传达一种对都市生活的熟稔和掌控感。叶圣陶同年发表的《藕与莼菜》则从都市平民的视角出发:他无法像严氏一样常常光顾价格高昂的餐馆,却一样能通过带有鲜明地域特色的食物书写,记录自己与这座城市之间的关系。不仅如此,叶氏的散文还表明:尽管对于如严氏这样的人们而言,探索城市中的外省饮食是为了获得巨大的感官享受,但对于新到上海的外地人而言,与家乡饮食文化的重逢总能勾起他们对故土的亲切记忆。最后,陈伯熙出版于 1924 年的《上海轶事大观》中,有关上海饮食的文字生动地向人们展示:上海当时正经历着巨大的社会变革,而饮食文化让人们在沧海桑田的巨变中得以确认地方文化的连续性,并从中找到一丝归属感。

严独鹤:美食世界的漫游者

严独鹤是民国初期上海饮食文化最为热心的观察者之一。1889 年,严氏出生于一个较为显赫的家庭(他是翰林严辰的侄孙),这样的出身让他有更多的机会接触上海的高端餐馆文化。严氏祖籍浙江桐乡,其地方大概在上海西南方 130 公里外。但严氏本人其实生于上海,也是在上海接受了中国典籍的启蒙教育,并在十五岁上考取了秀才。在此之后,他进入江南制造局附属兵工学校学习,最终升入上海广方言馆,学习英文及数理化各科。在东西方学术传统上,严氏都颇有造诣。①

151

严氏正属于上海都市中一个规模可观的精英群体。这个群体在吃上十分讲究,常常光顾城中各式各样的餐馆。在他们看来,对这座城市餐饮业中的各个地方菜帮了如指掌,也是一门都

---

① 熊月之主编:《老上海名人名事名物大观》,第 48 页。

市生活的学问。长久以来,宴饮都是中国饮食文化的重要组成部分。19世纪下半叶,当餐馆文化在上海繁荣起来以后,餐馆宴客之道就成了精英阶层的必修课。前几章已经讨论过:要在19世纪末的上海风月场上崭露头角,就要一面能在推杯换盏间与席上的达官富贾们建立起商业伙伴关系,一面又能在城中最红的名花面前一展风姿,博得佳人垂青——这就要求来洋场闯荡的人有相机而动、随时随地攒出一个席面的本事。到了民国初期,上海的宴饮文化又添了新内容:如严氏这样的人物,就能够借助沪上地域饮食文化的繁荣,展现自己对变幻无常的城市生活具有细微而精准的把握。在他们眼中,什么场合该吃什么菜、又当去哪里寻找最正宗的口味,这是一门大学问。一个人若是能够掌握这种知识,足可见得其来历教养与众不同。

尽管此时的精英阶层以见得多、"食"得广见称,其中的个体当然还是拥有不同的地域饮食偏好。但令人感到惊讶的是,严氏的个人偏好竟能与上海指南书对沪上地方风味餐馆的优劣排序如此一致:

> 若就吾个人之食性,为概括的论调,则似以川菜为最佳,而闽菜次之,京菜又次之。苏菜镇江菜,失之平凡,不能出色。广东菜只能小吃,宵夜一客,鸭粥一碗,于深夜苦饥时偶一尝之,亦觉别有风味。至于整桌之筵席,殊不敢恭维。特在广东人食之,又未尝不大呼顶刮刮也。故菜之优劣,必以派别论,或欠平允。宜就一派之中,比较其高下,庶几有当。①

① (严)独鹤:《沪上酒食肆之比较》,第389—390页。

严氏的记录一方面表明:餐馆常客在遍尝中国各地美味之后,逐渐对地方风味形成了一套自己的评价体系。另一方面,尽管外省人对一些地方“美味”不以为然,但一位合格的老饕即便是面对那些较为边缘的菜帮,依旧能对个中名菜了如指掌。在严氏的美食名录中,这样的菜肴包括一些苏馆烹制的鱼翅——尽管苏馆大多“千篇一律,平淡无奇”,但仅就鱼翅一味而言,严氏认为苏馆的烹调“最合法,最入味”,“为其余各派酒馆所不及也”。此外,还有镇江馆擅长的肴蹄干丝——这一道菜过于诱人,严氏甚至可以为了一饱口福而忍受镇江馆里堂倌的恶劣习气和“尴尬面孔”。①

152

真正的老饕不但感官细致敏锐,对探寻美食怀着一颗锲而不舍的心,更兼知识丰富,对于在哪吃、何时吃、各个馆子里必吃什么,都如数家珍。民国初期,川菜馆成了沪上最高档的馆子——它们的传奇是从民国元年(1912年)就开始的。如严氏所言:“沪上川馆之开路先锋为醉沤,菜甚美而价奇昂。在民国元、二年间,宴客者非在醉沤不足称阔人。”②醉沤的高端定位,让能够在此处消费的顾客脸上有光,大大地提高了自己的社会声望,但高昂的菜价也让该馆难以吸引普通食客,因而生涯不振,最终至于歇业。但有了醉沤开路在前,又有6家川菜馆相继崛起,每一家都致力于步醉沤之后尘,重振沪上川菜馆的雄风。都益处发祥于汉口路,初时只有楼面一间,专售小吃。由于该店烹调精美,生涯大盛,最终从一间店面发展为三间,还附带一座小花园,夏季可在园中设露天雅座——这样的设施在当时的上海,如果尚不能说是史无前例,也是十足的新奇享受。但在严氏看来,扩大经营不是没

① (严)独鹤:《沪上酒食肆之比较》,第392—393页。
② (严)独鹤:《沪上酒食肆之比较》,第390页。

有代价的："然论其菜，则已不如在三马路时矣。"除了都益处外，还有"宜于小吃"的陶乐春，菜品质量不稳定的美丽川菜馆（严氏推断："大约有熟人清客，可占便宜；如遇生客，则平平而已"），为扭亏为盈而由镇江馆"半路出家"改为经营川菜的大雅楼，以及在严氏写作该文之日，沪上川菜馆的翘楚——消闲别墅。最后这家店的烹饪"别出心裁"，一味奶油冬瓜尤其脍炙人口。①

严氏对地方风味餐馆行业的深厚知识，还体现在他对餐馆掌故的了解上：沪上餐馆名字的来历出处，哪些名流曾经光顾过哪些馆子，在这些馆子中又当如何点菜，严氏都一清二楚。与川菜馆类似，闽菜馆也是沪上餐馆行业的后起之秀。最早的小有天，名号出自教育家、艺术家、"清道人"李梅庵（李瑞清，1867—1920）的一句诗。自此，"有天"二字竟成了闽菜馆的行业标识。在小有天之后，别有天也开门营业了。之所以取个"别"字，大概是因为该店经理原是小有天的旧人，自告别老东家，别树一帜，另起炉灶，因而为自家餐馆取名"别有天"。别有天之外，还有中有天。这家店虽然是年前新开张的，地段也颇为偏仄，但营业甚佳，到底从小有天创下的市场中分了一杯羹。究其原因，其实是沪上的日本侨民尤其喜欢闽菜，中有天又开在北四川路上，距离日本侨民聚居的社区较小有天更近，日人便自然舍远就近了。严氏对这一切了如指掌，是因为他本人的居处就在中有天附近，自己也是该店的常客。频繁光顾闽菜馆的严氏更是吃出了自己的心得：在闽菜馆就餐，一定要点餐厅预先配置好的"整桌菜"，而切勿吃"零点菜"；他信誓旦旦地向读者保证："凡属老吃客，当不以余言为谬也。"严氏回忆道：自己便有那么一次，应友人之招，在小有天宴

153

① （严）独鹤：《沪上酒食肆之比较》，第 390 页。

饮。可惜这位友人对闽菜馆的门道一无所知，单点了五六样菜。结果，即便一桌菜没有一样贵品，味道也一无是处，结账时价格竟还奇高。①

严氏继而写到，相比于川菜馆和闽菜馆的无限风光，京馆就稍显得不那么时髦了。这一点从两个方面可以看出来：首先，沪上京馆中的“老大哥”雅叙园，如今依旧“以老资格吸引一部分之老主顾”。其次，选择“京馆”的老饕们也都不是奔着最新潮的菜品去尝鲜，而是冲着各家馆子的拿手好菜去的：“小吃以悦宾楼为最佳。整桌酒菜，则推同兴楼为价廉物美。”但即便如此，沪上京馆依旧是亲朋聚会的重要场所。同兴楼的生意如此火爆，以至于“华灯初上，裙屐偕来，后至者往往有向隅之憾”。京馆还特为沪上梨园界人士所喜爱，“伶人宴客，十九必在会宾楼”。久而久之，会宾楼竟成了“伶界之势力范围”：凡欲在那里请客做东的，最好和伶人同往，则酒菜俱佳；若只身独往而没有伶人相伴，则酒菜“不免减色”。②

严氏对上海地方风味餐馆业的了解，不仅体现在他熟知各大菜帮和当红饭店上，也体现在他即便面对的是平平无奇的地方馆子，也能凭着自己的精明眼光，充分发掘它们的特长功用。比如，苏馆的优势在于“定价较廉，而地位宽敞。故人家有喜庆事，或大举宴客至数十席者，多乐就之”。③ 至于镇江馆，如前文已经提及的那样，其与苏馆类似，菜色失之于平淡，无甚拿得出手的名菜，却还兼有“见人下菜碟”的恶习——堂倌的好脸色只留给同乡食客。谈及此事，《红杂志》(严氏的这篇美食文章便发于此刊)的理

154

① (严)独鹤：《沪上酒食肆之比较》，第390—391页。
② (严)独鹤：《沪上酒食肆之比较》，第391—392页。
③ (严)独鹤：《沪上酒食肆之比较》，第392页。

事编辑施济群也深有体会,忍不住以批注的形式,在字里行间大发牢骚。施氏尤喜食镇江馆制售的肴肉包子,怎奈“堂老爷”面目实在可憎(严氏所谓“堂倌之习气”),令他不能不望而却步。有鉴于此,严氏建议着实想要品尝镇江馆食物的食客们,学一两句镇江方言,从而赢得熟客才配享有的待遇。这条建议说明:不似其他地方风味餐馆老板,镇江馆的经营者们更加倾向于服务同乡食客。这背后的原因已经不得而知了,但镇江馆服务外乡食客时不情不愿的态度似乎表明:面对沪上地域餐饮业的日益商业化,镇江馆老板们实在无心参与这场商战——能够赢得沪上镇江同乡们的认可,他们就已经心满意足了。

谈起广东馆,严氏以为颇不足道,但他仍尽力展现了自己作为一名资深老饕的挑剔眼光和专业精神,深入分析了沪上的广东馆“失败”在哪里。他将广东馆分为大、小两种,却认为二者的烹调一样地不足取。小馆“几于无处不有”,所售食物也以便宜为要,“实无记载之价值”;大者则口味千篇一律,皆“鲁卫之政,无从辨其优劣”。诸馆中,恐怕只有“资格最老”的杏花楼是个例外。由此可见,在严氏眼中,老字号是一个餐馆品牌价值的重要组成部分。至于广东馆对食客缺乏吸引力的原因,严氏认为应当归结在粤菜的一大“弊病”上——“可看而不可吃。论看则色彩颇佳,论吃则无论何菜,只有一种味道,令人食之不生快感”。不过坊间传言,倒很推崇一家位于北四川路和崇明路交叉口的广东馆,名“味雅”。该餐馆的位置也正处于沪上最大的粤籍社区的心脏地带。据说该馆规模不大,但严氏的好几位朋友尝过之后都十分称道,只是严氏自己还未曾亲试。

严氏的写作向人们展现出,沪上的文化精英是如何与日益商155业化的上海地方风味餐饮互动的。《上海指南》和《上海宝鉴》一类的指南书热情赞颂着上海作为中国地域餐饮文化四方辐辏之地的盛况,并向读者灌输不同地方烹饪所体现出的不同经济、社会和文化价值。严氏的书写正是诞生于这样一个餐饮商品化的进程中,但又将这一进程抬上了新高度。在他的书写中,吃的行为本身、如何吃得得体、如何吃出社会声望和美名,都大有学问。因此,严氏不但精通去哪吃、吃什么,也深谙评判食物好坏的门道;即便面对那些他很不以为然的菜系,他也必平心而论,方显老饕本色。自然,《上海宝鉴》早已指出广东菜“他省人多不喜食”的弊病,但对于严氏而言,品鉴美食的意义并非下一句断语这么简单:能吃出名堂,且品评时公允而切中要害——这是一个人优越品性与不凡阅历的明证。

不过,对于严氏该文中所记录的个人经验与洞察,也有读者提出了不同意见。针对严氏对沪上苏馆的揶揄,施济群写道:“独鹤所论,似偏于北市。以余所知,则南市尚有大码头之大酺楼,十六铺之大吉楼,所制诸菜,味尚不恶。”[①]通过指出严氏对都市景观观察中的一个不足之处,施氏也奠定了自己身为一名资深老饕的权威性。在施氏看来,严氏大可不必唯繁荣的租界餐馆业是尚,却错过了藏在平凡市井中的美食——那些时时事事都务要体面的精英,往往不屑于人间烟火气,但真正的行家怎能不知道这些藏在街头巷尾的珍馐美味。

叶圣陶:作为文化批评的饮食怀旧

《藕与莼菜》是叶圣陶以他最喜爱的家乡物产为题而作的一篇散文,格调惆怅,文笔感人至深。上节提到的施济群加在严氏

---

① (严)独鹤:《沪上酒食肆之比较》,第392页。

散文中的那点弦外之音，却是叶氏此文的中心思想。诚然，如严氏一般的都市文化精英们能够凭着对上海琳琅满目的餐馆业“近水楼台先得月”，从中获取消遣享受和声名地位，甚至城市中的富裕阶层也能因此获得一种自我身份的定位。但像叶氏这样不那么阔气的人，则通过细致描绘一种更为质朴纯粹的地域饮食文化来反思沪上的消费文化，以及建立在这种商业文化之上、令严氏等人赞不绝口的餐馆行业。叶氏生于 1894 年，父亲是地主家的账房先生，这样的家世背景显然不能和严家同日而语。尽管叶氏最终成为五四时期重要的作家、出版人和教育家，但在 1920 年代的大多数时期，他的生活还是比较拮据的。[①] 才华横溢的他，因为参与了五四时期非常关键的两个文学社团的创建而广为人称道：一个是北京大学学生组织的“新潮社”，另一个是与茅盾、郑振铎等人共同筹办的旨在提倡写实主义文学，反对“为艺术而艺术”的“文学研究会”。1930 年，叶氏成为开明书店的编辑，该书店是民国下半叶青少年教科书出版界的翘楚。但与这一“进步”形象不大相符的是，叶氏的文学创作生涯也呈现出过同样强烈的“传统”趣味：他曾在杂志《礼拜六》上发表过诸多文言小说，也对广泛记录日常生活琐事和民间习俗有着浓厚的兴趣。[②] 尤其是这种对于地方民俗的兴趣，在他的食物书写中俯拾即是。

156

叶氏的求学与工作经历使得他常年漂泊，而辗转各地的生活也让他对中国地方文化的独特性有了更加深刻的认识。1915 年，叶氏踏上离乡的旅程后，第一站便来到上海，在商务印书馆尚公学校任教员。尽管在新文化运动的前几年中他频繁前往北京，

---

① Vera Schwarcz(舒衡哲), *The Chinese Enlightenment*, pp. 70 - 71.

② 熊月之主编:《老上海名人名事名物大观》,第 24 页;刘增人、冯光廉:《叶圣陶研究资料》,第 3—10 页。

但在1917年至1922年的大多数时候,他还是在苏州郊外角直镇上的第五高等小学任教,直至他最终进入商务印书馆从事编辑工作,并在上海稳定下来。定居上海后的叶氏在他的文章中表达了对家乡苏州文化深深的眷恋,正如他发表于1935年的散文《过节》中所表现出来的:他在上海长大的几个孩子都不能理解“过节”这件事对老一辈苏州人的意义,这让他颇为遗憾。老辈苏州人口中的“过节”实际上是一种祭祖的方式;但对于他的孩子们而言,家里过的这个“节”和中国其他的“节”别无二致,不过是“买一些酒菜,大家在节日吃喝一顿”。[①] 这篇散文记录了叶氏的忧虑:长久的背井离乡,会切断人们与故土的文化与情感联系。

在更早前写就的《藕与莼菜》中,叶氏已经谈起过远离故土的隐忧。该文与严独鹤的《沪上酒食肆之比较》发表于同一年,但对于严氏赞不绝口的上海,叶氏不以为然,并带着怀旧的口吻,回顾了家乡苏州的饮食文化。从《藕与莼菜》看来,上海的商业饮食文化固然能令一些人心驰神往,但市面上不易获得的土特产也令另一些人魂牵梦萦。通过记录最能代表故乡饮食文化的两种食材,叶氏指出了一系列上海特有的社会问题,并道出了囊中羞涩的都市游子所面临的困难。

与严氏集中笔墨描摹上海当地的饮食文化不同,叶氏对苏州饮食文化深深的眷恋以一种普鲁斯特式的回忆将他的思绪带回了家乡。在上海,吃到鲜藕的机会不多。因此,仅仅是“同朋友喝酒,嚼着薄片的雪藕”,叶氏便“忽然怀念起故乡来了”。藕的滋味勾起叶氏对童年故乡生活的回忆,尤其是农妇农夫们将采收来的鲜藕挑到镇子上售卖的情形:男人们“紫赤的胳膊和小腿肌肉突

157

---

① 叶圣陶:《过节》,第98—99页。

起,躯干高大且挺直,使人起健康的感觉”;女人们“往往裹着白地青花的头巾,虽然赤脚,却穿短短的夏布裙”,看上去也“别有一种健康的美的风致”。新秋的早晨,总有许多如此打扮的乡人从他家门前往来经过,每人肩上都“挑着一副担子,盛着鲜嫩的玉色的长节的藕”。乡人们“在产藕的池塘里,在城外曲曲弯弯的小河边”一再洗濯他们的藕,其一丝不苟的程度,就仿佛这藕是“供人品味的珍品,这是清晨的画境里的重要题材”一般。在挑着担子去往城镇的路上,藕农们偶尔也会歇歇脚,“随便拣择担里过嫩的‘藕枪’或是较老的‘藕朴’”解解渴。但最好的藕一定是留给路过的客人们的——“红衣衫的小姑娘拣一节,白头发的老公公买两支”。就这样,莲藕清香甘甜的滋味走进家家户户,日复一日,“直到叶落秋深的时候”。①

在家乡,落木萧萧的景象标志着鲜藕季的结束,这让叶氏又联想回上海。在文章的下一部分,叶氏将上海和家乡做了一个比较,写道:

> 在这里上海,藕这东西几乎是珍品了。大概也是从我们故乡运来的。但是数量不多,自有那些伺候豪华公子硕腹巨贾的帮闲茶房们把大部分抢去了;其余的就要供在较大的水果铺里,位置在金山苹果吕宋香芒之间,专待善价而沽。至于挑着担子在街上叫卖的,也并不是没有,但不是瘦得像乞丐的臂和腿,就是涩得像未熟的柿子……除了仅有的一回,我们今年竟不曾吃过藕。这仅有的一回不是买来吃的,是邻舍送给我们吃的。他们也不是自己买的,是从故乡来的亲戚

① 叶圣陶:《过节》,第111—112页。

带来的。①

目光移回上海，对比就鲜明多了。在家乡，藕是“平常的日课”，是大自然节律的指针。但在上海，藕便只是商品——还是叶氏这样的普通人消费不起的商品。供应的不足、社会等级的分化、商家的营销手段，都让鲜藕成了都市里的奢侈品。在这里，卖藕的不再是身体健美、勤劳质朴的藕农，买藕的也没有“红衣衫的小姑娘”和“白头发的老公公”。取而代之的，是一群门槛精明的茶楼酒肆的经营者，他们将最上等的鲜藕卖给豪华公子和硕腹巨贾。当然，上海也有沿街叫卖的小贩，但他们所售的莲藕丝毫不能缓解叶氏的思乡之苦：这些藕早已干枯萎缩，哪里还有家乡苏州的鲜藕那健康洁白的色泽。唯有依靠同乡亲友们组成的社会关系网络，漂泊的游子才能够凭着老式的人情往来，获得一点点品质尚可的藕。

158

同样是凭借着这张人情关系的网，叶氏获得了另一种令他朝思暮想却在上海难得一遇的家乡美食——莼菜。值得注意的是，说到莼菜，叶氏再一次回到了对自然节律的讨论上，从莼菜的丰收季谈起：

> 想起了藕就联想到莼菜。在故乡的春天，几乎天天吃莼菜。莼菜本身没有味道，味道全在于好的汤。但是嫩绿的颜色与丰富的诗意，无味之味真足令人心醉。在每条街旁的小河里，石埠头总歇着一两条没篷的船，满舱盛着莼菜，是从太湖里捞来的。取得这样方便，当然能日餐一碗了。而在这里上海又不然；非上馆子就难以吃到这东西。我们当然不上馆

① 叶圣陶：《过节》，第112页。

> 子,偶然有一两口去叨扰朋友的酒席,恰又不是莼菜上市的时候,所以今年竟不曾吃过。直到最近,伯祥的杭州亲戚来了,送他瓶装的西湖莼菜,他送给我一瓶,我才算也尝了新。①

与藕类似,莼菜也是故乡日常生活中的不可或缺之物,可一旦到了上海,却都成了奢侈品。叶氏不得不依赖他的那些拥有乡村社会关系网的城市朋友——这一次是他商务印书馆的同事王伯祥——方才得以抚慰自己的莼鲈之思。而食用当时当令的食物,更让他与自然的律动重新建立起联系。如果说,前述严氏主要是通过表现自己对上海餐馆业的轻车熟路来塑造一种优越的自我身份,那么叶氏的书写也同样是具有社会价值的行为:他的文字让一地的饮食文化,变成其赖以生根发芽的地方文化的一个转喻。

叶氏谈及家乡的食物,总是强调"尝新"——要吃得当时当令。由此可见,饮食文化对于构建"时空体"(chronotope)有着重大意义。"时空体"这个概念在导言中已经出现过,它特指一个以时间节律为特点的空间。在严氏《沪上酒食肆之比较》一文中,上海的沧海桑田,是以新潮酒馆饭店"你方唱罢我登场"为纪年的。相比之下,叶氏的苏州,男男女女们则生活在大自然年复一年的循环往复中:不似狂热与快节奏的上海都市生活,清晨经过叶氏家门前的乡下藕农遵循着自然的时序。不仅如此,每个时空体都有着自己独特的社会愿景。藕农们精心濯洗莲藕的行为向人们表明:这些乡人胸无城府,确是踏实勤劳的农人;他们为人正直,与城里人做生意时货真价实,童叟无欺。他们也明白,食物不仅

159

① 叶圣陶:《过节》,第112页。

是用来果腹的,更带来美的享受,必要以恭敬之心对待。因此,在漫长的一天即将结束,藕农们又累又渴的时候,他们也“吝啬”地只愿吃些品质欠佳、自己无论如何不能递给买家以次充好的残损藕段补充体力。而当地的老老少少、男男女女,则用买藕的方式报答藕农们的艰辛与诚意。就这样,围绕着一样食物,一个社会中的家家户户被串联了起来。如此看来,叶氏笔下的苏州与严氏笔下的上海大相径庭:前者实是一个桃花源般的理想社会,后者则少了普通人家“设酒杀鸡作食”的从容与质朴。

陈伯熙的“老上海”

叶氏承认自己并不是餐馆常客,但即便是常常光顾餐馆的老饕们,也会尝试在沪上高端餐馆组成的豪华世界之外另辟蹊径,去寻找一种文化连续性——陈伯熙就是其中一位。现有史料没能提供有关陈氏出身和教育经历的太多信息,但可以确定的是,陈氏常年居住沪上,并在报界供职。他曾短暂地担任过《中华新报》的编辑,且对上海的历史地理有着丰富的知识储备。① 尤其值得注意的是陈氏在其1924年出版的《上海轶事大观》中对上海饮食的评价。这些评价表明,在沪上生活的人们,并不一定总要将目光转向另一个地方或时空体才能找到生生不息、代代相传的饮食文化;上海自己的历史已经提供了足够的素材,来丰富人们的文化遐思。

陈氏《上海轶事大观》中有“岁时风俗”一节,尤其能够证实上海当地的饮食传统是具有重要的文化潜质的。该章节以一种类似地方志的风格结构,回顾了老上海生活中各种重要的阴阳历节

① “出版说明”,陈伯熙:《上海轶事大观》,无页码。

日及节庆活动,特别是节日里的上海特色饮食。记录从元旦开始。这一天,“各家皆食腻羹、粉团菜头”以贺岁;大年初五迎财神,人们在初四晚上便早早为之筹备了一桌酒宴。酒宴的重头戏是一盘用极鲜活的鱼做成的“元宝鱼”。这鱼的来历更是讲究:早在筹备酒宴的前一天,已有鱼贩“用红绳扣鳍,踵门而来”,这一幕便被人们称为“接元宝”。除了这些,正月里还有灯节。十三日是“上灯节”,家家户户吃粉团来迎接这一节日;到了十六日,当地民俗是要吃一种“财亨馄饨”;正月二十三“落灯”,人们在这一天享用米糕以示庆祝。陈氏特别强调,落灯节的米糕与上灯节的粉团绝不可混淆,“故有‘上灯团子落灯糕’之谚”。①

160

就像叶氏论藕那样,《上海轶事大观》谈及上海新年的贺岁风俗时,也是将饮食文化与四季的更替轮转联系在一起讨论的。不仅如此,陈氏还将沪上饮食风俗所体现出的历史连续性,与正在经历巨变、花样翻新的其他贺岁习俗做了比较。他写道:

> 上述各设,多系沪上旧有之风习。以五方杂处之上海,南北市之情形不同,固未可据一而论。即如坐汽车、出风头、江湾看跑马、游玩游戏场、虹庙城隍庙之烧头香诸端,更年年层出不穷也。②

陈氏这段所列举的各项活动——除了烧香——每一项都代表了一种近代上海特有的生活方式。1901 年,上海迎来了这座城市的第一辆汽车,自那以后,这种商品很快便成为权力和地位的象征。上海比中国其他任何一座城市都拥有更多的汽车,那么“坐汽车”能成为沪上贺岁的新民俗,也就不足为奇了。此外,跑马场

---

① 陈伯熙:《上海轶事大观》,第 67 页。
② 陈伯熙:《上海轶事大观》,第 67 页。

自1880年代起,便成为上海的一道都市景观,[1]而黄楚九开业于1917年的“大世界”,更是上海市民常往、外地客人必游的著名游乐场。[2] 由此观之,这些贺岁的节庆活动虽不是“沪上旧有之风习”,却也足以代表一种特色鲜明的上海生活方式。可唯独在“吃”这一项上,陈氏没有观察到任何明显的变化。这似乎说明:食物已经成了文化巨变浪潮中的定海神针——如果不是节庆期间的饮食文化带领着人们一遍遍重温记忆中的传统,人们早就会用新的方式来庆祝了。

161

与节庆饮食所呈现出的文化传承相比,上海当地的其他民风民俗在陈氏撰写本书的时候,早已在历史洪流的冲刷下变得面目模糊。例如,尽管每年二月二日,农家依旧有吃“撑腰糕”的习俗,以保一年无腰痛之虞,但二月十二的花朝日,花神殿外流光溢彩的“凉伞灯会”早已不见了踪影,正如陈氏记录的那样:“同光以来,民风凋敝,灯会遂废。”令陈氏倍感宽慰的是,立夏这一天,卖酒酿、梅子、樱桃、海蛳等吃食的小贩依旧会准时出现在街头巷尾,而手艺店铺的店主们也依旧遵从旧例,要请店中伙计们吃一顿有黄鱼、咸蛋、苋菜、蚕豆几样菜色的酒席。但即便是这几样旧俗,也面临着商品化的危机。就以立夏日酒席上的这一味苋菜来说,陈氏解释道:“其(酒席)中尤注重苋菜一味。如无苋菜,必折以钱。”再有,五月五日龙舟节前后,城中道士女尼纷纷出动,向人们发送“赤灵符”,“不过藉以报护法家之布施而已”。倒是妓家还

---

① 1880年代风头正盛的跑马场是位于上海市中心地带的“上海跑马总会”,该会不接受华籍会员。陈氏所谓“江湾看跑马”,特指由叶贻铨筹建于1908年、服务华人赛马的“江湾赛马场”。——译者注

② 有关上海汽车的介绍,见曹聚仁:《上海春秋》,第166—168页;有关跑马场的历史,见 Ye Xiaoqing, *The Dianshizhai Pictorial*, pp. 65 - 67;有关“大世界”游乐场的情况,见 Meng Yue(孟悦),*Shanghai and the Edges of Empires*, pp. 208 - 209。

不忘老规矩,在每年的这一时期,筹备家宴私菜以飨熟客。[①] 在各种文化衰退与社会变革的迹象中,唯有饮食承载着传统,伴随人们走过四季轮回,历久弥新——这是陈氏在记录上海岁时风俗时一再出现的主题。

地域饮食文化与国家图景

严独鹤、叶圣陶和陈伯熙三人,都在民国初期的上海找到了地域饮食文化的价值,但他们的饮食书写呈现出了三种截然不同的城市想象:严氏笔下的上海遍地是商机;叶氏看到了衰颓的市井社会;陈氏则看到了一个正在经历着巨变却还坚守着某些文化传统的都会。但还有一人,他的上海书写对以上三种观点中的某些矛盾抵触之处进行折中融合,此人便是王定九。王氏撰写的一系列上海指南书,如《上海门径》和《上海顾问》系列,已经成为研究 1930 年代上海商业社会与消费文化最丰富的史料库。

在王氏写作他的指南书时,上海的社会与政治氛围已然不同于严、叶、陈三人的年代。此时,乘着北伐的胜利,国民政府将政治中心迁到南京,开启了宝贵的“南京十年”,也给上海送去了新一批的豪商、军阀、政要以及代表国民党利益的市政机关组织。财富与权力的输入,将上海推向物质和文化繁荣的新高度,但在许多上海人眼中,消费文化大潮的冲击带来的更多是麻烦。诚然,几十年下来,上海地界上终于出现了向中央政府负责的市一级政府组织,更何况这一新的中央政府还展现了充分的潜力去实现它统一中国的愿景。但问题是,许多上海居民对于国民政府所

162

① 陈伯熙:《上海轶事大观》,第 68 页。

描绘的那个民族国家的远景心存疑虑。这样一种暧昧不明的社会氛围提供了新的历史契机,让地域饮食文化成为人们想象地方、民族国家和消费社会的载体。

王定九的上海指南书以丰富的细节、轶事、警世寓言和各行各业的花招伎俩,向读者展示了一幅都市生活的全景画卷,里面既有物质文化,也有休闲娱乐,更有世态炎凉。其中,他对上海地界上各地饮食文化所做的描绘提供了一种话语范式,让人们能够在想象中将不同的地方“时空体”整合起来,拼成一幅民族国家文化历史的宏大图景。而他向读者传授的有关如何小心规避上海商业社会尔虞我诈的建议,更为人们提供了一系列实用策略,可以稍微抵御饮食文化商品化所带来的部分恶劣后果。下面一个部分,笔者将阐释王氏的国家想象范式。至于他所提供的消费者策略,将在本章的最后一个部分加以讨论。

国家统一的愿景以一种前所未有的新方式影响着上海的饮食文化:地域饮食文化的巨大潜能被更加紧密地与民族国家的观念联系在了一起。在王氏上海指南书讨论沪上地方餐馆的章节,这一新动向体现得淋漓尽致:上海的餐馆业,俨然就是更加宏大的中国区域文化、历史、地理的一个具体而微的小世界。在每一本指南书的饮食篇,王氏都将地域作为划分该篇章内部小节的依据,且每一小节都以一句对该地方的简明介绍开篇,然后才会展开对该地名菜的细致讨论,并指导读者该往沪城的哪个角落去寻找烹制这一菜色的正宗馆子。例如,说到沪上的镇江菜帮时,王氏开篇先介绍镇江这一地方:“镇江古名京口,为一重镇。自省府迁来后,于今又属一省都会,市面日渐繁荣。”[①]类似地,说到无锡

① 王定九:《吃的门径》,见《上海门径》,第26页。

船菜,王氏也先谈无锡的地方情况:“无锡工商业很发达,且为米、丝、粉出产的商埠,因此市况繁荣。在京沪路上,有‘小上海’的称誉。”在王氏笔下,沪上餐馆行业的每一支菜帮,都是其诞生地的文化象征,也是该地方对构建宏大的民族国家历史所做出的重要贡献。

163

这种将地方历史与国家历史相联系的做法,最具戏剧性的一幕,还是体现在“南京十年”期间人们对沪上广府菜馆的认知变化以及王氏对这种演变的记录上。其实,记录这一变化的不只是王氏;“南京十年”期间出版的所有上海指南书几乎都注意到,相比之前的若干个十年,这一时期的粤菜经历了一个明显的转变,以至于各个指南书作家都公推广东馆为城市中最豪华、最时髦的馆子。前文已经提到过,“南京十年”以前,沪上的非粤籍居民对高端粤菜馆的认可度并不高(不过“宵夜馆”是个特例;晚清以降,宵夜馆在上海颇为流行)。直到北伐开始的前一年,粤菜在上海的处境还如《上海宝鉴》所记录的那样:“真正之广东菜,他省人多不喜食,故普通用粤席者甚鲜。”[①]正因如此,当时城中稍微上点档次的广州菜馆都如一位美食评论家所言:在北四川路一带“簇居一隅,普通的人,并不十分注意”。[②]

为了改变人们对粤菜的这一印象,沪上新老广东酒家可谓煞费苦心。将地方特色直接写进招牌里的“新雅粤菜馆”是沪上广东菜馆的后起之秀,其创始人蔡建卿是广东南海人。1926 年 9 月,就在北伐的国民革命军刚刚攻占汉口、向上海方向开拔之后不久,蔡氏也到达了上海。他在上海的第一桩产业,是规模十分

---

① 《上海宝鉴》,14.1b。
② 使者:《上海的吃(三)》,第 33 页。

有限、只拥有单开间门面、伙计帮佣统共不过十余人的“新雅茶室”。一年之后,茶室规模便扩展到二楼。又不多久,蔡老板已经在南京路上标下一处楼下三开间、楼上八开间的地块,准备将茶室迁过去了。[①] 再说杏花楼——这是最早出现在上海的广东馆之一。“南京十年”中,这家餐馆同样经历了重大转型:1927 年的翻修,让这家元老级餐馆摇身一变,成为拥有七开间门面、四层楼规模的豪华饭店。第二年,杏花楼又推出广式月饼,并在旧传统上翻出新花样,更以富于诗意的名字给这些小吃增色。由此,杏花楼的糕饼在上海消费者中声名大振,成功地从独占广式糕点市场鳌头的锦芳饼家那里分得一杯羹。

王定九认为,粤菜忽受追捧,虽可以部分地归因于“上海人一窝蜂的习气”,但更得益于高端粤菜近年来在上海滩所积攒的声望地位,这决定了粤菜的走俏绝非昙花一现,过眼云烟。[②] 首先,后北伐时代高端粤菜馆的发展所反映出来的,其实是“南京十年”间上海社会阶级与权力的结构性变化。广东餐馆代表的是一只正在沪上崛起的粤商力量,正如王氏解释的那样:“上海商人势力向分两大帮:宁和广。”二者之间的区别在于,甬人势力分散,“每一家商店、每一家住户,都有宁绍人厕居其中”。相比之下,粤商的势力则堪称“雄伟”——“经营的商事,都不屑耗巨资,专究装潢”。[③] 这些富丽堂皇的新式广东馆,所售菜价十分高昂,以至于在王氏这样的普通人眼中,哪怕是广东馆中最平淡的筵席,也足以代表“现代社会穷奢极欲”“力求富丽”的心态。再看餐馆中标价较低的菜色,即便“普通小酌”,非两三元不能办到;至于粤菜最

164

---

① 《中国名餐馆》,第 94—95、104、106—107 页。
② 王定九:《上海顾问》,第 216 页。
③ 王定九:《吃的门径》,见《上海门径》,第 7 页。

擅长的海味补品一类的高级菜色，则一道菜售价四五十元也不稀奇——这是当时上海普通工人平均月薪的两倍有余。[①] 在王氏看来，粤菜高昂的菜价背后所掩盖的阶级与权力结构正应了那句老话："富家一席酒，穷汉半年粮。"因为这样的奢华享受，除了"军政巨头、豪商大贾外，穷汉是一辈子想不到的"。[②] 最名贵的中山筵席能达到千元一席，"中次的"三百至六百元不等。另一位指南书作家萧剑青编写的《上海常识》中的记录，佐证了王氏的说法。萧氏注意到，沪上广东馆筵席的菜色，从七八元的"低端"菜，到数百金一盘的鱼翅、燕窝、蛇羹等，极尽奢华。如果再以荔枝酒或青梅酒佐餐，那么一桌筵席所费简直是天价。[③]

粤菜的新消费群体财大气粗，这不仅进一步推高了粤菜的身价，如此声望更让全社会不得不重新考虑，之前对粤菜口味的评估是否有失偏狭。一本指南书带着公允的口吻评价道：沪上餐馆"以京、苏、粤、川、闽诸种菜为上馔"，其中京、苏、川、闽的菜品"以质胜"，而唯独粤菜"以味胜，烹调得法，陈设雅洁"。[④] 这一言论和严独鹤为粤菜下的断语可谓天差地别：短短几年前，严氏还大谈广东菜的"可看而不可吃"；就连粤菜最引以为傲的鱼翅，也只165有苏馆的烹调"最合法"。不过，真正将粤菜的声望推向新的高度的，还是沪上富裕的欧洲、美国和日本侨民，其中，日本人对粤菜的评价尤其高。据该指南书记载，"南京十年"期间，曾有一小队日本厨师被派往上海，研究中国的饮食烹饪法。经过实地调查，

---

① 王定九：《吃的门径》，见《上海门径》，第 8 页。有关上海工人工资的记录，参见 Shanghai Bureau of Social Affairs（上海市政府社会局），*Wages and Hours of Labor*，pp. 148－153。

② 王定九：《吃的门径》，见《上海门径》，第 8 页。

③ 萧剑青：《上海常识》，第 28 页。

④《上海风土杂记》，第 47 页。

他们公推粤菜为“世界第一名馔”。① 这一评价同样反映了“南京十年”前后人们对粤菜的一些认识上的改观——因为十年前能引起沪上日籍侨民如此关注的还只有闽菜。

除了能反映上海社会新的权力结构,广东馆也昭示了一种对中国政治文化走向成功的殷切希望。这种想象更多的是从高端广东馆的室内装潢而非菜品的烹饪口味上表现出来的。诚然,广东馆的装潢风格展现了“南京十年”期间,上海所经历的政治、经济领域的分裂和矛盾,但它也的确向人们传达了一种愿景,那就是中国的本土文化完全能够与西方文化相抗衡:“在吃的同业中,现在以广东馆的装潢最富丽,较之大菜馆有过无不及。”事实上,这种装潢风格已经将跨文化交流推向了新的巅峰,以至于“一椅一桌,都于吾国富丽的古式中参以玲珑的西式化;一箸一匙,也都精致不群。四周布置得宜,进身其中,不啻皇宫。所以到广东馆去就食,非但谋口腹之惠,简直求身心所适”。②

通过依照中国历史上“香艳幽雅”的文化典故来布置各个相对独立的就餐空间,广东馆进一步提升了顾客的就餐体验。例如,某家餐馆内的“贵妃厅”,便受了唐代贵妃杨玉环故事的启发:世人皆知杨贵妃嗜食荔枝,而荔枝恰是岭南名产。③ 这种辉煌奢华的装潢表明,中餐馆已不仅仅满足于对标西餐馆的规模、设计及物质享受。那种以为只有西餐馆才配得上“贵族摩登化”头衔的想法,已是“从前的见解”。④ 如今的情形确像王氏所总结的那

---

①《上海风土杂记》,第 47 页。

② 王定九:《吃的门径》,见《上海门径》,第 9 页。

③ 王定九:《吃的门径》,见《上海门径》,第 9 页。

④ 王定九:《吃的门径》,见《上海门径》,第 2 页。

样:“大菜社群相减色,平菜[①]馆均受影响,所以广东馆当得起菜馆业的‘革命军’。”[②]这支‘革命军’象征的不仅仅是扫平军阀的军事力量,更是一股向西方文化霸权奋起反击的中国文化力量。

166 王氏笔下的广东馆饱含着人们对未来的憧憬,到那时,中国文化终能赶超西方。相比之下,他对沪上其他地方餐馆的描述则是昔日中国各个方面的写照。换言之,其他餐馆从各个地域的角度提供了一段段未来中国的“史前史”,而那个未来中国的先进样貌,只有走进广东馆方能窥见其一斑。餐馆的地位在很大程度上与其室内设计紧密联系,高端广东馆也正是凭着独特的审美风格,从一众曾经名噪一时的中国地方餐馆中脱颖而出,成为1911年辛亥革命以后上海餐饮业历史上的转折点和里程碑。相比之下,福建馆则成了反面教材:直到1920年代末,闽菜馆小有天还在营业。但此时,以小有天为代表的一众闽馆已经显得非常落伍。王氏称这些馆子为“老字号”,语气中多少带着点不以为然,因为他观察到这些餐馆“不究装潢,所以陈设仍是民元时的光景”。在王氏笔下,闽馆明显代表着一种没落的辉煌:“里面完全闽式装潢,古朴之至,碗碟也是老式。”[③]

与广东餐馆的经历类似,当福建餐馆的外观和内饰变得不合时宜时,人们对其菜色的认知也发生了相应的变化。1925年出版的《上海宝鉴》曾以“绝佳”二字评价闽菜烹调,认为其口味不仅闽地人钟爱,也为“一般人所喜食”。但到了1931年,闽菜已经显得有些“小家子气”了:

---

① 指北京菜。——译者注

② 王定九:《吃的门径》,见《上海门径》,第8页。

③ 王定九:《吃的门径》,见《上海门径》,第16页;王定九:《上海顾问》,第221页。

> 闽省因地近海,所以饮食的主要菜,海味居多。闽菜的食谱,最是特别。在本省人固然配合胃口,但他省人脾胃薄弱者,则未免美味当前,呕吐随之。实在鱼腥虾气,很是难闻,所以闽菜馆少外省主顾。[①]

王氏记录道:在此前的十数年间,闽菜馆也曾为了投大众所好,对其菜单加以变通改良。只可惜“年来因故步自封,以至渐趋落伍了些”。[②]

并非所有的外省人都对闽菜不屑一顾,但不论态度如何,他们都采用了与王氏类似的视角,将闽菜的特质与福建地区的宏大历史背景相联系。一位自称“老广东”的作家林银凤(Lin Yin-feng,音译)谈道:“福建人多以水手为业,所以他们的饮食以海味为特色,也就不足为奇了。福建人烹制的清蒸三黎鱼[③]如此鲜嫩,美妙得无以言表。无论何时,只要回忆起那味道来,我就垂涎三尺……不论什么海里的食材,只要到了福建大厨的手里,立刻就变成了世间无匹的珍馐。”[④]这种将福建与其航海史相联系的思路也出现在王氏的写作中,不过后者通过这种关联试图加以阐释的,不是烹饪技法高超精妙的福建名吃,而是那些藏在沪城市井街头的闽式家常便饭。制售这些饭食的通常是些小店,它们聚集在城市最南边的高昌庙附近,黄浦江边的码头上随处可见:

> 原来江边码头一带,停泊的最多吾国兵舰和海军司令部。吾国海军人士,下至士兵,上至官长,完全清一色的福建

① 王定九:《吃的门径》,见《上海门径》,第 15 页。
② 王定九:《上海顾问》,第 221 页。
③ 三黎鱼,也称鲥鱼。——译者注
④ Lin Yin-feng, “Some Notes on Chinese Food”, p. 299.

人,所以在那里开设闽菜馆……且因地临海滨,鱼虾等也容易捕到。舰上士兵没事时,张网捉捕,获得后至岸贱卖于闽馆中……一般馆主有几个曾当过司令舰长的私厨,所以烹调手腕高妙……不过(餐馆)外观简陋,上流人士不屑厕身。但欲求价廉物美的闽菜馆,舍沪南高昌庙江边码头外,找不出第二所了。①

值得注意的是,不论是对于王氏还是林氏而言,闽菜都一定要放在闽地的文化史、闽地对中国历史的贡献这样的宏大背景下去理解和品味,舍此则无法充分领略闽菜之妙。

在王氏笔下,并非只有闽馆才能唤起人们对中国过去某段历史的回忆。正如前文已经提到过的,沪上的京菜馆——此时已经依着这座城市的新名字“北平”而改称“平菜馆”——生意深受粤菜势力影响:至少一家平菜馆——而且这一家还是大名鼎鼎的同兴楼——在1920年代决定向他们的粤菜馆同行取经,对饭店进行了全方位改良。于是,凭着店面的入时装潢和黄金地段,平菜在“南京十年”期间得以续写之前取得的辉煌成就。除了装潢入时,平菜馆的另一样生存法宝,或许就是它们较为实惠的价格:一桌齐备的酒席,所费也就七八元上下。② 可仅仅是这些缘故,也还不能完全解释平菜馆的魅力所在。王氏和其他一些美食评论家以该菜帮中较为高端的馆子为例,指出平菜馆无不以服务周到见长。《人生旬刊》的一位美食专栏作家就曾解释道:

……平菜最令人满意的,便是他们对于招待方面很殷勤而和蔼、主顾进出都有三四个穿青袍黑褂的人含笑迎送这一

① 王定九:《吃的门径》,见《上海门径》,第17页。
② 王定九:《吃的门径》,见《上海门径》,第14页。

点。虽然这几家菜肴精美，大半还是靠招待周到。①　

要理解北平馆何以能够做到烹饪得法、待客热情，人们就必须深入北京的历史中去寻找根源。正如王氏点评道的那样：“北平历代建都之地，起居饮食当然不同凡响。”尤其值得注意的是，北平馆的殷勤周到为食客们提供了一种代理经验（vicarious experience），让人们能够亲身体验一回故都旧日的辉煌：“（堂倌）对食客称呼，都沿用官僚旧习。爱恭维的到了那里，益发满意。”②在国都从北京迁往南京之后，北京菜的这种历史重要性不减反增：昔日的北“京”菜变成了今日的北“平”菜——一字之差，既包含着旧都对南京新政权的俯首称臣，也颂扬着发起于广州的革命军平定中国的丰功伟绩。

地方风味餐馆与中国历史地理之间千丝万缕的关联，也被餐馆经营者们用来作为他们翻新店面、改良烹饪的理由——沪上无锡菜帮算是一个最显而易见的例子。高端的无锡菜在上海几乎无处寻觅，只有少数镇江馆和苏州馆有时兼售锡菜。锡菜以甜闻名，最为外人称道的菜色往往是“粉蒸肉”一类的廉价小吃。但在王氏看来，所有这些“街市中的菜”，“风味还远逊于一种旖旎风光”的菜——这便是19世纪末在无锡当地流行起来的高端特色餐饮：船菜。王氏继而解释道：船菜是无锡自然环境的副产物；这座城市“山明水秀，惠山、鼋头渚、梅园等数处胜景，名闻遐迩。所以……春秋佳日，游客也接踵”。③

这些游客既是为名胜而来，也是为名妓而来。而正是后者，

---

① 使者：《上海的吃（三）》，第33页。

② 王定九：《吃的门径》，见《上海门径》，第14页；王定九：《上海顾问》，第226页。

③ 王定九：《吃的门径》，见《上海门径》，第27—28页。

据着无锡的天时地利发展出一种具有本地特色的烹饪。王氏如此描述这一饮食传统的由来:

169

> 无锡是水码头,地濒太湖,山明水秀。自古沿传有一种灯船,和南京秦淮河畔的画舫相仿。内储阿娇,供客游乐。……莺歌弦曲,和游客厮伴外,并备有筵席。厨房便在船尾,菜料也多取给湖中。①

要请这样一位名妓相伴一日,需要耗费 240 元之巨,其中还包括中、晚两顿筵席,俱在船艄的厨房制备,并在船上享用:“(船中之菜)和岸上的风味,截然不同。所取食料、鱼虾等都鲜活下锅。剖宰时嫖客可命厨子当场试验。”尽管这一冶游方式在无锡风行了几十年之久,在某些社会圈子,妓家的“船菜”甚至几乎成了无锡菜的代名词,但自若干年前国民政府下达了“禁娼令”,船菜的风光便随着船妓的传统销声匿迹,使得来无锡游玩的客人不免“兴沧桑之感”。

禁娼令下达后不久,船菜即悄然转战上海,而这一切的发生要归功于一位从广告业转行餐饮业的有识之士周鸣岗。周氏决心要在上海重现那个失落的无锡名妓的繁华世界,并将它变成一样畅销商品。周氏首先靠着一家“无锡粥店”在沪上餐饮业中站稳了脚跟。这家店并非其招牌听起来那么朴实无华;它其实是对标高端粤菜馆而建的一家规模颇大的饭店,菜单上有 50 余种周氏自己研发的粥品。自开业后,无锡粥店生涯鼎盛,不过为了吸引源源不断的客流,周氏又在菜单上附加了“船菜部”,依照传统船菜烹饪技法,务要“眼见鲜活的煮成”。此外,粥店也制售其他

① 王定九:《上海顾问》,第 231 页。

无锡特色菜品,如甜鳝和无锡面筋,还提供整席的“和菜”,售价在四五十元不等。但为了招徕更多顾客,粥店也将整席“和菜”零拆成“碗菜”供客单点,或是将预先搭配好的几样荤素菜品盖在米饭上出售。前者售价通常在一两元一色,后者则至多五角。

周氏的营销策略让一种独特的餐饮文化变成了一种大众消费品。这一策略初露头角的时候,王定九是持褒扬态度的,[1]但短短几年之后他就不以为然了:

> (周氏的船菜营销)使一般慕名垂涎的老饕们,得快朵颐,营业倒还不差。不过这种船菜没有美色侑觞,终减风光。并且车运锡产,时间转辗,菜味终有逊真的船菜。[2]

至于甜鳝,离开了无锡更是难以制备。据说要把这甜鳝一味做出“干硬而脆”的正宗口感来,就一定要用惠泉山的泉水方可,否则便难以保证这一道菜的风味了。

170

上文提及的这些例子都在表明:王定九写于“南京十年”期间的那些有关上海饮食文化的指南书,在想象中纾解了当时人们对中国四分五裂的政治现实的焦虑情绪,也为民国时期人们建构统一的国家身份认同提供了一种思路。尽管总有一些人坚持认为,他们的地域文化比起其他任何地方的文化都更能代表未来中国的发展走向,但王氏这样的指南书作家还是竭力将各种零散的地方认知整合到一个具有历史和地理连贯性的国家框架中来。地域饮食文化为指南书作家们提供了一个绝佳的切入角,使他们得以将各个地方的“时空体”拼凑成一个宏大的全景——这种拼凑有点“姑妄言之”的意味,但总体上也还说得通。20世纪二三十

① 王定九:《吃的门径》,见《上海门径》,第28—29页。
② 王定九:《上海顾问》,第232页。

年代的上海地方餐馆正是这样一种载体:它们勾起人们对不同“时空体”的感受和记忆,也为一段时期以来中国历史的发展轨迹提供了注脚。一方面,在平菜馆同兴楼就餐,总能让人回味起前朝的辉煌与故都的繁华。另一方面,当老字号闽菜馆小有天将人们的思绪带回到民初的时光时,江边码头上的福建小馆则无时无刻不提醒着人们,这个省份在中国漫长的航海史上举足轻重的地位。无锡船菜让人们谈论起中国历史上才子佳人的风流遗续——这种文人参与的名妓文化甚至可以一路上溯到晚明时代,却因国民政府新近颁布的禁娼令戛然而止。至于国民政府及其新政权在中国历史上的重大意义,则是由沪上的广东菜帮来代表的。这支王氏笔下的餐馆业“革命军”,其纯正的华夏血统可以一直追溯到唐代的广东饮食与文化,而其无限的文化潜力也为人们勾画出一幅足以与西方世界相抗衡的中国未来图景。上海饮食文化为这座都市中的人们提供了丰富的素材,让他们可以驰骋想象,将天南地北的地方历史拼成一幅严丝合缝的和谐全景图。

“货真价实”

今天的人们或许会有这样的疑问:就这座城市里的普通人而言,王氏对上海饮食文化的分析究竟有多大的参考价值?一方面,王氏对上海餐馆业的阐释的确能够帮助普通人去想象一种连贯而自洽的民族国家文化史。但另一方面,王氏书中收录的餐馆大都菜价不菲,其中有不少餐馆是绝大多数人吃不起的。此外,王氏笔下的沪上地方餐馆——如广东馆——不仅象征了国家统一的美好愿景,也暗示着上海发达的商品文化带来的严峻社会问题。从某种程度上说,王氏之所以能将地域饮食文化纳入民族国

171

家的宏大背景中去讨论，其实完全得益于上海的商品文化以及建于其上的一套价值评判体系。正是依据该体系，沪上餐饮业的各个地方菜帮才在王氏眼中的那个中国历史大背景上各自标榜了一定的声名地位。

但与此同时，王氏的指南书也批判了上海消费社会的弊病，并讨论了普通消费者应该如何应对消费社会带来的重重挑战。尽管他在指南书中常常大谈地域饮食文化的特色和历史价值，但他也务实地标出各种餐馆的菜价，并给普通消费者提供实用的建议，帮他们寻找各种地方饮食的平价版本。不仅如此，像王氏对位于高昌庙附近的福建家常小馆的介绍所表现出来的那样，在为读者探寻各种地方风味菜品和地域饮食文化时，王氏不仅追求“价廉物美”，还很讲究“货真价实”。高昌庙一带的福建小馆虽比高端闽菜馆廉价，但口味绝不逊色，甚至更加正宗，毕竟其原材料多是福建水手和海军指挥官的私厨亲自捕捞、操刀。如果说，上海发达的商品文化让食品价格虚高——至少在一些人看来是如此，那么王氏围绕着“货真价实”的原则所提出的诸多建议，就为消费者对付这种商品文化提供了一条重要策略。

王氏给读者的建议正是针对上海饮食文化商品化对症下药。在《上海门径》的自序中，他对这种文化的特征进行了细致分析。这篇自序开篇便将上海抬到“东亚首埠”的位置上，认为这座城市与伦敦、纽约、巴黎、柏林等世界知名都市难分伯仲。但紧接着这些溢美之词，王氏又对“南京十年”以来的上海商业社会面目做出辛辣批判：

且夫海上人士之浑浑噩噩，万事只骛其表而不充其实也。每有一得，粗知皮毛，即自誉聪明，不求入门而探索其内。何怪沪人口头禅:洋盘瘟生之多如江鲫也。

襟霞阁主人有见及此,故以《上海门径》一书嘱撰。知予年事虽少,而对形形色色,夙稔其内幕而明其门径之所在也。故藉笔墨之功能,作欲厕身上海社会人士之参考。予穷三阅月之光阴,午则奔波采访,晚则伏案撰著。因对一事一物之欲证其实也,不屑耗金钱时间以尝试之,故一字一句,均为经验之谈,非敢隔靴搔痒,效小说家言之向壁虚构也。①

172

王氏显然认为,上海这座城市总是将生活的本质包裹在重重铅华之中,模糊了它的面目。或者说,这个世界就是由表象与本质、真实与虚构、无知与智识等抽象观念建构起来的,而王氏《吃的门径》则为门外汉们窥透玄而又玄的内幕、得到"货真价实"的体验,提供了一条宝贵的途径。

的确,想要"货真价实"必得"稔其内幕",但要做到这一点十分困难,因为所谓"内幕"也会随着时移世易而变化。王氏在介绍沪上西菜时曾谈道:"口福之惠,当然要求货真价实。但是上海人专骛虚荣,只要装潢好,不究菜味道,所以富丽堂皇大菜社所烹调,其美反不如小番馆的鲜美。所以欲求实惠的吃,还是往小番馆,物美价廉。"②话虽如此,但即便是往城市中最廉价的饭店或小馆子一试,人们也足可以体会到:这座城市的餐馆业,质与价之间往往没有绝对的关联,找不到一般的规律。"饭店"是王氏所谓"解决普通人膳食的地方"。这种馆子里的一餐饭,低可至二百文,且可以中国政府发行的铜元付账,而不需用洋场上通用的洋

① 王定九:《自序》,见《上海门径》,第2页。
② 王定九:《吃的门径》,见《上海门径》,第5页。

码。[1] 许多小饭店，只设一方柜台在门口，台上摆满荤素菜品供客选购。另一些饭店的建筑和经营结构则更加复杂一些：

> 饭店中的菜、饭，售价都很贱，主顾以一般经济的乡下老（佬）和劳工神圣的短衣朋友最多。饭店中为招徕中上人士起见，所以设有楼座。不过楼上楼下，仅一板之隔，售价大有分别：因为楼下以铜元计算，楼上以洋码计，就这一点上，已相差三分之二。并且同是一饭，价目楼下六枚，楼上便须六分。且饭价大的反碗小，价小的反碗大，这完全优待劳工。不过楼下太污浊，体面人去就食，觉得说不过去罢了。[2]

173

可见，即便是廉价如“饭店”的小馆子，也是上海社会复杂的阶级结构和发达的商品文化之真实写照。

既然在廉价饭店里也免不了要看尽都市里的眉眼高低和世态炎凉，王氏便不需刻意回避更高级的地方餐馆，以寻找更价廉物美的餐食了。“和菜”是许多餐馆都会供应的一种餐饮形式，它是由店家预先配置好的一套菜品，价格较酒宴更为便宜，不过一般只有经营宴席的餐厅才会兼供和菜。以典型的平菜馆为例，其所售和菜，低可至一元。尽管也有高至四五元的和菜，但一元的一套已经包含二冷盆、二热炒、一汤。“二人就食，已经很足够”——王氏如是点评。这样以价格代替菜名来点菜的方式，对于置办酒席的客人而言要方便易行得多，而和菜中的各色菜品也多以具有地方特色或富于雅趣的词语作菜名，让人一眼看不出这些究竟是什么菜。在王氏看来，这种以价格点菜的方式，是初次尝试某地菜品、尚不明就里的客人的不二之选：“所以求省费和不

---

① 王定九：《吃的门径》，见《上海门径》，第30页。

② 王定九：《吃的门径》，见《上海门径》，第30页。

善点菜,或初次就食平菜馆而不熟菜名的人,以吃一元或二元的和菜最是相宜。"[①]不过最经济的和菜还要往安徽馆里寻。在那里,只消半元,客人就能吃到两炒一汤,"量小的二人就食,已可果腹了"。[②] 由此,老派的"以价点菜"的和菜模式,成了人们驾驭沪上花样翻新的餐馆业的一个实用策略。毕竟,该行业的新潮流是根据每一种菜品的质量、口味、格调不同而赋予一个不同的价格,令人眼花缭乱。

渐渐地,许多广东馆也借鉴起平徽菜馆的和菜方式,并参考其价格标准。一些广东馆开始供应一种名为"公司菜"的西菜,在王氏眼中,这种菜就"好似中菜和菜般"。这些广东馆和菜的价格从一元二角到三四元不等,只要"自定欲吃多少钱的菜,便不必点叫,由他们分配",菜色殊为不恶。以广东馆清一色为例,一元二角的和菜里竟然包含一味鱼翅,实在上算。广式宵夜馆是寻找便宜餐食的好去处,那里提供一种"最低廉的和菜"。[③] 尽管宵夜馆中也有稍贵的菜品,但在一般宵夜馆中,只需三角,便能享受到一冷一热两样菜色。除了这种和菜,王氏还描述了一种宵夜馆专在冬季供应的"边炉鱼生",价格一般分为半元、一元、一元半三种。不管哪一档价格,菜单上都有丰富的"虾、猪腰、鸡蛋、鱼片、鲭鱼、菠菜等,都是生的东西,就食时由主顾自己在炉中烹煮。这种吃法,代价既不贵,且富于风味而颇有趣"。[④]

174

最后,同在这个价位区间中的,就不能不提几个"南京十年"间不那么辉煌光鲜的菜帮,例如徽菜和上海本帮菜。值得注意的

① 王定九:《吃的门径》,见《上海门径》,第 14 页。
② 王定九:《吃的门径》,见《上海门径》,第 24 页。
③ 王定九:《吃的门径》,见《上海门径》,第 10—11 页。
④ 王定九:《吃的门径》,见《上海门径》,第 10 页。

是,即便是这些平平无奇的菜帮,在人们眼中也是与其发祥地的历史紧密结合在一起的。如第二章所述,徽菜馆在上海有着漫长的发展史。它们首先在上海县的老城厢内发展壮大。待到19世纪末,徽菜馆的踪迹零星地出现在租界里,因此也赢得了清末指南书作家们的一瞥。20世纪初,租界里的徽菜馆似乎迎来了一个春天——毕竟1909年的《上海指南》一口气列出了17家位于租界里的徽菜馆的店名和地址。[1] 但在此之后,由于安徽遭遇了自然灾害,也因为皇家无力继续实施对盐业的垄断(而为皇家运盐是徽商的重要财源),徽商的影响力急转直下,徽菜馆也跟着日渐式微。等到王氏评价徽馆的时候,多少就带着点不屑,称徽馆“普通全沪”,总计500余家,每一条街上“必有一二所”。[2] 在“南京十年”期间,徽菜以菜量大、菜价低,在上海餐饮业获得了一席之地,而光顾徽馆的也大都是安徽同乡或城市贫民——这些群体在上海的处境,正是当时徽商经济状况的一个侧面写照。另外,由于当时上海的典当押肆行业由徽籍商人垄断,沪上徽馆也多坐落于典当铺边,这更加深了人们对徽商和徽菜的负面印象。但无论如何,王氏还是公允地评价了徽馆的优点:除了它们最擅长的那种重油赤酱的煎炒菜品,徽馆也兼售经济实惠的早点和以量大著称的面食,如一例炒划水[3]、火鸡面,或是鲜汤虾仁锅面,足以供两三人分食。

最后,作为这场四方辐辏的全国餐饮盛宴的东道主,上海也贡献了一道独具本地特色且经济实惠的菜品——菜饭。而这道

---

① 《上海指南》(1909),8. 6a。也参见唐振常:《颐之时》,第15—18页。

② 王定九:《吃的门径》,见《上海门径》,第25页。

③ 划水,即鱼尾。——译者注

175 简简单单的菜品,也同样与上海的历史文化紧密相联。既然在王氏眼中,上海是一座将生活本质掩盖在铅华之下的城市,那么他借用一个沪上电影界的术语,形容这道家常菜为“上海吃界的小明星”,可谓十分恰当了。这道菜是将上海本地人家腌制的一种咸肉与一小份清炒的蔬菜一同煮在米饭里而成的。在煮饭的过程中,大米吸收了咸肉中的盐分和油脂,变得咸鲜可口。尽管制作方法如此简单,王氏还是感到“其味确是无穷”。凭借着如此美味,菜饭这种本地人“家常的一种花样”发展到王氏的时代,已在沪上餐饮业中站稳脚跟,自成一派。

据传,菜饭馆的创始人是一位“嗜好烟赌的堕落者,平日对口腹问题很有研究”。[①] 他敏锐地观察到,沪上烟巢赌窟林立的地带,却没有一家实惠可口的餐馆。于是他基于自己“前时的感觉”,集了一点资金,开了一个小小的食品摊,专售菜饭。很快,这位老板生涯大盛,引得同行们纷纷效仿。不仅如此,他还对菜饭的配置进行了升级和创新,在基本的菜饭上盖浇排骨、四喜肉、脚爪(即鸡爪)等。渐渐地,菜饭店与烟赌馆形成了“相互的关系”,也因此带累着上海本帮餐食与这座城市历史上最不堪的一页联系了起来。[②] 也正是这样一种名声,在后来的若干年中让这座城市和它的地域饮食文化付出了巨大的政治代价。

---

① 王定九:《吃的门径》,见《上海门径》,第 32 页。
② 王定九:《吃的门径》,见《上海门径》,第 33 页。

第五章 “为人民服务”：上海饮食文化的社会主义转向

1949年5月初的一天，一位出身上海虹口贫民窟、刚刚加入中国人民解放军不久的新兵向他的上级请假，为的是能和女友在豪华的国际饭店共进一顿晚餐。新兵是在不久前的一场绝食抗议中邂逅女孩的——她是一位极具天赋的小提琴手。在当晚即将举行的一场庆祝上海解放的晚会上，她还将登台献艺。可这位新兵无论如何也想不到，他的这场浪漫之约，竟在负责保卫南京路的解放军指战员中引发了不小的争论。这批解放军官兵刚刚从农村地区进驻上海。他们的首要任务，就是要严防反革命势力倒行逆施，破坏刚刚取得的革命成果。这场争论的深层核心问题，涉及如何从“革命辩证法”的角度来理解一对看似矛盾的命题：一方面，中国共产党大力倡导艰苦朴素的生活作风，认为这是磨砺革命意志的先决条件；另一方面，中国共产党力求实现的目标是繁荣富强，承诺革命最终会带给所有人舒适富足的生活。在大上海，这一对命题之间的矛盾尤其凸显出来。短短两个月前，毛泽东刚刚正式宣布“党的工作重心由乡村转移到城市”，他尤其要求党的干部警惕资产阶级用“糖衣炮弹”征服“我们队伍中的意志薄弱者”。① 176

① Richard Gaulton, “Political Mobilization in Shanghai”, p. 36.

由新兵的这一行动引发的解放军中的大讨论成了一部文艺作品的故事雏形,即创作于1960年代初的话剧(以及后来根据话剧改编的同名电影)——《霓虹灯下的哨兵》。在这部作品中,新兵成了故事的主角。[①] 作品要讨论的核心问题是:“革命队伍里的一分子”这种身份,对于个体究竟意味着什么;政府的领导集体在大力推行艰苦朴素的革命精神时,又该如何把握一个合适的度,才能不至于失去党的群众基础。剧中的三排长是批准新兵外出赴约的主要负责人。在事后为自己的决定作解释时,他说道:“领导上海兵就得放灵活点,得讲究点情面,(在农村干革命时用的)大炮筒子能解决问题?”[②]外出归来的新兵被连长训诫的时候,也极力为自己的行为辩护:“解放了,平等了,有钱人去得(国际饭店),为什么我去不得?”连长坚决反对这种想法:“好吧,你去得。国际饭店、咖啡馆、跳舞厅,你都去得! 你呀,再这样胡闹下去,怎么配穿这套军装!”一顿晚餐竟换来如此严厉的一番训斥,新兵着实吃了一惊。他反应激烈,直接脱下自己的军装,表示自己从此脱离了部队的辖制,发狠道:“解放了,哪儿都可以去,哪儿都一样革命。”[③]

连长之所以能坚定不移地守住艰苦朴素的作风,要归功于他在农村进行革命斗争时取得的经验。在剧中,这种乡村式的朴素生活态度是以三排长妻子的形象为载体的。这位女性是农民楷模,在战争年月屡次为前线官兵运输军粮物资。她来沪上探望丈夫时注意到,丈夫对她要塞进他衣兜里的煮鸡蛋发出的腥气避之唯恐不及,又懊恼煮鸡蛋弄脏了军装,让他很丢面子。面对丈夫

① 沈西蒙、漠雁、吕兴臣:《霓虹灯下的哨兵》。
② 沈西蒙、漠雁、吕兴臣:《霓虹灯下的哨兵》,第33页。
③ 沈西蒙、漠雁、吕兴臣:《霓虹灯下的哨兵》,第48—49页。

的冷淡态度,伤心的妻子萌生了离开上海的念头,而这一切让连长敏感地察觉到,上海的“香风毒雾”正在怎样迅速地瓦解着官兵们的革命斗志。老炊事班长首先请求连长和指导员,一定要将这位模范妻子留在上海。他提醒二人,解放军的根基是农民。模范妻子的离开正代表了军队与农民阶级离心离德,而被农民阶级背弃的军队,是一定要吃败仗的:“他们用小米把我们养大,用小车把我们送过长江,送到南京路上,就让她含着眼泪回去了? 乡亲们知道了会怎么样?”[①]最终,农民妻子留在了上海,但全剧的重头戏还是新兵的成长故事:新兵有个姐姐,被沪上帮派大佬以豪华饭店里的一顿饭为饵,诱骗绑架走了。新兵经历千难万险,终于救出了亲人。这条故事主线似乎向人们传达了一种观点:一味艰苦朴素或许并不是革命者保持高洁品行的唯一要诀,但奢华的饭店的的确确是危险的魔窟。尤其值得注意的是,当我们年轻的主人公重新归队,准备去支援抗美援朝战场的时候,三排长农民出身的妻子一如既往地以家乡的物产——苹果——相赠,好帮他在去往前线的漫漫长路上滋补身体。结局皆大欢喜。[②]

在民国的最后 20 年及新中国成立之初的 10 年,凡 30 年的跨度中,人们形成了一系列政治和文化上的新认识。《霓虹灯下的哨兵》将这些认识以戏剧冲突的方式集中呈现了出来。这些认识的一个重要方面就是“吃”:在社会主义社会,“吃”究竟意味着什么,这个社会的饮食文化又该是什么样的? 本章所要记录的便是这些关于“吃”的新观念及其形成过程。

正如本书前面几章已经讨论过的那样:城市居民与食物之间

① 沈西蒙、漠雁、吕兴臣:《霓虹灯下的哨兵》,第 46 页。
② 沈西蒙、漠雁、吕兴臣:《霓虹灯下的哨兵》,第 116 页。

的关系,从来都与政治息息相关,而中国共产党也力求赋予饮食以新的政治意涵。从中共的理论视角来看,大众与饮食文化之间的关系,应该是一种革命的关系。在这种关系的指导下,食物首先是一种互帮互助的社会道德体系的基础;只有当社会的物质资料极为丰富,所有社会成员都能满足生活的基本需求,甚至都能消费得起奢侈的食物时,食物才可以成为一种用来享受的高级商品。但现实让共产党人明白:即便是像上文故事中的“新兵”这种城市贫苦阶层,也会迫不及待地渴望享受革命胜利的果实——例如,去体验那些一直从他们生活中被褫夺的、形形色色的沪上高端饮食文化。尤其值得注意的是该故事中三排长妻子这一角色:《霓虹灯下的哨兵》中所有的正面角色都是以她的行为作风为标杆,去理解阐释食物的社会和政治意涵的。但也恰恰是她最能清晰地认识到,食物不仅仅是用来果腹的,更有一层情感意义和社会价值于其中。正是源于这种认识,她才会选择以家乡的苹果为礼物赠予新兵——这是为了让他在异国他乡的土地上不要断了与战友们的亲密情谊。

早在新中国成立以前,中国共产党就已经对上海的饮食文化形成了自己的观察和认识——这个学习过程可以追溯到民国上海刚刚出现结构性人口变化的时期。这一变化导致大量的贫民窟出现,忍饥挨饿和营养不良的居民数量急剧上升。在沦陷时期的经济危机中,上海城市贫民群体的体量益发庞大,接踵而来的国共内战更让普通人的生活雪上加霜。1921 年中国共产党成立之初,其最早的领导集体就已经意识到,上海市民面临着食不果腹的问题。但 1927 年第一次国共合作失败以后,国民党突然大肆逮捕、杀害共产党员,破坏工会,导致共产党在上海的组织受到重创,不得不转入地下。在之后的 20 年中,共产党主要以农村为根据地,为解决农村饥饿问题发展出一套切实有效的政策,包括农村互助合作的劳动形式和不拿群众一针一线的严格党纪。所有这些措施都巩固加深了共产党与农民之间的深度联结。

在中共无法对上海形成有力影响的这一时期,城市里的左翼作家和社会活动家开始塑造一种不同以往的都市饮食文化想象。当然,塑造新的城市想象的过程并不是一帆风顺或一蹴而就的,但到民国后期,非但上海那种物阜民丰的历史形象已是面目模糊,且这种形象在政治上也变得不复可信。新的上海想象不再将这里呈现为以多姿多彩的饮食文化著称的都市,而是一个豪富之家挥金如土、锦衣玉食尤嫌不足,多数人却在忍饥挨饿的地方——大变革的时机已经成熟,这座城市呼唤着革命暴风雨的洗刷。一些文学家和社会活动家将乡村式的饮食方式视为都市饮食的理想,坚信那是一种远比上海当下的饮食文化更加文明优越的范本。这些批评家呼吁人们关注都市里贫富阶级在日常饮食上日益拉大的差距,认为食品加工领域的工业化大生产与技术进步非但没有改善人们的生活,反而让都市贫民患上了慢性营养不良症。但另一些人则认为,即便是城市贫民的日常饮食也足以让这一群体苟且偷安了;真正能令社会风气为之一变的革命性,只会产生在那些饭都吃不上的赤贫阶层中。这后一派中的许多人后来都加入了中国共产党,他们的观点在很大程度上影响了后来中共绘制的上海饮食文化的改革蓝本,他们的作品更是早早就预示了本章开篇已经提到过的那种“革命辩证法”所要解决的矛盾。

尤其值得一提的是,上述矛盾发生在一种前所未有的、国家权力深度参与市政建设的历史背景中。在新中国成立以前,国家机关在形塑、规范都市饮食文化一事上,至多只有微弱、零星的影响。正如本章即将谈及的那样："南京十年"期间，即便是态度左倾的上海市政府社会局，对于城市的饥饿问题也采取了相对保守的办法，让消费市场自行调节供需物价。这样的管理方法不仅使得上海食品市场在20世纪上半叶变得日益动荡，更导致城市居民面对飞涨的物价，往往只能靠一己之力探索出一套都市生存策180略。如此，就出现了第四章讨论过的如王定九这样的指南书作家；他们凭借着自身丰富的都市生活经验，帮助最普通的市井百姓应对上海餐饮业扑朔迷离的价格陷阱。与国民党治理上海的方式截然相反，新中国成立之初，国家权力在组织、呈现上海的饮食文化和都市生活等事务上扮演了全新的角色，政府机关立马着手彻底改革上海的饮食文化。他们达到这一目的的办法，则是通过控制食品的生产、分配和消费链，并重新定义饮食文化可以以何种面目呈现在大众眼前。

上海生活水准的下降

1949年5月，当解放军进入上海的时候，他们眼前的这座城市动荡不安。连年上涨的通胀率此时已经突破历史极值，连带着食物短缺、政治暴政等原因，一起摧毁了城市的经济体系。这一切让许许多多的上海市民对国民党政府是否还有能力、有信念去恢复上海的秩序感到十分怀疑。另一方面，即便是对共产党持观望态度的人，也不能不为解放军进驻上海时的表现所震撼。在国共士兵的诸多深刻差异中，他们各自对待食物的态度是最能引起人们注意的一种。一位亲历该历史时刻的外国记者和作家曾这样记录解放军战士的作风："解放军不接受任何礼赠。（有人）看到沿街贩货的妇女往解放军手里塞米糕和茶，他们只是微笑着鞠了一躬,谢绝了。”①与此形成鲜明对比的是,困守百老汇大厦②的国民党官兵眼见败局已定,竟要挟同样被困于此的外国人请他们吃一顿“高档中餐(否则便不缴械,不让大厦解围)……百老汇大厦附带的餐厅有位十分出色的大厨。国民党官兵宽心落座,好好享用了一顿奢华大餐。饭罢,他们的长官给每位士兵发放了一条红袖章。戴好袖章,他们便一个个出门投降去了”。③ 那么,在以商业文化和资本主义著称、又汇集了中国最为庞大和富裕的中产阶级群体的上海,这里的居民如何会欢欣鼓舞地迎接共产党的军队进城、并视他们为最能重建经济秩序、恢复都市面貌的政治组织呢?④

民国时期,上海人口结构发生了明显变化:城市里诞生了体量可观的中产阶级,但与此同时,饥饿的城市贫民也成了越来越庞大的群体。在20世纪早期,上海涌入了大量的劳力,他们有的稍有些谋生技能,有的则无一技傍身,但二者同样渴望在上海安身立命。只是上海的生活成本如此之高,使他们不得不团结起来,走上街头,要求提高劳工待遇。⑤ 对当时靠工钱过活的家庭来说,食品开销在家庭总花销中占比普遍在50%以上。⑥ 所以,即使是极小的工资涨幅,对于改善家庭伙食都有着重大的意义。181 不仅如此,尽管19世纪下半叶进入上海的主要是“富商大贾、迁居都市的地主士绅、官场失意的文人政客、技术工人和冒险家”,20世纪头30年涌向上海谋生的则主要是从农村来城市里讨生

① Noel Barber, *The Fall of Shanghai*, p. 147.

② 百老汇大厦(Broadway Mansion),即现在的上海大厦。——译者注

③ Noel Barber, *The Fall of Shanghai*, p. 152.

④ 有关该问题更加集中的讨论,参见 Wen-hsin Yeh(叶文心),*Shanghai Splendor*。

⑤ Elizabeth Perry, *Shanghai on Strike*, p. 38.

⑥ 上海市政府社会局:《上海市工人生活程度》,第110页。

活的贫苦人。[①] 这些新移民一开始都往工厂里碰碰运气，但最终往往沦落为黄包车夫、收“夜香”的挑粪工甚至性工作者。他们聚居在药水弄等位于工厂附近的棚户贫民窟中。[②] 倘或他们足够幸运，能在工厂里谋得一份稳定的差事，那么一些厂子提供的工作餐或许刚刚够这些工人果腹。至于没那么幸运的人则只能在棚户区临时搭建的灶披间里制备单调的饮食——米饭就一点，加上少得可怜的小菜。1930 年代，一项在 305 例工人家庭中展开的调查显示：一户典型的工人家庭平均拥有 4.6 口人，每年要消费超过 540 公斤大米，却只吃掉了 5 公斤猪肉——猪肉还是所有肉类中消费量最大的一种。[③]

尽管城市面貌已经出现了如此变化，人们经年累月形成的对上海饮食文化的观念和想象，却不会立时三刻就发生改变。事实上，在 20 世纪的头 20 年中，人们对于“上海拥有比其他任何地方都更加繁荣富足的饮食文化”这一点，基本上依旧是坚信不疑的。因此我们会看到，一边是上海工厂主们竭力压制工人们提高工资待遇的抗争，另一边，面对中国其他省市地区的饥荒难民，富裕阶层却能奔走筹募、慷慨解囊。1919 年，中国遭遇了大旱，导致北方的河北、山东、河南、山西、陕西诸省连年饥荒。北京的政府并没有发起有针对性的筹款赈灾活动，反倒是上海的商界领袖组织起“联合急募赈款大会”（United Famine Relief Drive）。1921 年 3 月，大会发起了一次“饥饿游行”，并在活动上展示了一系列被当地报纸描述为“灾区百万饥民情状”的漫画。漫画中有“啃食树

---

① Hanchao Lu, *Beyond the Neon Lights*, p. 118.

② Hanchao Lu, *Beyond the Neon Lights*, pp. 118 - 121.

③ 关于工人家庭日常消费的所有食物种类列表，以及每户家庭对于每种食物平均消费量的统计，参见上海市政府社会局：《上海市工人生活程度》，第 111—114 页。

皮充饥的难民,有对眼前饥荒引发的惨象无动于衷的阔人,有正欲以雷霆万钧之力惩治恶人的雷神,还有偷运粮米的走私犯”。①这次游行将人们视线的焦点集中在中国北方的危机上,并为此筹募到了大量善款。但该事件也传递出另一种信号:饥荒毕竟是偶发事件,就目下的危机而言,它的影响便严格地仅限于北方地区;至于沪城中那从未断绝甚至引发工人涨薪游行的喊饿声,相比之下则仿佛不值得人们的同情和忧虑。

无论如何,一日高过一日的物价很快就开始影响到所有上海居民的生活,人们的注意力也终于回归到发生在城市内部、长久以来一直存在的饥饿问题上。到了 1920 年代初,即便是中产阶级家庭,也在通胀的压力下感到力不从心。1924 年出版的《食品经济学》以 4 个工薪阶层家庭为研究范本,各家的经济支柱分别以政府部员、文士、医生、小学教员为职业——这些都属于作者所谓“中流社会”的家庭,但他们全都感受到生活开销上涨带来的压力。与城市贫民相比,这些家庭已属生活比较适意,吃得也相当不错的人家了。以政府部员家庭为例,他们的食物支出总额仅占家庭总收入的三分之一:饭米每月花去 12 元,肴馔(即主食以外的副食品)费用则几乎是饭米的两倍,达到 20.5 元。这一笔开销中,日常的鱼、大肉、蔬菜占了将近一半,另一半则被调料、主人家每天的一斤酒,以及每月一两顿稍显奢侈的鸡鸭羊肉“三分天下”。即便生活已经如此安逸,男主人——一位出身中国最具名望的北洋大学的现任政府部员——依旧抱怨自己每月 80 元的收入让他无法维持“都市之绅士”的体面生活,而这笔收入已经是普

182

① “Street Procession in Shanghai's Big Famine Drive”. 这里我特别感谢顾德曼(Bryna Goodman)与我分享这篇文献。

通工人家庭月入的两倍还要多了。[①]

通胀引发了人们入不敷出的焦虑，更掀起了一股怀旧风潮——人们纷纷怀念起物价更低的旧时光。报纸上形形色色的社会故事和个人轶事，都在讲述着在大都市里过活的艰辛；本地史学家则出版了他们对这座城市物价的研究，分门别类地列举出每一样商品在历史不同时期的售价，并点评道："清朝初年的上海人，日子真好过极了，""当上海开埠的起初几年，物价的低廉，远非现时居住上海的人们所能想象。"[②]的确，一切都在涨价，但上海市民们最为关心还是米价。米价对于上海形象能重要到什么地步，这可以从陈无我在1928年出版的《老上海三十年见闻录》中窥见一斑。这本记录城市野史轶事的著作，收录了超过500条掌故，而王氏选择以米价开篇，仿佛这才是人们最应该了解的有关这座城市的知识。[③]

在这些年中，政府为了控制物价，尤其是遏制食品价格的疯涨，也颁布过一些综合性的治理措施。而各个政府部门中，离成功最近的就是上海市政府社会局（Bureau of Social Affairs，下文简称"社会局"）了。该机构所隶属的上海市政府，是1927—1937年间中央政府下辖的、治理上海的行政机构，也是1912年清政府覆灭以后，上海地面上出现的第一个能够对城市进行切实管辖的中国政府。

183

由于米价飞涨引起了全体市民的忧虑，公共舆论对于建设都市饮食文化及解决上海人吃饭问题的大讨论，往往也都围绕着米展开。社会局认识到了饭米对于城市生活至关重要的意义，于是

① 蔡文森：《食品经济学》，第9—12页。

② 上海通社编：《上海研究资料》，第305、310页。

③ 陈无我：《老上海三十年见闻录》，第1页。

开展了上海城市史上首次系统全面的米价调研。社会局统计了第一次世界大战结束以及中国爆发内乱之后米价的若干次峰值,认为:米价之所以日高一日且极不稳定,与奸商的活动不无关系。这些商人充分利用国内外政局动荡造成的周期性的粮食供应不足,囤积居奇,从而损害了所有市民的生计。① 而社会局对此开出的解药,则是要政府在粮食短缺的时候保障(或者更准确地说,重振)“民食”。

对帝制中国历史上的大多数朝代而言,“民食”都是儒家治国思想的重中之重。两千余年中,秉持着儒家思想的治国者们坚定地相信,唯有能让百姓吃饱肚子的政权才有树立权威的基础。② 帝国晚期的政权,尤其是清王朝,通过一个庞大的粮仓体系保障帝国的粮食安全。这个仓储体系既能向急需口粮的地方免费供粮,也能在粮食短缺、粮价飙涨的时候以补贴价格放粮,以对冲市场上的高粮价。③ 在帝国仓储体系的巅峰——康熙和雍正时期,上海也完备了自己的粮仓体系,且该体系在 19 世纪的大部分时候平稳地发挥着作用。但到了 1881 年,上海当地士绅认为粮储事业应“因地制宜”,具体到上海地方,“积谷不如积钱”——平时将粮食折合成欠款征收上来,待到需要粮食时,以上海通商大埠之地位,“不患无处购米”。④ 如此,“积钱”就成了晚清上海地方粮食储备的主要办法,且一直沿用至民国时期。只可惜,积钱并

①《上海五十六年来米价统计》。

② “民食”的概念可以追溯到《论语·尧曰》。在这一段文字中,周武王谈论君王应该重视的四件事是“民、食、丧、祭”。见《论语》20.1。原文此处的英文翻译引自 E. Bruce Brooks and A. Taeko Brooks, *The Original Analects*, p. 192。

③ Pierre-Etienne Will(魏丕信), *Bureaucracy and Famine in Eighteenth-Century China*; Pierre-Etienne Will and R. Bin Wong(王国斌), *Nourish the People*.

④《上海民食问题》,第 238 页。

不是万无一失的。截至1924年,上海县地方特别会计处累计征收的购粮款早已超过了起初预订的10万元目标。但同年8月,江浙两省之间爆发齐卢战争,淞沪护军使何丰林以充作军费为名,将这笔巨款悉数提走。①

184

五年后的1929年秋,由于水旱虫灾,中国大部分水稻产区歉收。这既挑战了社会局保障粮食供应的能力,也为它提供了一个绝好的机会,以政治和道德手腕整治上海粮食市场的弊病。② 为此,社会局再一次搬出了"民食"这一话术和政策。1930年,上海米价已经创下这座城市的历史新高,社会局成立了米号业整理委员会和评价委员会,为所有进入上海的大米进行登记和估价。但事实上,遏制米价的过程充满了障碍:沪市消费的大米都是靠漕运而来,而在上海的所有米业商帮中,常熟帮的船户首先对社会局的政令展开消极抵抗。他们的米船在城市下游逡巡数周之久,拒不进城售米,以期左右市内粮价。至6月27日,这场消极抵抗终于发展成为一场"聚众要挟":一户常帮船户纠集了数百人,在沪上最大的两个米市之一的北市事务所围攻、侮辱前来评价的政府官员,反抗社会局的限价令。后来当局报警,由公安局出警弹压,众人始各散去。至7月中旬,社会局终于稳住了米价。借此契机,社会局充分利用舆论发布事件细节,谴责"所有常帮米商危害民食,率众包围公务人员,妨碍公务执行"。在各方压力下,常熟米商工会为了挽回商帮名誉,在报纸上刊登广告,称赞社会局的限价政策确是深怀"以维民食"的良苦用心。③

---

①《上海民食问题》,第238页。

② 对于此处涉及的历史事件的更详细叙述,可参见《上海民食问题》,第199—210页,以及Mark Swislocki,"Feast and Famine in Republican China",pp. 124 - 133。

③《上海民食问题》,第207—208页。

常熟米帮的这则声明虽然言不由衷,却能帮助社会局树信立威,也让人们更加理解当局对待城市粮食问题的态度和解决思路,更显得上海社会已然就粮价问题达成了共识,从而杜绝其他社会团体再生事端。但无论社会局多么坚定地声称,他们已经通过控制粮价恢复了社会秩序,许多市民还是无法信服上海所面临的严峻粮食问题光靠这样的措施就能解决。其实,很多人都认识到城市生活已经从根本上失衡了——如今市民们吃得不仅不如过去好,甚至哪怕和“偏僻落后”的乡下比,城市人的餐桌也黯然失色。

在这些质疑声中,部分工人运动领袖和同情劳工者的声音引起了人们的关注——唐海就是这样一位历史学者。在其发表的针对上海粮食问题的研究报告中,唐氏指出,社会局版的研究没能囊括之前若干次上海米价的暴涨,因而掩盖了由于物价飞涨而日益加剧的劳工和资本家之间的矛盾。他观察到:“在工人一方面,因为物价高贵,所以要求厂主加薪,但在厂主一方面,因为工资高贵,成本加重,所以把物价抬高。于是转辗相寻,劳资的争议,终没有停止的时候了。”①除了见利忘义的资本家,唐氏也将通胀的原因归结为帝国主义列强在中国活动所激发的社会矛盾,以及中国自身从农业社会向工业生产转型的艰难历程。唐氏评述道:“在我国三四十年以前,尚有农业立国的古风,所以一切物品,都很便宜。后来因鉴于洋货充斥,利权外溢,逐渐倾向于工业化,而物价即因之腾贵。”②唐氏并不认为中国要退回到前工业时

185

① 唐海:《中国劳动问题》,第178页。

② 社会局的研究认为,1920年欧洲从第一次世界大战的影响中恢复过来之后,上海物价才开始猛涨;在那以前,上海物价基本稳定。但唐氏认为,从上海产业工人的角度来说,在1920年以前,已经发生过三次通货膨胀,带动米价大涨。这三次通胀分别发生在1898、1913和1915年。唐海:《中国劳动问题》,第178—179页。

代的农业经济，才能解决这些社会问题。但他坚信，上海的民生问题仅仅靠着惩戒某个社会团体，纠正其偶尔引发的市场异动，保护若干次“民食”，是远远无法得到真正的解决的；解决民生问题，需要人们对都市生活经验进行整体上的反思。

唐海这样的社会活动家和作家既无一官半职，也不参与城市政策的制定，他们的写作往往不仅大胆披露都市生活的问题，还流露出对更加贴近美德的乡村生活方式的向往。事实上，在20世纪二三十年代，城市贫民食不果腹的情节逐渐成为左翼文学中反复出现的主题。夏衍的《包身工》便是这样一篇揭露年轻女包身工恶劣工作生活条件的报告文学。夏衍写到，食物是“带工”老板们诱惑年轻的农村女孩去上海工厂做工的诸多“空头支票”之一；他们向女孩及其家人们许诺，孩子们在上海“住的是洋式的公司房子，吃的是鱼肉荤腥”。[①] 其实，“包饭”一词已经成为一种雇佣形式的简称，它正缘起于这些女孩子的父母家人所签订的劳务合同，其中有关于雇工方将负责提供年轻女孩的日常饭食的条款。[②] 但正如夏衍所观察到的那样，包身工们的工钱已经极低，工厂方面提供的补给微不足道，所谓“包饭”更是往往沦为最严格的字面意义上的包“饭”。夏衍就注意到，许多包身工在家乡吃得比在上海还好些。在上海，年轻女孩们只能分到“（每天）两粥一饭，早晚吃粥，中午的干饭”。即便这被称为“粥”的东西，它的“成分并不和一般通用的意义一样”。不见了稠糯香甜的米粥，这种粥“里面是较少的籼米、锅焦、碎米和较多的乡下人用来喂猪的豆腐渣！”[③]仅仅10年前，上海还能凭着自己的饮食文化睥睨物质

---

① 夏衍：《包身工》，第17页。

② Emily Honig, *Sisters and Strangers*, p. 107.

③ 夏衍：《包身工》，第18—19页。

生活较为贫乏的乡下，而如今，传统的乡村饮食成了人们批判城市生活的依据。

186 在上海开展的营养学研究进一步确认了上文提到的，对于上海劳工饮食悲惨状况的观察。一项1930年代中期发布的有关上海工人的调查显示："在上海小作坊里的……将近两千名学徒工中，70%的人表现出至少一种营养不良症的症状。"[①]对上海市民膳食质量的营养学调查启动于1920年代早期，这种调查总体上是一项学术事业（从1920年代起，生物医药方向的教学和科研机构开始在上海和中国其他一些地方出现，而营养调研部门一直以来都是这些生物医药机构的必要组成部分）。但是，科学家们很快就发现，学术研究已经和社会事件搅在一起，难解难分，因为研究者们对于城市人群营养不良的起因莫衷一是。其中最大的分歧就在于：城市里的营养不良症，究竟是贫困的因素更多，还是由人们的营养学知识匮乏引起的。[②]

1937年举办的一次基于上海周边乡村的学术调研活动，帮助人们厘清了这场争论的几派不同观点，并找到了一个折中的思路。这次调研产生的一项最重要的报告，将上海都市与其周边的一处乡村进行了比较：

> 研究者若干次访问这座乡村，以便对村民们的健康状况进行细致的临床观察。这些观察的结果与上海市民的健康状况形成鲜明对比：前者几乎完全没有显示出任何营养不良的症状，总体的健康状况也要比后者好很多。这一处乡村较

① Henry Lester Institute of Medical Research, *Annual Report*, p. 20.

② 有关此话题更加详细的讨论，参见 Mark Swislocki, "Feast and Famine in Republican China", pp. 75 - 88。

> 为僻远，距上海市有四百余公里的路程。有趣的是，这里几乎家家户户都为上海的工厂输送过劳动力，都或多或少地受到上海工厂用工需求的影响。总体来说，该研究的结论如下：中国农村居民不但不需要向学者们请教该如何利用手头资源获取日常所需的膳食营养，相反，研究者们需要向他们学习实用的膳食知识。而城市的情形则与乡村形成了巨大反差：就食品制造业的高物价看来，都市里现代化的便利交通和市场营销模式只是破坏了传统的饮食习惯。①

报告认为：城市人营养不良的根源，在于上海工人更喜欢吃充分碾过的精白米。尽管这种米在营养上不如糙米，但它到底是城市生活和富足地位的象征——的确，"吃精米"已经成了都市产业工人将自己与乡下农民群体区分开来的标志之一。这并不是说，乡下人就完全不吃白米，只是由于技术限制，唯有上海的碾米机器能将大米碾得洁白如雪。② 而另一方面，由于上海产业工人在饭米以外没有足够的副食品来佐餐，所以吃精白米造成的营养流失无从弥补。该报告要传达的主要信息是：上海的都市生活已经摧毁了"传统的饮食习惯"；都市向乡村学习，已经刻不容缓。

187

令关注劳工问题的社会活动家非常失望的是，社会局认为上述研究极具政治意义，对于政策制定也有相当的参考价值。社会局自己也对劳工饮食展开调查，认为工人群体中的营养不良并不是由收入低下和贫困导致的，而是因为工人自身倾向于选择更加精细的白米而非更加健康的糙米作为主食——他们没能明智地支配自己的收入。基于此，针对城市营养不良问题，社会局最终

① Henry Lester Institute of Medical Research, *Annual Report*, p. 22.
②《上海民食问题》，第 125—126 页。

给出的解决方案成了一种文化道德改革——劳工家庭需要改善他们的消费习惯;而非政治经济改革——社会需要优化资本家与劳工之间的劳动分配关系,从而实现结构性的工资改革。[1] 左翼作家一直用阶级斗争的观点来阐释上海劳工的悲惨生活状况和糟糕的日常饮食,但社会局在分析上海劳工家庭饮食时回避了这一角度,转而采取了一种文化视角,从而进一步辅证、补充了其调查城市米价问题时一贯采用的相对保守的“民食”话语。

战时的上海食品供应

即便是社会局干预上海粮食问题的有限尝试,最终也因为日本对中国南方的侵略而终止。日军占领上海的过程分为两个阶段:先于1937年8月占领了上海租界以外、由中国政府管辖的区域,又在时隔四年多的珍珠港事件后不久,占领了公共租界和法租界。起初,日军的占领对上海物质生活的影响是多重的。在日军占领的最初阶段,尽管一些商品——例如大米——不得不从新的产区引进,但城市经济没有立刻崩塌,基本的生活物资和奢侈品都还买得到,通胀的速度也相对较缓。此时,大量难民从中国政府的辖区涌进公共租界和法租界避难;城市外围出现连片的贫民窟。根据一些文献记载,此时的上海租界甚至还经历了一次经济繁荣期,这一点从餐馆业的迅速膨胀中最能见得。[2] 正如当时的一位观察家评述的那样:“美国人和英国人似乎在很大程度上成功保持了1937年前的生活方式,只不过莺歌燕舞反而愈发起 188

① Mark Swislocki, “Feast and Famine in Republican China”, pp. 88 – 108.
② Wen-hsin Yeh, *Wartime Shanghai*, pp. 4 – 5.

劲,饮酒作乐更是肆无忌惮。"①但并非所有城市居民都是如此,因为"战争丝毫不会抹去贫富之间的差距,相反,它只会加剧社会的不公,使阶级鸿沟成为天堑"。② 除此以外,这次的经济繁荣也是昙花一现的。根据前上海市工部局工业社会处处长辛德(Eleanor Hinder)的记载,截至上海沦陷两年后的1939年8月,上海市民的生活费用指数比1936年的数字翻了一番。③

米是诸多受通胀影响的商品之一。④ 占据上海的日军封锁了内地向上海市场输送大米的水路,不过工部局决定转而从西贡(译者注:即今越南胡志明市)进口大米,从而阻止了一场近在眼前的粮荒。⑤ 且随着上海周边地区的战事日趋缓和,内地也渐渐可以向上海大量运输粮米。不幸的是,1940年初,日军将上海当地的存粮席卷一空,挪为己用。在获得中南半岛北方地区的控制权之后,日军更是进一步"自然而然地立刻将当地的'秘密武器'收入囊中,从而逼迫已被占领的中国沦陷区进一步与日军'合作'。这般'武器'就是大米。日本人迫不及待地抄起了这样'武器',正如德国以粮食为筹码控制沦陷的欧洲一样"。⑥ 由此一来,上海的米价飙涨起来。工部局成立了自己的委员会以限定米价,在一定程度上抑制了米价的疯涨。但1941年12月,珍珠港事件之后不久,日军占领了整个上海。待到第二年年初,米价已

① Vanya Oakes(瓦尼娅·奥克斯), *White Man's Folly*, p. 357, 转引自 Frederic Wakeman, Jr.(魏斐德), *The Shanghai Badlands*, p. 54。

② Wen-hsin Yeh, *Wartime Shanghai*, p. 5.

③ Eleanor Hinder, *Life and Labour in Shanghai*, p. 45.

④ 关于1937—1945年间上海的大米供应,可参见 Christian Henriot,"Rice, Power and People", pp. 41 - 84。

⑤ 有关上海水路对大米运输的重要性的研究,见 Rhoads Murphey, *Shanghai*, pp. 133 - 146。

⑥ Vanya Oakes, *White Man's Folly*, p. 360.

再一次创出历史新高。

在日军占领上海的第二阶段,上海市民生活成本的飙升一部分是缘于国民政府法币的贬值,另一部分原因则是米市供应不足导致的黑市交易泛滥。法币贬值的危机是由汪精卫在南京建立的伪政权向上海引入新的“中央储备银行”伪法币而引发的(此时,中国真正的国民政府已经迁往重庆,再无力管辖上海地区的经济)。开始发行伪法币后,辛德观察道:

> 自从南京当局开始发行“中储券”,国民政府发行的法币便一天天地贬值下去,直到两元法币才顶的上一元中储券。这样一来,人们用法币标示的物价自然就一天天地涨上去。当(1942年6月)南京当局金融部门宣布中储券为唯一合法货币后,大多数商家并没有对商品价格进行换算,而是简单地将数字后面的法币单位换成了中储券。如此,物价立时便翻了一倍。①

189

在伪特别市政府宣布对大米采取新的限售措施之后,上海的通胀情形一发不可收拾。1942年7月,日伪当局通过了按米卡配米的“计口授粮”计划。② 上海地界上有400家米铺,每天早九点开门时,门外早已经排起了长长的队伍。这些米店被允许向持有购米卡的人出售每周1.5升(约合2.4斤)大米,售价4.2元伪法币。傅葆石(Poshek Fu)指出,成年人平均每天约需要0.8斤米,所以一份配给只够一个成年人吃三天。这样一来,人们就不得不转向其他渠道求购。其结果是:截至次年一月,黑市已经“承担了上海70%的大米需求”。但黑市价格要比官方授权的米铺

① Eleanor Hinder, *Life and Labour in Shanghai*, p.101.
② Eleanor Hinder, *Life and Labour in Shanghai*, p.100.

高出许多,涨幅也更大。1941 年 12 月,黑市大米售价在每担 170 元伪法币。到了 1943 年 2 月,这一价格已经飙升至 1200 元一担。1943 年 3 月,为了控制黑市米价,日伪当局取消了对上海大米的限运措施,米价暂时掉回 700 元一担,但很快又涨出了历史新高。在 1944 年 7 月 6 日这一天,上海米价"上午是 6800 元,午后涨到 8000 元,晚间已经涨到了 10000 元"。同年年底,米价逼近 50000 元。转过年来的 1945 年 5 月,"在美国 B-29 轰炸机轰炸上海期间,米价终于创下了破天荒的 100 万元新高(而限售时期的最高价是 6500 元)"。①

沦陷时期,饥饿成为上海的普遍现象,这使人们开始强烈地意识到:这座城市的粮食危机是占据上海的日方力量与里通外国的内部势力造成的。由此,人们不再一味将粮食问题笼统地归因于奸商的囤积居奇、劳工的不善理财,或是城市生活如何背离了质朴的田园理想。也正是因为如此,人们相信随着战争的结束,饥饿问题也一定会烟消云散;人们热切期盼着战后的国民党当局能够控制通胀,重建城市生活的秩序。

可是,正如后来人们所熟知的那样,战后的上海经济状况丝毫没有起色。在日本战败后的四年中,面对一个无力控制通胀的国民政府,上海市民只能感到愈发失望。渐渐地,通胀对城市生活和政府管理的方方面面都提出了严峻挑战,并最终"导致许多中国人尤其是知识分子与政府离心离德。他们强烈谴责政府的无能和不负责任"。② 待到 1948 年的秋冬季,物价已经狂飙到黄油每斤将近 83 万元、鸡蛋每颗 1 万元、鸡肉每斤 22 万元。食品

190

---

① Poshek Fu, *Passivity, Resistance, and Collaboration*, pp. 122 - 124. Frederic Wakeman, Jr., "Urban Controls in Wartime Shanghai", p. 146.

② Immanuel Hsu(徐中约), *The Rise of Modern China*, p. 613.

本身成了一种通货：富人开始直接用大米结算仆人工资，以物易物更成为新的城市生存法则。一位从事进出口贸易的外国人记录下他如何“为获得一些紧急物资而‘支付’了价值4000英镑的沙丁鱼罐头”。另一位目睹了上海沦陷时期整个过程的当事人则写道：“通货膨胀不仅仅是一场人道主义灾难，更是一出政治悲剧，共产党人和他们的同情者则借此东风登上了政治舞台。究其原因，是工人阶级在这场灾难中遭受了最大的痛苦，而他们正是整个社会经济的支柱群体……如果一个政府让其赖以立足的群体忍饥挨饿，自己内部腐败堕落的达官显贵们却赚得盆满钵满，那它还能指望工人阶级对现政府有哪怕一点的拥护效忠吗？”①1949年4月，当中国共产党已经跨过长江、向着上海进发的消息不胫而走时，许多人殷切地盼望着：这座城市从此终于要永远地告别饥饿了。

食物与解放

在人民解放军进驻上海之后的若干个月里，恢复秩序成了中国共产党和解放军工作的主要任务。对工作重心的深刻认识决定了中共解决城市粮食问题的早期思路，也奠定了其治理上海的初步成功。整治工作的范围既包括上海市区，也涵盖城市周边以农业生产为主的广袤乡村，重中之重是监督出入上海的各种经济、政治和社会活动。据此，中共就对上海的运粮情况有了充分的把握。此外，中共更是采取了一种社会局从未考虑过的、更加全方位的治理方法，以调控城市的粮米供需。

① Noel Barber, *The Fall of Shanghai*, pp. 37 – 39.

如果将中共的治理方法和社会局的做一比较，我们就能更清晰地看到前者以何种力度介入了上海米市的调控。但在比较之前，我们首先需要对上海的米市贸易如何运作有一个更加深入的了解。大米从田间地头到摆在上海的米铺里贩售，中间要经过 6 次易手。大米的第一站是米农，他们将收获的稻米大量出售给被称为“米客”的行商。但农民与米客之间并不直接交易；内地米行、米厂在这个过程中充当了居间人的角色——它们先向农家散户收购，再转售于米客。至于米客，则往往按籍贯组成米帮（上海市场上最有势力的米帮主要来自常熟、无锡、昆山、青浦等地），他们收到大米之后，多以漕运输入上海，然后委托给沪上米行寻找买家。犹如内地米行是米农、米客的居间人，沪上米行就是米客这样的“行商”与米店这样的“坐贾”之间的经售商。米行从米客那里取得货样、估算货物总量后，便转而向米店兜售。如果米店对货样满意，米客、米行、米店三家就会进行一次会面，商议价格。等一切合议停当，大米卸下货船，米行就可以将手头的货分配给各个米店，再由米店零售给上海消费者。①

191

由于有关 1949—1951 年间上海食品供应的档案尚未向公众开放，研究者难以确定有关部门究竟用了什么具体办法，才将这个六方参与的供销流程纳入监管之下。但可以确定的是：中共采用了一种综合治理的方法，且这一思路为后来农业生产的国有化奠定了基础。这种大规模的治理也反映出中共整治城市的决心：面对解放军刚刚进入上海时这座城市的乱象，中共的治理者们认为，无论付出何种代价，恢复城市秩序绝对是第一要务。

对恢复秩序给予绝对的优先级——这种治理思路更加明显

---

①《上海米市调查》，第 2—4 页。

地体现在中共对上海周边农村的土地改革措施上。其实,这一带的土地改革政策已经“相当温和”。[①] 而在理论上——在中国其他一些地方的实际操作中也的确如此——土地改革是一个充满了激烈交锋的过程,其情形正如毛泽东论述过的那样:“革命不是请客吃饭……革命是暴动,是一个阶级推翻一个阶级的暴烈的行动。”[②]要实现农村社会财富的损有余而补不足,最关键的一个步骤就是进行土地改革,将地主的土地分给无地的农民。极度的贫穷是贫农革命性的来源,也是将他们与有钱有粮的富农,以及与没有多余钱粮但也不至于挨饿受冻、瓮牖绳枢的中农区分开来的要素。无论如何,共产党人已经从以往的工作经验中明白:如果上海的土地改革来得过于迅猛,反而会造成无法挽回的混乱局面。

192

上海农村的土地改革于 1950 年正式拉开序幕。[③] 值得注意的是,在这场改革运动中唯一受到重点打击的只有“半地主式富农”。对于这些农户出租的大量土地,中共予以征收且不会给予相应的补偿。但即便是这些富农,他们“所有自耕和雇人耕种的土地及其他财产也不得侵犯”。总体来说,农业生产方面的改革力度要远远小于农业生产资料和产品分配方式上的改革力度——后者虽然还是农业生产的一个组成部分,实则要“为新中国的工业化开辟道路”。对于如“祠堂庙宇、寺院、教堂、学校”等私人团体在农村中的土地,政府出钱征收,然后分配给农户,并颁发“国有土地使用证”。1951 年春耕之后,上海郊区的土地改革

① Lynn T. White Ⅲ, “Shanghai-Suburb Relations”, p. 245.

② 毛泽东:《湖南农民运动考察报告》,《毛泽东选集》第 1 卷,北京:人民出版社 1991 年版,第 17 页。

③ Lynn T. White Ⅲ, “Shanghai-Suburb Relations”, p. 244.

宣告完成，但有关部门大力强调这次土改在技术方面取得的成就，至于其政治意义则被大大地淡化了。①

作为对农村土地改革运动的补充，中共又在城市开展了艰苦朴素运动，后者旨在减少城市居民对稀缺商品的依赖，杜绝铺张浪费等不当消费行为。一些运动向全体市民发出号召，要求人们珍惜粮食，另一些运动则更有针对性地指向城市经济生活的某些特定领域：1949 年 8 月的一则政府公告就对妓院的经营行为严加管束，其中包括一条严禁在妓院内摆花酒的规定。② 这则公告发布后没过多久，上海市政府就彻底将妓院划归为非法经营单位。又过不多久，这座城市里的妓院便纷纷关门歇业了。由于妓院内的酒食多由外面的餐馆承办，且餐馆也是妓女和嫖客们会面的重要场所，因此政府对妓院的整顿和取缔对餐馆业造成了巨大冲击，却在一定程度上缓和了这座城市食品供给的压力。总之，政治局面日趋稳定，不但为乡村农业增产增收提供了条件，也给城市居民的收入——至少在 1953 年以前——带来了小幅度的稳健增长，而这又让普通城市工薪家庭的“菜篮子”更大更满。③

除了铺张浪费的原因，餐馆业之所以引起中共领导下的上海市政府的注意，还因为它们给城市治理带来了另外两种威胁。一方面，正如《霓虹灯下的哨兵》所反映出来的那样，灯红酒绿的餐馆是诱导年轻解放军官兵走上歧路的“糖衣炮弹”。另一方面，它们也为城市中可能残留的反革命势力提供了据点。中共对后者的警觉，或许是从他们自己的革命斗争经验中吸取了教训：早在 1945 年，梅龙镇酒家就曾成为中共地下党员和进步人士开展秘

193

① Lynn T. White Ⅲ, “Shanghai-Suburb Relations”, pp. 244 - 248.

② Gail Hershatter, “Regulating Sex in Shanghai”, p. 169.

③ Robert Ash(艾希), “Quest for Food Self-Sufficiency”, p. 238.

密活动的一个场所。[①] 上海解放初期，尤其引起政府方面注意的是沪上京馆凯福饭店。经查，这家饭店曾是资本家、日军高官及国民党政要会面的重要场所。1945—1951 年任饭店经理的高范生因此得到了一个惨痛的教训：1951 年 4 月 27 日晚，上海市开展全市统一行动，当晚就搜捕反革命分子 8359 人，这位高经理便在其中。[②] 拘留期间，高经理接受了政治学习。两个月后，有关当局认为他已经充分认识到自己的错误、改过自新，于是将其释放。

研究者很难确定有多少餐馆业从业者在这场运动中受到牵连，但高经理的悔过书多少能够帮助人们了解：是什么样的忧虑促使政府发起了这样一场运动，共产党人理想中的上海餐馆业究竟是什么样的，他们对其中的从业者又期待着何种蜕变。悔过书中写道：

> 我于四月二十七日深夜被捕（罪名是“反革命”）。事情发生时，我惊诧万分。像我这样的一个人——我一从学校毕业（十九岁）就进入影戏圈工作（从业二十一年），后又在凯福饭店供职（至今六年），且从未参加过任何组织、帮派、反革命政党……我自问一直以来遵纪守法，恪守本分，从不为非作歹——（像我这样的人）怎么就成了反革命分子呢？……但我（最终）认识到，我的确有罪。上海解放前，凯福饭店六成客人都是反动军人、伪警察、伪政府空军和海军要员。我身为饭店经理，常和他们打交道，一来二去就和其中许多人熟识起来——生意人难免要巴结客户。上海解放后，这些反动

① 该信息来自作者与上海烹饪协会会长、上海市饭店业协会会长朱刚的私人访谈。
② 熊月之主编：《上海通史》第 15 卷，第 93 页，见“4 月 27 日”条目下。

政党要员中的一小撮人依旧常来凯福吃饭,而此时的我,却忘了自己的阶级立场,忘了我是人民政府当家作主的那个“人民”……每次开门迎客,我还和旧时一样(对他们)毕恭毕敬。从我主观的立场看,我以为自己只是做生意,来的都是客……但正是我这种对反革命分子的宽容大度,让我收容了坏分子,犯下了严重的反革命罪行。①

194 高经理这封程式化的悔过书包含着许多典型时代要素,但有两点尤其值得我们注意。首先,改造之前的高经理从他“主观的立场”认为,在餐馆当差就应该有“来的都是客”的态度,顾客就是他们的衣食父母——这个逻辑简单直白。但两个月的政治学习让他明白,从“人民”的立场看,“顾客”也要分阶级,而这阶级取决于他们在人民民主专政中处于什么位置。其次,如果说高经理和那些光顾凯福饭店的“反革命”成了一伙人,那正是因为他没能区别对待身处不同阵营的客人。改造后的高经理认识到,新时代的餐馆管理者应该有这样的觉悟,不再将开饭店简单地看成“做生意”,而是要积极地参与到人民民主专政中来。新的政治进程使人们对都市饮食文化有了新的想象与憧憬,对于城市餐馆业应当如何组织经营,食品服务业在一个“为人民服务”、对敌人专政的社会主义新社会中又该扮演何种角色,人们开始形成新的认识。

上海饮食文化的“旧上海化”

从上海市政府有关部门对上海餐馆业的调查报告中,人们窥

① 上海市档案馆藏,档案号 325-4-1, 26-28。(该档案现已封存,本段为译者根据英文的意译。——译者注)

见了新社会对上海都市饮食文化的新想象。这些部门中最重要的一个就是上海市饮食服务公司,即上海服务业领域各个行会的总管部门。1952年“五反”运动之后,上海进入对私营企业实施社会主义改造的第一阶段。尽管这一阶段的工作重点是重工业,但市饮食服务公司还是对餐馆业进行了一系列实地调研,以为全行业实现“公私合营”形式的社会主义改造做准备。从这份极具参考价值的报告中人们可以看到,中共如何将国民党时期的上海饮食文化定义为“旧上海”文化,又如何将左翼作家对上海饮食文化的批判奉为官方认可的、对城市历史的叙述。

左翼作家对城市饮食文化的描绘——其中一些我们已经在前文中提及——为政府确立改造上海饮食文化的长远目标奠定了关键基础。尽管许多民国时期的左翼文学都鞭辟入里地指出了上海都市饮食文化中存在的问题,但并非所有写作都能为构建新的都市饮食文化提供有参考价值的叙事蓝本。唐海将农村饮食视为最适合中国人的餐饮方式,但中共并非要将上海改造成一幅田园牧歌的景象,其长期目标,是要将上海从一个商业资本的天堂改造为全中国最重要的工业城市。中共的城市治理者更是非常务实地意识到,他们不能期望城市工人阶级会将他们的日常膳食改造为营养学家所提倡的那种以全谷物为主的健康农家饮食。相反,他们另辟思路,赋予城市贫民饮食以政治意义,使之成为具有革命性的象征符号。与此同时,政府也加大力度扶持农业生产,希望农村的高产出能够为市场提供更加丰富和充足的食品供应。 195

诸多左翼作家都曾试图想象、摸索一种新的都市饮食文化,丁玲的短篇小说《一九三〇年春上海》是其中比较著名的尝试之一。如前所述,尽管许多左翼作家都将民国时期的都市饮食视为重重社会问题的映射,但丁玲等几位作家开创了一种新颖的叙事,以都市精英们的丰盛餐食为落后的象征,而将贫苦大众的餐桌视为更加光明的未来社会的摇篮。这种文学的价值在于为读者提供一种学习模仿的标杆,以帮助他们陶冶、磨砺自己的革命意志。由此一来,即便没有政府的监督,个人也能自觉地参与到促进社会进步的改革事业中来。

《一九三〇年春上海》分为上下两个部分,每一个部分都鲜明地反映出丁玲的这种创作思路。在小说的上半部分,热切追求进步的左翼作家若泉携其好友肖云,一道去探望曾引导他走上写作道路、自己却陷入了精神空虚和忧郁的朋友子彬。其时,子彬已与女友美琳同居了一段时间。美琳起初因为子彬的才华而仰慕他,如今也渐渐发现了其思想的空洞而对这段感情心生动摇。在这次拜访发生以前,美琳已经和两位左翼作家抱怨过:指望通过一次拜访振奋爱人的精神,这完全是“枉然”的,因为如今的子彬“只能谈一点饮食起居的话,或者便是娱乐的话”。[①] 可尽管如此,若泉还是说服了美琳,登门拜访老友了。其间,主客的谈话时不时地触及饮食的话题,尤其是那些代表着“退步”和“进步”的食物:

> 娘姨拿了许多糖和水果进来。子彬特别吃得多。他拿起一种有名的可可糖,极力称赞着,劝客人们多吃,而且说:“美琳是太喜欢这个了。不是吗,美琳?”他又望美琳。
>
> 肖云心中想:“是的,她喜欢吃,那是你特意要养成她的这种嗜好的。因为那是一种高贵的嗜好呵!若是她只喜欢

---

① 丁玲:《一九三〇年春上海》,第121页。(引自 Ding Ling, *I, Myself, Am a Woman: Selected Writings of Ding Ling*,下同。)

吃大饼油条,那恐怕你只有不高兴,而不会向人夸说了吧。”

美琳却反抗了他:“不喜欢,现在不喜欢了,我吃腻了它,只有你的嗜好才不更改。”①

这一幕写出了附加在食物上的强大阶级和政治意义:巧克力是西方布尔乔亚的零嘴,大饼油条则是中国普罗大众的饭食。此外,这一幕也是一场有关哪种食品代表了“先进”、哪种又代表“后进”的争论。一方面,已然在道德上堕落破产的子彬,极力试图在美琳身上也培养些所谓“高贵的嗜好”,使她看起来更像一位摩登女郎。另一方面,美琳却对这样的培养生出强烈的抵触情绪,认为那些看似高档的食品,其实代表着一个“永不更改”的已死的世界。其实,这一段食物引出的小小的龃龉预示了小说情节的走向。美琳无法沉醉于小布尔乔亚的无病呻吟而对现实世界的痛苦视而不见:上海春意正浓,“大腹的商贾”在醉人的暖风里纵情声色,而一街之隔的地方,工人们“生活的压迫却也同着长日的春天一起来了。米粮涨了价,房租也加租,工作的时间也延长了”。② 她决意要投身到革命的浪潮中去,为提高大众的生活水平而奔走呼号,于是向若泉求助,渴望得他引导。值得注意的是,对于1930年的米粮涨价,美琳的阶级视角与社会局的文化阐释绝不相同。最终,美琳离开了子彬,而后者的身体与精神都在暴饮暴食中日渐消沉下去。这更让美琳意识到,都市人急需改善他们的饮食,而且只有城市无产阶级的粗茶淡饭才能带给一个人改天换地的革命觉悟。

196

食物在小说的第二条主线中扮演了类似的角色。这条故事

① 丁玲:《一九三〇年春上海》,第122页。
② 丁玲:《一九三〇年春上海》,第128页。

主线是围绕着年轻的中共地下党成员望微和他刚刚返沪的女友、摩登女郎玛丽展开的——二人因为不同的价值观而渐行渐远。他们久别重逢的当晚，玛丽提议去望微常去的馆子吃一顿便饭。但自从他们分别以来，望微已经改变了许多："那些小的，脏的，拥挤的饭馆，在他眼前闪了一下。他望着玛丽那镶有贵重皮领的外国丝绒大衣，整洁的手套，玲珑放光的缎鞋，他笑起来了，说：'那些地方你不能去的，玛丽，我近来很平民化呢。'"①

原来，玛丽喜欢的是广东菜。于是二人雇了一辆洋车，向着城里很远处的一个馆子出发了。望微所希望的，是他口袋里的四块钱能够支付一顿不过于奢侈的餐食。在这一段描写中，食物再次成了人物个性的载体：时髦的玛丽自然是喜欢同样时髦的广东馆——这是"南京十年"中沪上最高档的中国地方风味餐馆。而玛丽用餐时所展现的媚态更表明，如果望微选择过一种艰苦朴素的新生活，那么玛丽绝不是理想的伴侣人选："她的肉体的每一部分，都证明她只宜于过一种快乐生活，都只宜于营养在好的食品中，呼吸在刚刚适合的空气中。"②除了广东馆，玛丽也喜欢去小西餐馆，但那里的氛围让望微更加不自在。二人对于食物和下馆子的态度最终成了他们分道扬镳的导火索。每到晚餐时分，望微就"有点暗暗焦急。看见馆子里的壁钟，很快地在走着——他没有多的时间好陪她了"。③ 另一边，玛丽却总是缠着他，去尝试新馆子、去大商店买水果。久而久之，望微的工作终于使他没有时间再回家享用晚餐，玛丽便孤零零一个人打发寂寞无聊的时光。

与民国时期的左翼文学叙事类似，新中国成立之初的政府调

① 丁玲：《一九三〇年春上海》，第144页。
② 丁玲：《一九三〇年春上海》，第149页。
③ 丁玲：《一九三〇年春上海》，第153页。

查报告同样为这座城市的饮食文化塑造出两张截然不同的面孔。一方面,这些报告将上海的高端餐饮业与城市最污秽的行当——娱乐业甚至是犯罪团伙——相提并论,字里行间充斥着对饮食文化的负面描述和严厉批判。但对于城市中的属于人民群众的餐饮文化,报告则不吝赞美。与此同时,这些报告也记录下执政初期的中共党人如何理解上海消费者群体从“高端”向“低端”的转变。中共的城市治理者们备受鼓舞地看到:通过以“公私合营”这种经营形式为过渡,这座城市的饮食文化正在发生着变化。

正是基于报告中或正面或负面的描述,上海政府制定了新的粮食政策。高端餐馆是负面形象的代表:不但这些餐馆本身和都市娱乐场所一道被视为下九流,餐馆的东家也往往被描述为上海沦陷时期的反动军警和流氓恶霸。因此,报告屡屡提及谢葆生(他在汪伪时期做过伪江苏省公安局营务处副处长,同时也拥有一家宾馆和一家舞厅,还是浴室“卡德池”的老板)和陆连奎(黄金荣的得意门徒、租界巡捕房的督察长,以及大陆饭店、中央饭店的老板)这样的人物,①并对这些老板进行严厉谴责,因为他们以“封建式的甚至是奴隶式的企业管理制度”管理雇员,不给他们人身自由、工作保障和社会地位。② 这些报告塑造的“旧上海”负面形象的第二个要素,是拿这座城市“冒险家乐园”的名号做文章。③ 报告将上海描画为“纸醉金迷的冶游场”,更将高端餐馆饭店和城市娱乐服务业中最不体面的勾当联系起来。一则报告写

①《饮食服务业的今昔》,上海市档案馆藏,档案号 B98-1-532,第 1 页。

②《饮食服务业的今昔》,上海市档案馆藏,档案号 B98-1-532,第 2 页。

③ 在墨西哥驻沪荣誉领事莫里西奥·弗雷斯科(Mauricio Fresco)以 G. E. 密勒(G. E. Miller)的笔名出版《上海:冒险家的乐园》(*Shanghai: The Adventure's Paradise*)一书后不久,“冒险家的乐园”就成了上海的代名词。

道："那些高楼矗立的大旅店，富丽豪华的酒菜馆，灯光酒影迷人的咖啡室、酒吧间……都是'社会上层'先生们挥霍、游乐、摆阔、荒唐的处所……官僚买办、地主恶霸、投机奸商、洋鬼子们，整天在那儿花天酒地、调情作乐、奸淫凶杀、无恶不为。"①

但报告也欣慰地注意到城市饮食文化正悄然发生着一些变化，更令调查者们欢欣鼓舞的是，即便在政府试点"公私合营"改革之前，上海饮食文化中被认为最亟待改革的那些弊端，已经显示出自行消退的迹象。由于受到近代以来各种社会潮流的"荼毒"，高档中式餐馆一直是上海餐饮行业中变化最快的一个分支。据调查人员统计：涵盖地方饮食餐馆的"酒菜业"，在全面抗战前夕有 300 家左右，上海沦陷期间发展至 1500 余家，而至 1955 年，只剩 778 家。调查员还注意到：在成功生存下来的这些餐馆中，小型餐馆因其"以劳动人民为主要服务对象"，生意受影响最小，而大中型酒菜馆"过去专为少数寄生阶级服务，讲究排场豪华"，如今就失去了他们赖以生存的绝大部分客户群体。类似地，"西菜咖啡业"在新社会也遭遇了名利双失的困境。调查显示，全面抗战前后，上海还有 200 余家西菜馆和咖啡馆，服务对象"除外侨外，主要是官僚买办、投机商人、洋行职员、'阿飞'舞女等"。到 1955 年，只有 67 家存活了下来，其中"经营正宗西餐的不足 10 家"，且"主要为外侨、文艺工作者、医务工作人员、教授专家等服务"，其余的则改行做起了中餐。②

根据政府调查人员的评估，上海餐饮业中其他一些分支在新中国成立后的处境较好一些，这也说明政府并不打算将"旧上海"

---

①《饮食服务业的今昔》，上海市档案馆藏，档案号 B98-1-532，第 1 页。
②《上海市饮食业工作汇报》，上海市档案馆藏，档案号 B98-1-134，第 2 页。

的饮食文化全盘否定,而是积极寻求扶持、资助其中的一些行当,让它们在新时代继续焕发生机。"糕团点心业"便是一例:新中国成立之初,沪上糕团点心铺子的营业一度下滑。究其原因,这些店铺在之前主要供应的是传统节庆食品和家宴上的寿桃、喜糕等。新中国成立后,不论是在公共领域还是私人生活中,婚丧喜庆时馈赠糕桃食品的社会风气都有所转变,制售这些食品的店铺生意也随之清淡了。不过,这些店家明显很快便适应了消费者群体中的新风尚,开始"面向大众"提供更加朴素的食品,如豆浆、粢饭及酒酿,于是生意很快又畅旺起来。相比之下,"面团业"几乎不费力气便适应了新社会的需求。这一行业的经营品种向来单调,一般只有阳春面、馄饨、汤团三种。尽管调查者认为该行业 199 "技术保守落后",从业人员"乡土观念浓厚",但这些都无关大体,因为真正重要的是这些店铺"价格较低,营业时间长,能适应一般劳动人民需要"。其余在新时期生意不减的,还有同样以"一般劳动人民"为客户群的"粥业"(这也解释了为何粥铺在生活水平较低的提篮、闸北两区尤其兴旺),以及专门制售油饼、馒头等面食的"油饼馒业"。最后,市政府的调查员还发现了一支在新中国的最初几年里异军突起的餐饮业力量——饮食摊贩。1945 年,上海拥有饮食摊贩 4448 户,至上海解放前夕发展为 7145 户,而到了 1955 年粮食计划供应前,已经增长到 22949 户。至于摊贩这种经营模式何以呈现出如此高的增速,调查报告给出的解释简单直白:"饮食摊贩应劳动人民需要。"饮食摊贩的繁荣既反映出这座城市食品供需情况的变化,也反映出政府经济政策的导向。由于这些摊贩是由普通大众经营(据有关报告统计,有铺面的摊贩中,以小业主及"夫妻店"的经营形式为绝大多数,占全部座商户数的 83.4%)、为普通大众服务的,因此他们成了上海市政府早期大力扶持的城市饮食文化业态。①

饮食摊贩的创业史也符合一种宏大叙事的范式，即讲述普通人在上海饱经磨难的近代史中如何坚忍求生、开创辉煌的故事。其中的一个典型，是一位名叫章元定的店主的创业故事。章氏来自浙江绍兴马鞍镇章庄。1937 年以前，他在嘉定附近的一家染坊做工。1939 年，日本人侵占了染坊，他便逃难来沪，在伐木场里谋到了一份差事。在厂里，工友们都叫他“老绍兴”。不过，章元定很快就发现：比起伐木厂里的差事，购买别家用不到的鸡肉边角料（鸡头、鸡翅尖以及其他鸡零碎）制成熟食，等天黑后偷偷沿街贩卖给小旅店里的住客们——这种小本买卖来钱要快得多。章氏的生意颇不坏，于是在 1940 年，他决定将老家的妻子和儿子也接来上海打下手。这一年，章氏的儿子只有 16 岁，人们便称呼他为“小绍兴”。又过了 3 年，章氏父子在今天的云南路与宁海东路的交叉口盘下一家铺面。虽然终于拥有了摊位，但他们并没有放弃行商的业务，仍旧向旅店客人流动兜售饮食。②

1945 年抗战结束后，上海市面再次出现小吃摊棚林立的繁荣景象，父子二人也将铺面沿街扩展，并增加了白斩鸡和鸡粥两味餐食。起初，他们的白斩鸡并无甚特色，直到一位食客的偶然到访改写了这家小店的命运。食客来自杭州，他给了儿子“小绍兴”一个制作白斩鸡的秘方：鸡肉烧熟之后，要过一次冷水。经过这一道工序，白斩鸡竟变得“皮脆肉嫩”。没过多久，“小绍兴”就成了这一带最有口碑的店铺。“小绍兴”的创业史正是中共城市治理者心目中改造上海都市饮食业的模板。又或者说，这一段创

200

① 《上海市饮食业工作汇报》，上海市档案馆藏，档案号 B98-1-134，第 2—5 页。
② 万品元：《上海小绍兴饮食总公司简志》，第 72 页。

业故事正是按照理想的模板展开叙事的。1959 年,上海市政府成立了云南南路合作食堂,“小绍兴”的摊位被合并进了食堂,成为其下属的一个供应点。①

尽管市政府的报告充斥着对于上海餐馆业或正面或负面的描述,但政府了解、改革餐馆业的热情并不单纯地出自政治和意识形态目的;这些改革措施同样是为了想方设法重振都市经济的部分领域,因为这些领域在政府力量介入以前相当长的一段时间中,早已呈现出疲软、衰退的倾向。与 1952 年相比,1953 年上海私营服务性行业的收入涨势喜人,但 1954 年比 1953 年下降了 25%,其中,西菜咖啡业降幅达五成,中餐酒菜业降幅也达到了四成以上。② 一则报告显示:中餐酒菜、西菜咖啡及厨房(“厨房业”曾经靠着给妓院烹制餐食而生意兴隆)3 个分支行业中,账册较全、能提供盈亏数字的有 873 户,其中 669 户都是亏损的。③ 营业额下降导致餐馆企业的现金流出现问题,其情形严重者,甚至连食材都买不起了。印度咖喱饭店、胜兴、三六九等酒菜馆由于资金不足,经常向职工借钱进货,另一些酒菜馆则要求顾客先付账,伙计拿到了钱才能现买米烧饭。更有餐厅直接用赊账的方式向其他摊贩赊购熟食,再转卖顾客,这就频频引发餐厅赊货却付不出钱(或试图恶意漂账),而和摊贩发生冲突纠纷的情形。④

从政府角度来看,以上行业趋势所反映出来的社会现实并不都是消极的。一方面,调查者将这种行业趋势视为积极改造上海

① 万品元:《上海小绍兴饮食总公司简志》,第 72 页。
②《上海私营服务性行业的基本情况和今后改造与安排的意见》,上海市档案馆藏,档案号 B6-2-139,第 8 页。
③《上海市饮食业工作汇报》,上海市档案馆藏,档案号 B98-1-134,第 1—2 页。
④《上海私营服务性行业的基本情况和今后改造与安排的意见》,上海市档案馆藏,档案号 B6-2-139,第 21 页。

社会的结果。因此,在回顾这些趋势的成因时,一则报告以不无自豪感的语气解释道:

> 随着社会经济的改组,旧的服务对象消失,这些困难行业过去的服务对象主要是:(1)帝国主义;(2)反动官僚;(3)买办资本家、投机商、舞女、妓女等没落阶层;(4)外埠客商、批发商等流动购买力;(5)市场交易所、批发商、经纪人等。如大西洋西菜社、皇家咖啡馆向来是橡胶、纱布、卷烟等投机商人的集会场所;印度咖喱饭店过去为会乐里妓女服务;雪园老正兴为仙乐等舞场舞客、舞女服务。[①]

201

可另一方面,餐饮业的萧条也会引发严重的社会后果。报告显示,许多大饭店的雇员生活困顿,甚至"靠典卖衣物度日"。印度咖喱饭店的雇员蔡庆云因生活困难已极,竟将自己亲生的三岁小孩卖给了别家;其他饭店则出现了不少职工靠卖血度日的情况。[②] 再者,政府渐渐意识到,如若依赖目前把持行业的这一批餐馆经营管理人员,他们则无法真正改革该行业。这批从业人员被认为成长于一个与当前社会风尚格格不入的经营环境,从而养成了一种习气,在经营上专讲究"派头""排场",力求豪华奢侈。如今"社会风气崇尚朴实,大吃大喝现象减少",这些经理反而拙于应对新的情况。另外,"大部分酒菜馆把全部资财,消耗于房子、桌子、椅子、盆子、炉子等装潢设备,流动资金很少",这导致政

① 《对服务性行业有关干部和从业人员宣传教育参考材料》,上海市档案馆藏,档案号 B6-2-138,第 48b 页。

② 一则报告显示:1954 年向上海市输血公司登记卖血的,有 17% 系服务性行业的从业人员(《报告上海市私营饮食、服务业的情况及意见》,上海市档案馆藏,档案号 B6-2-138,第 21 页)。有关服务业从业者靠喝清粥果腹、典当家具过活的记录,详见《静安区服务性行业安排情况报告》,上海市档案馆藏,档案号 B6-2-138,第 77 页;档案号 B6-2-139,第 32 页。

府与高端餐馆合作改革行业的大计，由于缺乏资金支持，成了无米之炊。①

在国家意识到上海服务业的这些问题以前，高端餐馆的经营者们已经开始积极寻找新的顾客群体以谋出路。和后来政府方面派出的行业调查者们一样，他们也注意到：往往是那些“面向大众”的企业，才能够维持稳定的收益，有的在新中国成立后甚至还能扩大经营。于是，这些企业纷纷如法炮制。以百老汇餐厅为例，为了“适应周围工人群众的需要”，该餐厅“增添大众化品种，更换菜单，定质定量，并适当调整营业时间，经常听取群众意见”。② 黄浦区的六合兴，过去“只为资本家服务”。如今其目标客户群体逐渐消失，六合兴便主动降低套菜菜价，增加经营品种，提高服务速度，将客户群重新定位在附近机关、工厂里的干部、工人和群众群体上。老闸区的大西洋西菜社，过去是橡胶商人的集会地，如今为了适应新的社会需求，已经开始供应猪油菜饭这种经济实惠的上海家常饭了。③ “南京十年”期间广受欢迎的大型酒菜馆新雅和杏花楼，分别增辟了大众厅和小吃部，以适应干部、工人的需要。甚至衡量餐饮企业成功与否的标准本身都发生了很大的变化，以至于新雅菜馆这样的老店如今被政府视为模范的理由，是企业坚定践行艰苦朴素运动，在燃料、水电、肥皂、伙食浪费等项上实现了开源节流。④ 在对餐馆业进行评估之后，国家最

202

①《对服务性行业有关干部和从业人员宣传教育参考材料》，上海市档案馆藏，档案号 B6-2-138，第 48—49a 页。

②《对服务性行业有关干部和从业人员宣传教育参考材料》，上海市档案馆藏，档案号 B6-2-138，第 50 页。

③《上海私营服务性行业的基本情况和今后改造与安排的意见》，上海市档案馆藏，档案号 B6-2-139，第 20a 页。

④《关于私营服务性行业改善经营管理工作的意见》，上海市档案馆藏，档案号 B6-2-138，第 12 页。

终决定对整个行业进行自下而上的改革,建设一个服务于普罗大众日常需求的新时代餐饮服务业。

在艰苦朴素与繁荣富足之间进退两难

尽管新一代执政者下定决心要开创一种“为人民服务”的都市饮食文化,但这一工程面临着严峻的经济和意识形态方面的挑战。面向大众消费者的社会主义餐饮服务业,必须建立在国家坚实的经济基础之上。在上海餐饮业即将向公私合营转变的前夕,各种为合营铺路的调查报告里却反复出现这样的论述:“五五年至五七年三年中,随着购买力的提高,酒菜营业可能有所递升,但估计在五五年,由于一部分旧的消费对象消失,新的尚暇接不上,营业可能比五四年还要下降一些(一成左右)。”①这些报告并没有清楚表明,所谓“新的消费对象”到底覆盖哪些人群,但报告似乎也暗示了培养一个新的、有能力在餐厅消费的人群,正是政府经济改革要达到的效果之一。及至改革开始半年之后,这种乐观的表述渐渐从报告中销声匿迹了。这倒不是因为政府开始怀疑一个新的、有消费力的目标群体是否终将浮出历史地平线,而是因为上海餐饮业很难取得充足的食品原材料。②

餐饮业获取原材料困难,究其根源是整个城市迫在眉睫的粮食短缺状况,而治急病就需猛药。尽管上海周边腹地已经大大地提升了农业生产的效率,但从 1949 年到 1957 年,上海一直受到

①《上海私营服务性行业的基本情况和今后改造与安排的意见》,上海市档案馆藏,档案号 B6-2-139,第 21b 页。

②《上海私营服务性行业的基本情况和今后改造与安排的意见》,上海市档案馆藏,档案号 B6-2-139,第 21b 页。

粮食短缺的困扰。为此,上海市政府不得不从 1955 年 8 月开始实施粮食计划供应政策。其实,从 1953 年起,政府已经开始对食用油实行计划供应;1956 年 11 月,猪肉也成为计划供应的食品。[1] 如此程度的食品短缺意味着:即便是那些制售最“大众”的食品——例如油饼——的小馆子,许多也无法开张了。解决燃眉之急的办法之一是扩张上海城市的边界——这一政策从 1958 年正式开始实施。该政策的思路是:将上海周边大量富饶的农村并入上海市版图,从而减少城市在基本生活需求上对外界的依赖;同时,通过加强上海市政府对农业生产、供应和分配的掌控能力,促进城乡一体规划。[2] 在政策颁布的同年,10 个处于大上海地区而之前隶属江苏省的区县被并入上海市辖下。这一政策保障了周边乡村能向上海输送更多的粮食、蔬菜和猪肉,在某种程度上确实缓解了城市食品供应不足的状况。

203

尽管在接下来的 10 年中,上海几乎没有再发生过严重的食品供应危机,但城市管理者向人民承诺过的那个工人阶级的乐园迟迟没有到来。除了大力倡导市场上的盈利性餐馆制售“面向大众”的平价食品,政府也在城市中建立起一个广泛的公共食堂网络,以作为对工作单位附属食堂的补充——毕竟,许多市民都是依靠单位食堂满足一日三餐需求的,可是食堂饭菜质量低下,群众抱怨声不绝于耳。于是更有许多人索性继续在家做饭,以满足国家供餐体系无法满足的饮食需求。此外,本地食品市场的供应依旧不丰富,也进一步向人们昭示了一个不争的事实:这座城市的粮食短缺问题从来都没有得到根本性的解决。在王政对她童

---

① Bruce L. Reynolds, “Changes in the Standard of Living”, p. 236; Robert Ash, “The Quest for Food Self-Sufficiency”, p. 199.

② Robert Ash, “The Quest for Food Self-Sufficiency”, p. 188.

年时代的回忆中，上海的食品市场就是一个“战场”：

> 即便政府发放了各种票证以确保食物公平地分配到每家每户，但个人真正得到的食品在质和量上总有差异。如果一位主妇能够占到食品店外长长队伍的头一个位置，她就能分到猪肉上好的部位。不然的话，她这个月仅有的半斤猪肉券就只能兑换一块令人倒胃口的囊膪。蔬菜和鱼肉不限量配给，但也是先到先得。所以尽管商店通常早七点开门营业，许多主妇凌晨四点就开始在店门口排队了。①

为了赢得这场食物争夺战，王政的母亲不得不忍受后天解放的小脚所带来的不便，每天清晨便排完一条队、又去排另一条。对于王政的母亲而言，“获取足够的食物就是她生活的主要内容——毕竟她有8个孩子和一位（挑剔的）丈夫在家张着嘴等开饭”。②

尽管城市管理者们完全意识到，普通市民依旧在为一日三餐发愁，但食品供应困难背后的思想意识形态问题还是让他们愈发警觉起来。首先，政府的市场调查员坚持认为：要改革城市餐馆和其他诸如单位餐厅、公共食堂之类的餐饮机构，既需要就经济问题对症下药，更需要提高思想政治工作的水平。例如，尽管政府发布的调查报告非常赞同且积极寻求餐馆业的改革，但他们也不断质疑那些基层改革实践者的改革意图是否合理，政治觉悟是否过硬。那些“单纯地把改善经营管理工作看作缓和困难”的改革者，尤其受到质疑和非议，因为这样的认识会导致餐馆企业在

204

① Wang Zheng, “Call Me ‘Qingnian’ but not ‘Funü’”, p. 29.
② Wang Zheng, “Call Me ‘Qingnian’ but not ‘Funü’”, p. 29.

“困难稍有缓和”后,“改善经营管理工作就停止了”。[①] 如果不能于“单纯的经济观点”之外,在广大食品餐饮业从业者心中树立起思想政治上的觉悟和认识,那么党要在上海建设一种真正社会主义性质的餐饮服务业的目标,就很可能无法实现。

面对这些经济和意识形态领域的挑战,一种解决方法是诉诸“大跃进”前夕形成的经济理念。“大跃进”是一场将意识形态和革命意志视为追求物质繁荣之基础的群众运动。1950年代中期,尽管中国大部分地区仍饱受贫困的折磨,“大跃进”政策却对未来持一种乐观主义态度,正如毛泽东在一次讲话中对于贫困的理解所呈现出来的那样:“我们是又穷又白。白纸好写字,穷就要革命,要干,就有一股干劲。”[②]简言之,人们在建设心中所向往的那个未来社会时,“一穷二白”亦能激发干劲。

正是受“一穷二白”理论的影响,上海市饮食服务公司开始对一盘散沙的餐馆业的未来进行展望和规划,并按照新制定的上海服务业的4个等级,对沪上大小饭馆进行分类。首先,餐馆业中制售价格低廉的大众饮食的小店,例如粥铺,被认为是“为广大人民需要,有利生产和商品流转,目前尚可维持,而暂时又不能替代的,仍需要加以利用”。其次,一些酒菜馆和西菜咖啡馆,与“旅店旅社、西服、时装、洗染、沐浴等”被划归为一档。对于这一档产业,政府的态度较为模棱两可,认为其“属于高级性消费,与一般购买力水平有一定距离,但从长远看,还有一部分需要的”。同样

---

① 《关于私营服务性行业改善经营管理工作的意见》,上海市档案馆藏,档案号B6-2-138,第13—14页。

② 转引自Jonathan Spence, *The Search for Modern China*, p. 547。[原文出自毛泽东在最高国务会议第十四次会议上的讲话记录(1958年1月28日),见中共中央文献研究室编:《毛泽东传》第4卷,北京:中央文献出版社2011年版,第1746页。——译者注]

是酒菜馆,有一些却和“理发、机制缝纫,以及部分西服、时装、照相、洗染店等”成为一类,属“对本市过剩,而外地需要的”。以上这些分类中,餐饮业的一再出现传递出一个重要的信号:尽管目前上海餐馆酒店扎堆,供大于求,但市饮食服务公司坚信,随着购买力水平的提高,终有一日上海会出现足够庞大的消费者群体,足以支撑餐饮经济的多层次发展。不仅如此,他们更预见到全国上下也终将迎来那么一天:那时,上海餐饮业的过剩产能反而可以成为中国其他地方的宝贵资源,以满足全国范围内更大规模的消费需求。考虑及此,市饮食服务公司没有将饭馆归于“广告、转运报关、成衣、客庄”等“属于居间代理性质,以及因社会风气转移而不合需要的”第四等产业。[1] 所以,即便眼下正经历着经济上的困难,政府依然相信:在不远的将来,这座城市里一定会有高端、多样的餐饮企业的一席之地。

205

通过将注意力转移到这座城市目前尚可调配的资源,即上海地域饮食文化的悠久历史上,上海市政府将这种乐观主义精神付诸实践。如果将意识形态的考量暂且搁置一边,政府的餐饮行业调查者们或许会对他们的发现感到些许宽慰:上海与全国其他地方一样,即便从物质上来说没能像人们之前所希冀的那般极大地富足起来,但在地域饮食文化领域既不“穷”也不“白”。如果说,到此时为止,上海市政府有关部门都还没有对这座城市饮食的地域特色多加留心,这在很大程度上仅仅是因为饮食的地域特色没有落入早先政府工作报告谈及上海粮食问题时反复强调的阶级斗争范畴。其实,中共的政策从来都不曾否认地域性在饮食文化

---

① 《报告上海市私营饮食、服务业的情况及意见》,上海市档案馆藏,档案号 B6-2-138,第 23 页。

中扮演着重要角色,只是更早期的市场调研者是带着非常明确的政治视角来审视饮食与人们的身份认同的,而食品地域特色的价值在这个话语体系里找不到一个清晰稳固的立足点。相比之下,从1950年代中期到1960年代间,政府工作报告里随处可见对上海当地特色饮食的介绍,并想方设法要让那些曾将上海推向国际美食都会地位的地方风味餐馆焕发新的生机。

或许是1954年的一件事,让中共的干部认识到上海人对当地特产的热情。这一年人们口口相传的,是一位居住在莘庄乡一带,名叫柳四根的园艺农民,成功地从华泾截取水蜜桃老树枝条,嫁接在莘庄陆昌庙桃园的10余株桃树上。提供枝条的老树都生长在龙华华泾,据说正是珍贵的上海水蜜桃的后代,因为这一带自19世纪末开始就是上海水蜜桃的培育基地。尽管上海人认为龙华的种比起早年间的上海水蜜桃,品质已经有所退化,但龙华果农一直不曾放弃繁育真正的上海水蜜桃。遗憾的是,1930年代起,龙华水蜜桃的栽种规模渐渐减少,及至上海沦陷,大片桃林在战争中遭受灭顶之灾,桃树所剩无几。[①] 柳四根让上海水蜜桃重现于世的消息不胫而走,当地人以极大的热情赞扬他的努力与成就,有关部门也迅速注意到该事件的进展。第二年,《解放日报》上的一则报道尤其点出:“群众都反映(华泾、莘庄的)水蜜桃品质很好”,并提出“防止龙华水蜜桃失传,恢复水蜜桃生产”的建议。[②] 很明显,柳氏的尝试非常成功,而上海市面上从此有了“陆昌桃”的名号。1958年,上海市区规模扩张,莘庄被并入上海市辖下,“陆昌桃”也就名正言顺地成了上海水蜜桃(后来,农业科学

206

①《上海县志》,第517页。

② 转引自《上海县志》,第517页。

家们对“陆昌桃”进行实树考察,进一步确认了陆昌桃即为龙华水蜜桃,确是当年顾家桃园水蜜桃的后代)。[①]

早期的政府工作报告在“普罗大众”的饮食文化与民国时期遗留下来的“腐朽堕落”的高档餐馆文化之间,划下了一条非黑即白的界限,但上海水蜜桃的复兴让中共的城市管理者在面对这道貌似“二选一”的题目时另辟蹊径,探索起饮食文化阶级性以外的重要方面——饮食的地域特色。要走通这条新路,关键是要在食物的地域性和人民群众的普罗性之间建立联系。而正如上述《解放日报》的报道所呈现出的那样:中共也开始认识到,人民群众对当地特产充满了热情。说到底,正是群众自发地复苏了当地的水蜜桃培育事业,也正是通过向群众虚心求教,党的干部才能知道如何继续发展地域饮食文化。明白了这一点,也就明白了这场饮食文化改革真正的挑战:中共的城市管理者们怎样做才能发掘出具有“大众”性质的地方特色食品。

中共领导者为保持和发展上海地域饮食文化而制定的方案,要求人们以新的眼光重新认识饮食业的生产者。1950年代上半叶,中共一直聚焦于定义哪些人群属于上海饮食的“大众消费者群体”,却在很大程度上忽略了制备饮食的生产者们。随着政府开始为厨师的培养制定相应的政策,并以新的话语将他们中的卓有成就者塑造成劳动模范,以往那种对消费群体的偏重很快就从政策层面得到了修正。不容忽视的是,这种新出现的、对作为生产者的厨师的重视,也与“大跃进”时期强调人定胜天、改造自然的政策和意识形态高度吻合。弘扬上海饮食文化的新政策,带来了老城隍庙一带本地小吃文化的复兴,也使得上海这个地方重新

---

①《上海县志》,第517—518页。

获得了“集全国各地特色菜肴之大成”的声名。

诉“百味”

207

在对“旧上海”高端饮食文化进行了若干年的口诛笔伐之后，中共的城市管理者首先将注意力转移到一种他们能够加以推介，且不必担心犯政治错误的上海特色饮食上——这就是老城隍庙小吃。几个世纪以来，老城隍庙所在的街区一直是上海老城厢的精髓所在，它所代表的悠久历史会在许许多多上海居民心中勾起浓浓的亲切记忆。不仅如此，在地理上，老城隍庙所处的“老城厢”与意识形态领域一直嘲弄批判的那个诞生了“旧上海”文化的城区并不重合。最后，老城隍庙一带的名小吃都算得上物美价廉，制作这些小吃所需的原材料也都是朴素的家常食材。如此，这一带的小吃就十分适应大众的消费水平，且即便在物资匮乏的时期，饭馆也依旧能够制售食品。其情形正如一份报告所阐述的那样：

> 老城隍庙富有传统特色的名点小吃很多……有的如酒酿圆子具有百余年的历史，远近闻名，而且物美价廉，经济实惠，价格最低的只有三分钱，最高的只有三角钱，如许德记三分钱一只又香又酥的蟹壳黄……顾顺兴三角钱一客的猪油夹沙八宝饭……长兴楼的南翔馒头，皮薄馅肥，已有五十多年历史……此外还有糖粥、葱油开洋面、油氽尤(鱿)鱼、油酥饼、面筋百页(叶)都是比较闻名的产品。保持和发扬这些名点的经营特色，把市场供应工作做得更好，既是党的要求，也是广大群众的要求。①

①《做好城隍庙饮食供应工作的经验》，上海市档案馆藏，档案号 B98－1－730，第60页。

这段话对老城隍庙小吃做了非常明确的肯定,唯一要解决的问题是政府如何才能更好地支持这种饮食文化的发展。

1950 年代末,当市饮食公司对老城隍庙一带的饮食文化开始产生浓烈兴趣的时候,该地已经是一个著名的小商品市场和"本市劳动人民所喜爱的一个游乐场所"。平常游客日接待量约 5 万人次,周日人流比平时要多一倍,遇到节假日则更为繁忙。当时庙内设有合营及合作的饮食店、食品摊 16 户,平常每日供应约 1.2 万人次(若逢节假日或周日,供应人次也成比例地翻倍)。① 但该市场所提供的饮食,质量在逐年下降。究其原因,一是原材料供应不足,例如做猪油夹沙八宝饭的关键食材——猪油,就十分紧俏。另一个原因,是沪上的有资历的厨师班底渐渐步入暮年,这也意味着当地小吃的制作技术面临着后继无人的境况。

208

政府的市场调研员们第一次意识到上海厨师队伍的老龄化问题,是在城市餐饮业向"公私合营"转变的过渡时期。新中国成立初期的政治转型和经济困难,让厨师队伍的新陈代谢出现了暂时的停滞。在历史上,厨师行当是靠着学徒制实现知识技能的代际传承的:年轻厨师入行的头三年,会跟随某位业内认可的地方烹饪名家学习技术,三年后才有可能出师。学徒一旦出师,有的便自寻新东家去了。而有的餐馆论规模和对厨师队伍的需求都足够大,本餐馆的学徒则可以留下来继续给老师傅打下手。可是,国共内战期间以及新中国成立的最初几年,由于许多高档餐厅都面临过严重的经济危机,老师傅们已经无力招收新徒弟。一

① 《做好城隍庙饮食供应工作的经验》,上海市档案馆藏,档案号 B98-1-730,第 60—61 页。

份政府调研报告就明白指出:“解放以来,上海的厨师们一般都没有收过徒弟。”[①]这种局面造成的后果之一,是黄浦区的26位“名厨”中,13位年老体衰,无法再承担工作。而全市有水准的厨师和面点师中,有85%年龄都已经超过了46岁。[②] 这样一来,这座曾经以繁荣的餐馆业驰名的城市,如今的状况是“从业人员中的技术力量是不强的……为群众所公认的名厨师不过四五十人”。专业厨师队伍的日益缩水与食材的供应不足相叠加,意味着特色小吃名点如今的制作方法,与往日相比已经拉开了差距。

面对这一情况,中共的城市管理者想出了若干应对策略。本节主要讨论其中两项(其余的会在下一节详加论述)。策略之一,是明确城隍庙内各个小吃店、小吃摊的经营品种,并按品种定向配给食材,从而确保每家店提供的餐品都能最有效率地满足尽量多的顾客。根据新规,每家饮食店现在只能专攻一样小吃名点。例如,南翔馒头只在长兴楼售卖,上海特色春卷专由松运楼制作,而水晶大包则仅有桂花厅供应。新规中的另一些条款则要求菜品适当缩小每客的份额(例如馒头,一客由原来的10个变为6个),并在周日增加供应量以应对更大的客流。[③] 政策如此无微不至,以至于对每道菜的原料用量都有规定。例如小笼包,按规定每只皮子重2.5钱,猪肉馅心亦重2.5钱。[④] 这些措施对于彻底解决城市食品供应不足的问题或许是微不足道的,但显示出市饮食服务公司的坚定决心:他们要让尽可能多的人吃得到上海的

---

①《上海市饮食业工作汇报》,上海市档案馆藏,档案号B98-1-134,第24页。

②《关于培训商业、饮食、服务业技术人员的请示报告》,上海市档案馆藏,档案号A65-2-117,第15页。

③《做好城隍庙饮食供应工作的经验》,上海市档案馆藏,档案号B98-1-730,第61页。

④《保持和发扬特殊风味》,上海市档案馆藏,档案号B98-1-730,第81页。

地方特色食品。

209

面对地方饮食传统的式微,市饮食服务公司的第二个应对策略,是动员老城隍庙一带地方风味餐馆里的老职工、老师傅"回忆献宝","挖掘出行业即将失传的点心小吃",如豆腐花、韭菜鸡蛋饼、豌豆汤、糟面筋、糟田螺、臭豆腐干、鱼圆汤,等等。仅就韭菜鸡蛋饼而言,此时的上海已经有30年没有闻到过它的香气了。为了重新找回失传的技艺,饮食服务公司组织起气氛轻松的老职工座谈会。会上,大家靠着回忆拼凑出这些食品当年的口味和做法。会后,人们按照讨论的结果一再试制这些菜品,老职工们也常常被请回来试吃、辨味。① 一份报告详细讲述了这一过程及收到的效果:

> 为了发扬光大名菜名点……我们采取挖掘、访问、观摩、交流、谈心、评比等方法,在党的领导支持下,召开了一系列的品种质量经验交流会,各种技术操作座谈会、现场会……从而打破了店的界限,扩大了品种眼界,丰富和提高了从业人员的操作技术水平,努力实现党提出的要求:"别人有,我们更要有;别人没有,我们也要有",终于使老城隍庙小吃,做到琳琅满目,美不胜收。②

召开"忆往昔"座谈会,是毛泽东时代革命斗争实践的一项重要活动。提起这些座谈会,人们最先想到的往往是农村土地改革时期的"诉苦会"——大会为农民搭建了一个公共平台,鼓励他们讲出自己曾在地主手中遭受到的经年累月的痛苦和折磨。座谈

---

①《做好城隍庙饮食供应工作的经验》,上海市档案馆藏,档案号B98-1-730,第61—62页。

②《保持和发扬特殊风味》,上海市档案馆藏,档案号B98-1-730,第80页。

会的目的,是要借助口述史的形式获得史料,并将这些记忆转化为革命斗争的动力,最终改造社会向着更好的方向发展。不过,市饮食服务公司组织老城隍庙饮食店、小吃摊职工开展的座谈会,却并不是要忆“苦”,而是要回忆起所有的滋味——正是这杂陈的“百味”,才让上海地方特色小吃从众多中国地域饮食文化中脱颖而出。这时中共的城市管理者意识到:过去不必一定是“苦”的;它也可以是酸、辣、咸甚至甜的。他们更认识到:饮食的怀旧同样可以成为革命实践的一种形式。

210

政府对老城隍庙食品摊点的改造措施,在很大程度上是为了重振和发展面向大众消费者的上海特色饮食;对上海本土食品的高度关注是本次改造行动发出的一个重要信号,它意味着上海的广大人民群众可以享受一种带有鲜明本土特色的饮食文化。与此同时,中共的城市管理者也认识到:城市里的外地人和少数民族群众,对他们各自家乡、民族的特色饮食有着同样强烈的喜好和需求,且这些需求同样应该得到满足。因此,一则调查报告在其结尾处不无自豪地宣称:“为了照顾少数民族生活上的需要,我们在老城隍庙增设清真食堂,广东小吃,供应牛肉汤、牛肉锅贴、杏仁茶、芝麻糊等品种。”①

高级厨师

重振老城隍庙一带的上海特色饮食,并对制售流程进行标准化管理,这只是上海市政府为复兴地域饮食文化而实施的重要举

---

①《做好城隍庙饮食供应工作的经验》,上海市档案馆藏,档案号 B98-1-730,第 62 页。

措之一。另一项措施,则体现在政府挽救岌岌可危的沪上高端地方餐饮业所做的努力上。关于这项举措,今天的研究者很难清楚明确地知道政府行为背后的动机是什么。毕竟,能在这些馆子里吃饭的普通市民少之又少。不过,社会上的确有这样的需求——甚至是期待,希望政府最起码要保持部分高端餐饮产业的正常运转。为此,政府专门下拨了津贴,资助一小部分高档地方特色餐馆的经营和发展,以满足当地政要和国内外要人的就餐需求——后者来到上海出差公干,往往都渴望在这座号称"美食家天堂"的城市里一饱口福。最起码在 20 世纪五六十年代,这些高官要人成了城市高端餐馆的主要顾客。另一方面,支持高端餐馆的发展并不完全与国家的意识形态背道而驰:说到底,中共的领导者们要建成的是一个富足繁荣的社会。当那一天到来的时候,城市里的大多数人都应该能消费得起这样的餐馆。不论这项举措背后的动机是什么,政府的策略是要将这些餐馆作为生产而非消费的场所。相应地,政府也要下大力气培训餐馆里的生产者——厨师,并全面记录其生产技术要领——厨艺。如此一来,高端餐馆的大厨完全可以成为社会主义社会的模范工作者。

211 为了保持城市中地方风味餐馆的多样性,上海市政府组织饮食服务业各个单位招收新人,并开办行业技术培训学校。这是这座城市有史以来头一遭,专业厨师能从国家筹办的烹饪学校里系统化地培训出来。上海市饮食服务公司建立了若干不同层级的烹饪培训机构,征招当地顶级餐馆里的名厨为烹饪学校设计课程,并在课堂场景中进行教学演示;同时他们还要负责撰写学习手册、编纂烹饪书籍。这些新设立的教育机构包括"黄浦区餐饮业中级学校"和"上海餐饮业高级烹饪技术培训班"。此外,"上海餐饮业烹饪技术教研组"致力于将传统烹饪技术与厨艺科研创新融入教学法中，而另一家“上海餐饮业烹饪技术研究会”则主要钻研中国各地的特色烹饪技法。沪上餐馆的主厨们在这些培训机构中担任了主要职务，课堂教学用书的内容则包括对烹饪技法的介绍和调研，以及家常和特色菜谱的选集。这些菜谱选集，有的更具综合性，例如一本题为《中国名菜谱》的食谱合集；有的则更有针对性，例如对粤菜、川菜、上海本帮菜、俄罗斯菜和西餐的制作方法详解；还有的专门讲授罕见食材和特色原料的制备方法，比如零食和冷盘的制作、家禽和水产的处理，等等。①

今天的研究者无法确切知道，厨师们对参与培训机构教学活动的热情有多高——毕竟这意味着他们要在一个政府掌控的环境中公开授受行业的内部知识。不过，政府方面也设计了足具诱惑力的激励机制，使厨师们得以通过参与教学活动而提高自己在业内乃至整个社会上的声望。这些激励措施中最重要的一项，就是厨师职称制度。截至 1956 年，已有 13 位上海厨师通过职称考试获得“高级厨师”的称号。要获得这一头衔，考试参与者必须证明自己具有下列素质技能：精通一种地方烹饪的特色技法（例如川菜技法中的“干炒”和“干烧”）；能够熟练制备各色经典名菜；具有组织调配大型宴会餐的能力；熟知一种地方烹饪的历史知识；能够在某种地方烹饪风格的基础上推陈出新，设计新菜品；精通有关食品原材料的各种知识。② 这 13 位厨师，每一位都经历了粤、川、京、西四菜系之一的考核。③ 考核包含笔试、口试、实操三 212

---

① 专业厨师参与课堂教学和教材编写活动的情况，在厨师的个人资料里有所提及。见上海市档案馆藏，档案号 B98-1-164，第 54—319 页。

② 关于这些考试的记载收录于上海市档案馆，档案号 B50-2-208，第 9—18 页。

③ 参加此次考核的考生之名录及其各自擅长的领域，详见上海市档案馆藏档，档案号 B50-2-208，第 8 页。

部分。特别是实操部分，在中苏友好大厦举行，考官阵容强大，其中有对本市各地方菜深有研究的专家沈京似，以及民国时期沪上最知名的川馆——锦江川菜馆的女东家董竹君。董氏是上海的传奇人物。1951 年，她将自己的锦江川菜馆作价，投资创办了锦江饭店有限公司，并出任首位董事长。新的锦江饭店坐落于华懋公寓(Cathay Mansions)——一家建于 1929 年的豪华商住两用公寓大楼。① 到她列席高级厨师考试的 1956 年，董氏已是上海政商两界的重要人物。她的出席具有重大的象征意义，代表着政府有关部门正大力为餐馆业从业人员创造促进行业发展和提高社会地位的机会。

上海当地的多家顶级媒体都对这次厨师资格评定考试进行了报道。报道浓墨重彩地描绘了厨师们对于中国地域饮食烹饪传统的宽广知识面，并着重提到了实操和口试环节中，众人就厨师在海内外的政治地位展开的热烈讨论。遗憾的是，报道没有细致阐述这场讨论的具体内容和结论是什么。② 不过我们能确定的是：在参赛的 13 位厨师中，11 位获得了高级厨师的称号，并被派往上海各大著名宾馆的餐厅掌勺，如锦江饭店、和平饭店、国际饭店、上海大厦等。在这篇报道之后，报纸还刊登了一篇参赛厨师萧良初的文章。③

将高级厨师派往高端饭店工作，大大提升了这些饭店擅长烹制地方特色美食的名声。1961 年，国际饭店已经拥有一支由 10

---

① 董竹君的生平经历，详见她的回忆录《我的一个世纪》。

②《高级厨师上考场》，《新民晚报》1956 年 8 月 27 日，上海市档案馆藏，档案号 B50－2－208，第 35 页。

③ 萧大厨在文章中总结概括了他在大赛口试环节所谈到的若干粤菜的特点。萧良初：《谈谈广东菜的烧法》，上海市档案馆藏，档案号 B50－2－208，第 34 页。

位专业厨师组成的京菜烹制团队;上海大厦有 16 位备制淮扬菜的厨师;锦江饭店有 4 位专攻川菜的厨师和 1 位粤菜厨师;和平饭店则兼容并蓄,在其擅长的粤菜和西菜之外,还有厨师团队专门制备上海菜。这种饭店对中国地方烹饪各有专攻的局面似乎是有意的设计。一则关于饭店宾馆培训厨师的报告就督促厨师们苦练烹饪技术,以丰富多彩的菜肴满足不同顾客的需求。但报告也指出,饭店不应当试图招全各个地方菜系的厨师,落得杂而不精。相反,当一家饭店需要制备自己不擅长的地方特色菜品时,应该训练目前已有的厨师班底,做到触类旁通,能够临场“客串”其他领域厨师的角色。①

根据上海市饮食服务公司的报告,设立烹饪学校的举措在最初几年里大获成功。1960 年的一则报告写道:如今的上海已经拥有 40 家厨师队伍齐备的地方风味饭馆,能制作 5000 余种菜品,且“所有传统的特色菜肴点心以及一些行将失传的烹调技术,基本上已经全部恢复”。② 报告还提到了为培训未来厨师而成立的若干新式教培机构,包括职业中学 3 个、业余中学 12 个、进修班 2 个、培训室 1 个,以及饮食实验商店 1 个。截至 1960 年,新式机构已经培养了艺徒 2100 人。这些艺徒出师后,大都进入城市中各个地方风味餐馆掌勺,另一些厨师不但会被派往各个单位附属的“特约食堂”工作,有时还会下到工厂、里弄食堂,以丰富基层的餐食供应。

213

与 1950 年代初发布的有关饮食文化的报告相比,上海市饮食服务公司在上述报告中传达出了一个截然不同的信息。值得

①《关于调整厨师的几点意见》,上海市档案馆藏,档案号 B50-2-319,第 1 页。

②《饮食服务事业》,上海市档案馆藏,档案号 B98-1-732,第 2 页。

注意的是，并非市饮食服务公司反复强调自己在发展上海饮食文化方面取得了成就，而是那些被视为“成就”的东西在短短几年间发生了重大的变化。从某种程度上说，市饮食服务公司的话语，听起来愈发像更早的某个时期人们赞扬起上海饮食文化时的调子：“中国菜肴烹调具有悠久的历史传统，是我国宝贵的文化遗产之一……上海饮食业集全国各地特色菜肴的大成。”[①]上海饮食文化长久以来积攒的声誉，同样远播年轻的共和国首都。1964年，国务院派遣49位北京厨师和饭店经理到上海接受为期6个月的培训。这批人中，18名厨师入驻锦江饭店，主要学习川菜和广(粤)菜；18名进驻上海大厦，专攻扬州菜和面点的制作；8人被派往和平饭店，学习上海菜、川菜和亚洲国家菜，还有4人前往华侨饭店，学习福建菜和广菜的烹饪。最值得一提的是，国务院还派出了14名厨师前往国际饭店，专门学习北京菜的烧法。言下之意，上海师傅的京菜竟做得比北京本地厨子还正宗。[②] 由是观之，市饮食服务公司的确有充足的理由为他们自己，也为那些和他们并肩奋斗、重振上海高端餐馆文化的一线厨师感到骄傲。

在1963年市饮食服务公司编纂的上海名厨个人档案中，这种骄傲之情溢于言表。档案显示：对于每种地方烹饪有何独到之处，上海民众形成了自己的认知；有关部门开始赋予沪上餐馆酒店推出的各种地方菜肴以不同的文化价值，并在大力支持地方菜系发展的同时，规划出它们未来的改革方向。这套档案还详细记载了每位名厨的职业经历、拿手的地方菜系及其烹调技法，简述了每位厨师在他/她擅长的领域做出的钻研和创新，并肯定了他

214

①《饮食服务事业》，第1页。

②《关于待国务院机关事务管理局培训厨师的初步打算》，上海市档案馆藏，档案号B50-2-398，第26页。

们为培训下一代厨师所付出的努力。例如,13岁入行,在餐饮业工作了43年的京菜名厨谭廷栋的档案资料是这样描述他的职业技能的:

> 谭廷栋全面精通京菜的烹饪技法,熟知京菜领域各种筵席(菜品)、小吃的制作方法。他尤其擅长炸、焖、爆、炒、扒、熘、煎、烤等技术,拿手的京菜名品有炸鸡里脊、糟溜鱼片、油爆双脆、烩鸡脯、九转肥肠、扒熊掌。其中,他的糟溜鱼片最负盛名,菜品色味俱佳,鱼肉滑嫩,酱汁浓而不腻。①

同时,记录也强调谭氏在烹饪领域的钻研创新精神:“他对技术进行了深入钻研……传承和发展了京式烹饪传统,创造了不少新菜式。”他和同事们共同研发的新菜——燕云鸡,做法是要将鸡肉切块,先炸后炖。这道菜品一经推出,立刻就成了餐馆的招牌菜。

不论是“燕云楼”的餐馆名,还是谭氏“燕云鸡”的菜名,都向人们表明一个事实:在政府的大力支持下,地方风味餐馆和特色烹饪依旧是一个地方历史和文化个性的象征。“燕云”二字指的是历史上的“燕云十六州”,即今天北京及其北方的一片狭长地带。一千年以前,后晋(936—947)政权将这一地区割让给契丹人建立的大辽(907—1125),于是直到元朝覆灭的1368年之前,中原政权再也没能重新掌控这一片土地。② 明清时期,中央政权对燕云十六州的稳定统治宣示着这片土地再次成为中原王朝领土的一部分,但历史上几经易手的事实也表明,该地区作为中原王

① 谭廷栋个人资料,上海市档案馆藏,档案号B98-1-164,第55页。(该档案现已封存,本段为译者根据英文的意译。——译者注)

② 辽覆灭以后,燕云十六州被女真人建立的金朝(1115—1234)统治。而后,蒙古帝国在攻打金帝国的过程中又占领此地。

朝领土的政治地位并不始终如此稳固,在风雨飘摇的岁月中总是命运难卜。有了这样的背景知识,人们就能理解这家1936年成立的餐馆,何以用“燕云”二字命名:这一年,军阀对北京虎视眈眈,而日本则已不满足于其在北京以北建立的伪满洲国据点,正积极准备南下。在如此险恶的政治背景下,“燕云”二字不禁使人联想起这一地区在历史上的命途多舛。不过,到了1960年代,灾难和动荡再次成为往事云烟;北京这个燕云地区的重要城市,同所有中国北方城市一样,平稳而牢固地拱卫着年轻的共和国。而对于那些熟知燕地波澜壮阔的历史烟云的食客而言,“燕云鸡”先在滚油中烹炸,再于铁锅中炖煮的工序,无疑象征着该地区在漫长历史长河中遭受的苦难。

215

类似这种在饮食文化和地方历史之间穿针引线的记录,在这批档案中并不鲜见,粤菜大师冯培的档案就非常典型。冯氏的评语称赞他擅长烹饪广东特色食材,如海豹、穿山甲和椰子狸,还是上海为数不多的真正擅于杀蛇烹蛇的厨师之一。甚至为了在上海餐馆里做出原汁原味的广东菜,冯氏在1959年曾专程前往广东寻找购买道地好蛇。①

最后,这些厨师的个人档案还表明,政府非常重视厨师这一职业在社会主义建设事业中所发挥的作用。不过,如果仅从字面看,这些档案对厨艺、菜品进行了如此细致的记录,以至于人们会很自然地认为,撰写档案的人对食物本身的兴趣比对建设新社会这种宏大议题的兴趣要大得多。川菜大厨何其坤的档案便是一例:

> (何其坤)调味技术一流,尤其擅长调制川菜中常用的怪味、酸辣、麻辣、椒麻、红油等口味。举例来说,他调制的“鱼香”

① 冯培个人资料,上海市档案馆藏,档案号B98-1-164,第63页。

极好地平衡了甜、酸、辣三味，还带有馥郁的荔枝香气。他的“宫保”一味，以红辣椒和四川花椒入油爆香再（从油锅内）舀起，达到“味辣而不见辣，味麻而不见麻”的效果。①

那么，我们该如何理解这些文件档案对厨师厨艺所做的如此绘声绘色的描述呢？从某个角度看，这些记录或许反映出中共城市管理者不再一味强调艰苦朴素的意识形态。这套档案中的其他一些记录也佐证了这一点。例如，粤菜大师冯培的同行余洪，他的简介里就称赞其擅长烹制奢侈食材，如熊掌、鹿胎、燕窝、穿山甲、鱼翅、鲍鱼等。这些食材，大多数上海人想都不敢想，不仅仅是因为它们售价高昂又难以获得，更是因为除非口味独特的老饕，普通人很难对这些食材产生真正的兴趣。②

216

从另一个角度来看，这些记录也表现出社会对大厨们匠人精神的由衷尊重，因为他们处理食材的本领背后是驯服自然的智慧，调和百味的同时也调和了社会关系。京菜大厨宁松涛的档案就特别提到，他有一手给羊肉去膻的精湛手艺，即便是吃不惯羊肉的南方人来他店里就餐，也察觉不到一星半点的羊膻气。记录还赞扬了宁大厨为适应回族食客的口味和需求，对京菜进行改良创新的事迹。最后，这篇记录浓墨重彩地描绘了宁氏的绝活——刀功：

他能在丝绸上切肉丝……切完，肉丝毫不粘连，丝绸完好如初；他片的生姜片几乎透明，薄如蝉翼；……他对猪羊的骨架构造、筋腱关节了如指掌，分割整猪或整羊时，不仅动作

① 何其坤个人资料，上海市档案馆藏，档案号B98-1-164，第116页。（该档案现已封存，本段为译者根据英文的意译。——译者注）

② 余洪个人资料，上海市档案馆藏，档案号B98-1-164，第75页。

麻利,且下刀的位置十分精准,所以切下来的肉块完整爽利,畜体分割科学,毫无浪费。①

读过上面这篇对宁大厨刀法的描述,人们很难不想起早期道家经典《庄子》中那则“庖丁解牛”的故事。儒家学者认为脑力劳动比体力劳动更具价值,但这篇故事对儒家的观点进行了诙谐而深刻的戏仿:庖丁分解牛体时的高超技术,给文惠王留下了深刻印象。当被问起他的刀何以能在结实的牛体中做到游刃有余时,庖丁解释道:“臣之所好者道也……依乎天理,批大郤,导大窾,因其固然。技经肯綮之未尝,而况大軱乎?”②但《庄子》对庖丁解牛的描写和档案对宁大厨刀法的刻画,二者之间有一个十分关键的区别:庖丁的技术,精髓在于依乎天理、道法自然;而宁大厨正好相反,他的力量来自掌握自然、改造自然的技术,这也与“大跃进”时期提倡的“人定胜天”的意识形态相契合。通过高度赞颂上海顶级名厨们高超的厨艺,将他们推选为模范劳动者,上海市饮食服务公司的领导干部们找到了一种叙事话语,能让他们在大力扶持高端餐饮业发展的同时,又保持与国家的经济意识形态和革命实践步调的基本一致。

217

餐馆与“文化大革命”

无论如何,并不是所有人都能接受中共在“革命辩证法”的两面——保持艰苦朴素和享受繁荣富足——之间进行调和的努力。

---

① 宁松涛个人资料,上海市档案馆藏,档案号 B98-1-164,第 103 页。(该档案现已封存,本段为译者根据英文的意译。——译者注)

② 原文此处的英文译文引自 Burton Watson, *Chuang-tzu*, *Basic Writings*, pp. 46-47。

1966 年,在上海市饮食服务公司编纂厨师档案的两年之后,有关部门弘扬上海丰富多彩的地域餐饮文化、发展地方餐馆产业的努力戛然而止。“文化大革命”(以下简称“文革”)让这座城市的政治环境风云突变,高端餐馆再一次成了腐朽堕落的小布尔乔亚阶级的产物。不仅如此,在“文革”话语中,高端餐馆还是新官僚主义机构的附庸,而毛泽东曾将官僚主义视为建设社会主义中国道路上最大的障碍。于是,高级餐馆纷纷关张。尽管其中有一部分后来重新开张,并在十年“文革”期间继续做生意,但所有店铺都只能制售最基本的几样上海家常菜了。

扬州美食名店莫有财厨房在“文革”期间的命运非常具有代表性。“莫有财厨房”店名取自资深望重的同名扬州大厨莫有财。民国晚期,莫有财的父亲带着他们莫家兄弟三人,在上海创办了一支半私厨性质的团队,专为沪上的大银行家服务,尤其是为他们制备家宴。1950 年 6 月,新中国成立不久之后,这支父子团队听取了上海著名工商业者荣毅仁等上海纱厂工商界人士的建议,开设了一间公馆式的厨房。厨房设于宁波路上海银行大楼三楼,上海纱厂工商界人士的“联合俱乐部”内,仅为会员提供服务,而其会员大都是上海纺织业界的领军人物。这时的莫有财厨房仅有一间可容纳四五十人就餐的小厅,规模确不算大,但它的服务对象专限少数上层工商界人士,每天也只精心备制一二十种扬州菜肴。1956 年公私合营改革开始,莫有财厨房的服务对象也扩展到上海各界上层领导人士中,同时正式对社会开放供应。很快,莫家厨房就名声在外了,许多党和国家领导人,如董必武、陈毅、李富春、陈叔通等,来上海时都要尝尝莫有财厨房的手艺,领略扬州美食的风味。可好景不长。1966 年“文革”开始,莫有财厨房被打为“为牛鬼蛇神服务的黑店”而被迫停业,直到 1970 年

218 才恢复营业。而这一年的莫有财厨房为了“面向大众”,只能供应最普通的上海家常菜。①

在其他高端餐馆工作的厨师们对“文革”中的经历也有相似的记忆。梅龙镇酒家曾是上海的高档扬帮菜馆。抗战后期,大批战时流亡“陪都”重庆的达官显贵们纷纷返沪。梅龙镇为了迎合这些人的口味,将餐馆特色改为川味为主。等到“文革”期间,梅龙镇的旧客户群消失了,取而代之的是跑运输的卡车司机们。所以每天中午时分,南京西路上都会排起长长的大车队。当然,梅龙镇也不制作扬帮菜或川菜了;将近十年间,这家酒店的菜单上只有三道便宜的上海家常菜:肉末豆腐、炒青菜、菜饭。无独有偶,“文革”期间的新雅粤菜馆——其时已更名为“红旗饭店”——也只能出售这三样菜。② 于是,“文革”期间的政治话语重构了上海餐馆业,使其能与“普罗大众的中国”的政治愿景相吻合,餐馆也不再被认为是这个国家丰富多样的地域文化的载体。但正如在本书尾声中即将讨论的那样,即便是在十年动乱中,人们对梅龙镇、红旗饭店、扬州饭店菜品的解读,也不是完全置历史和文化意义的叙事框架于不顾。

---

①《中国名菜谱》,第108—109页。

② 这些信息来自作者的个人访谈。采访对象为沙佩文(音译),梅龙镇酒家厨师长,采访时间1999年3月;以及张为民,新雅粤菜馆公关部经理,采访时间1998年12月。

尾声　上海饮食文化的前世今生：徘徊于“本帮菜”与“海派菜”之间

从在明代初露头角直至波澜起伏的20世纪，上海这座城市 219 一直将自身定义为地域饮食文化自觉的发生地。饮食的怀旧——一种通过食物完成的，对另一时、另一地带有目的性的回忆和富于情感的召唤——不仅为生活在这座城市中的人们提供了一种叙事框架，让他们得以深刻地思考和界定上海作为地方(place)的重要意义，也帮助人们探索和阐释他们与这座城市、与中国，乃至与整个世界的联系。

在上海历史上的不同时期，饮食的怀旧会以不同的形式呈现出来，但正如本书所展示的那样：一些形式渗透到社会生活的角角落落，最终沉淀为上海都市文化与身份认同的核心组成部分。明清时期，人们将该地方在农业上取得的成就——尤其是水蜜桃的培育——放在更大范围内的中国园艺文化史及食物书写史的语境下，由此塑造出上海花园城市的形象。这个形象总能使人们联想起那些在中国文化和政治历史画卷上留下过浓墨重彩的著名花园、果园。19世纪下半叶见证了上海向国际化通商口岸转型的历史，这一转型也给城市带来了大量的新移民。跟随着五湖四海的人们一同到来的，则是烹制各地美食、唤醒家乡文化记忆的地方风味餐馆。话虽如此，这些新移民对上海当地人的怅然若失也能感同身受，于是他们一同追忆起那湮没于历史洪流的沪上

220

园林文化，一同哀叹这种文化所代表的那个理想社会，终于在19世纪下半叶沪城的沧桑遽变中成为永远的梦幻泡影。在19世纪的尾声，西餐热席卷沪城，上海都市文化于是有了新的表述：首先，这里是中国最“摩登”、最国际化的大都会。其次，这也是一座急需通过饮食烹饪重振中国传统家庭结构的颓废之城。时间来到了民国时期，中国地域饮食文化在上海的聚合复兴，为人们构想一种属于民族国家的、延绵千载不绝的饮食文化传统提供了范式。在1949年中华人民共和国成立之后，即便中国共产党治理上海的目的是要将其改造为社会主义工业现代化的范本，他们也依旧认可了以城隍庙一带颇有来历的名吃名点以及技艺超群的沪上大厨为代表的都市饮食文化，并成了这种历史悠久的饮食文化的赞助人。

改革开放后特别是最近20年，上海饮食文化史上出现了一些值得关注的新风向。首先引起研究者注意的是，居住在上海的人们再次重视起上海的本土菜肴来。这种本地烹饪常常在两种餐馆中售卖：一种是普通的家常饭馆，另一种则是更加高端富丽，总能唤醒人们想象中生涯鼎盛的1930年代的“老上海”主题餐厅。其次值得关注的变化是，人们开始用“海派”这个词来指称更加广泛意义上的上海饮食文化。在历史上，“海派”一词主要用于形容沪上戏剧、视觉艺术、文学等作品的流派及其艺术风格，但从未与上海的餐饮文化产生过关联。近来以“海派”二字冠以饮食烹饪的现象，不但充实了这个词本身的意义，更拓宽了人们对上海这座城市的理解和想象。这份日益凸显出来的对上海身份的自觉，或者更准确地说，这种新出现的、带着地方自豪感的意识形态表明：无论是上海饮食的怀旧史，还是更宏观层面上的中国饮食文化史，都在沧桑遽变中保持着传承。

重访“老上海”

尽管本书以大量篇幅讨论了上海土特产以及当地林林总总的餐馆中所供应的各色地方特色烹饪，但到目前为止，笔者尚未就上海本地菜肴的文化意义多加着墨。诚然，早自明代起，水蜜桃就被上海人推为这座城市的象征，但上海本地烹饪的命运又与本土特产不同——直到改革开放前的悠长岁月里，前者从来都不是上海城市概念的重要组成部分。当然，烹制本地菜肴的餐馆俯拾即是，及至 20 世纪初期，这类餐馆的烹饪风格以“本帮菜”的名号而广为人知。“本”即“本地”(local)；“帮”或许翻译成英文的“帮会”(group)更为妥当。在历史上，上海人往往以“某帮”来称呼旅居沪上的各个地方社团。[1] 因此，英文世界的读者可以将“本帮菜”泛泛理解为“本地菜肴”(local cuisine)，但或许带着地域归属感的“自家菜肴”(our people's food)才是更为贴切的翻译。[2] “本帮菜”的称谓凸显出上海本地烹饪不同于他处的风格，助其在 19 世纪中晚期陆续抵沪的中国各地菜帮中挣得一立锥之地。在上海，本帮菜的身影遍布大街小巷，虽然主要还是由小餐馆、小饭店制售，但也有一小部分大型餐饮机构烹制本帮菜，还颇做出了点名气。话虽如此，到底还是沪上五花八门的“外帮菜”在移民群体中享有更高的地位声望，也被上海本地人赋予了更丰富的文化意义。相比之下，在饮食文化四方辐辏的上海，“本帮菜”几乎从未能够成为这座城市“美食之都”文化身份的一个突出的

221

① “帮”的各种含义，详见 Bryna Goodman, *Native Place, City, and Nation*, pp. 39 - 40。
② 译者将该处英语的“our people”译为“自家”，因为沪语方言将“自己人”称为“自家人”。——译者注

组成部分。需要强调的是,本地烹调对于许许多多的上海市民而言,一直是十分重要的,而共产党的执政者正是意识到了"本帮菜"的这种重大作用,才会寻求系统性复兴城隍庙一带传统小吃的政策方法。但更值得一提的是,若要充分认识"本帮菜"的历史重要性,聚焦这座城市的餐饮业在刚刚过去的若干年内所经历的发展,比讨论晚清、民国、毛泽东时代乃至上海历史上任何一个时期的本地烹饪,都更能帮助我们把问题看得更清晰。

1990 年代后,上海本地烹饪已经成为这座城市中最受欢迎,也引发最热烈讨论的一种地域烹饪风格。尽管人们仍不时以"本帮菜"称呼这一菜系,但它的另一称谓——"上海菜"——也渐渐流行起来。从"本帮"到"上海",名称的变化说明本地风味之所以能独树一帜,靠的不仅是与其他地区的烹饪文化有所区别,更是因为这一菜系与这座城市本身有着紧密的联系。如今,本地菜肴在上海颇有市场,制售这种菜肴的主要有两种餐馆:家常小馆和定位 1930 年代"老上海"风格的主题餐厅。它们分别代表了上海餐饮新风尚的两个侧面,而这两个侧面又是由更宏观层面的社会变革引发并形成的。这些社会层面的因素,既包含改革开放以来新的经济政策的导向,也带有新兴意识形态的影响。其中,意识形态层面的变化不仅更新了上海的社会结构,更引导人们重新估量上海对整个中国经济发展和社会进步所做的历史贡献。此外,与这两者同样重要的,是席卷中国的一股怀旧风潮,而上海则是对这股风尚感受最敏锐的地方。于是,人们重又燃起了对旧日上海文化产品的浓厚兴趣。

1980 年代初期的经济改革政策对上海都市生活的影响是比较有限的。中国早期的经济改革往往聚焦农村生活,而尽管城市里也出现过许多重要的改革,上海却未能成为那为数不多且对中

222

国经济发展方向起到导向性关键作用的城市之一。[①] 自 1984 年起,外资重又开始流向上海,城市里出现了少数将“新型用工形式嫁接在现行体制上”的谨慎尝试。[②] 此外,与当时的许多其他中国都市里出现的情形类似,上海地区的生活水准在 80 年代实现了稳步提升,城市居民的可支配收入都出现了小幅增长。但总体而言,在整个 80 年代,上海“在中国经济中的相对优越地位日渐式微”。[③] 这一趋势直到 90 年代初才出现拐点:1990 年,与外滩隔浦江相望的浦东成为“中国改革开放的一个新试点”。紧接着,1992 年初,邓小平开启了他著名的南方视察。视察期间,新闻媒体屡屡报道他对开放和开发上海浦东所做出的重要指示,认为上海必须“抓住机遇”,并鼓励上海在改革的道路上要“胆子更大一点,步子更快一点”。[④] 很快,上海就成为中国经济发展蓝图上的一个熠熠生辉的闪光点,资本也源源不断地涌进这座城市。这些变革进一步激活了新的商业增长模式和消费模式,其中就包括城市餐饮业和餐馆文化的复兴。

虽然上海餐饮业在改革开放的第二阶段所取得的成就比第一阶段要大得多,但即便是在第一阶段中,餐饮业已经有了蓄势待发的迹象。改革开放初期,新的经济政策开始允许私有制的商业组织形式和管理模式出现,餐馆就成了这座城市中最早实践新型商业体制的企业之一。许多餐馆都是由资本有限的小型“个体

---

① 例如,比之上海,南方城市广州以其毗邻香港的战略性区位优势,在实践新的工商业体制上获得了更大的自由度。此外,改革开放初期的大多新型资本都流向了新设立的经济特区(如深圳)。有关广州的研究,参见 Ezra F. Vogel(傅高义),*One Step Ahead in China*;有关深圳在改革初期的重要地位的论述,参见 Kwan-yiu Wong and David K. Y. Chu,*Modernization in China*。

② Jos Gamble,*Shanghai in Transition*, p. 10.

③ Jos Gamble,*Shanghai in Transition*, p. 10.

④ Jos Gamble,*Shanghai in Transition*, p. 11.

户”出资、运营的,他们的铺户规模因此也十分有限,大都不过是能让城市工人阶层在上下班通勤路上匆匆吃顿便饭的路边摊和门面店。不过,尽管规模小,这些餐馆的数量却在迅速增长。很明显,即使大多数工薪阶层能在单位食堂里解决一日三餐,人们对于方便快捷的替代性就餐场合的需求也与日俱增。更不必说对于许多城市临时工而言,便是连自己生火做饭的条件也没有,路边摊和门面小店更显得必不可少。此外,餐馆还为人们提供了在工作场所和家庭空间之外闲聊小聚的新型空间。这些小店的经营品种大都局限于面条、馄饨等简单便宜的家常饭食,不过也有一些店铺会供应地方风味菜肴。与此同时,国营大型餐饮机构也开始重操旧业,复兴那些当初让它们在上海滩闯出名号、站稳脚跟的地方特色手艺。扬州饭店要数这种国营食堂中最典型的例子。正如本书第五章所述,扬州饭店脱胎于早年间的莫有才厨房。“文革”期间,这家以烹制高端扬州菜见长的饭店,转为仅能供应菜饭、炒白菜、肉末豆腐等上海家常菜的大众食堂。1978年,经历了迁址、改名等种种变故的“莫有财厨房”早顶着“扬州饭店”的名号经营多年,也是在这一年,该饭店在供应的大众菜品之外,悄然添加了有限的几色扬州菜肴。又过不多久,扬州饭店已经开始为婚宴等特殊场合供应预置价格和菜色的整桌扬帮菜筵席了。①

但餐饮业真正的“腾飞”,还要等到邓小平南方谈话后不久。90年代的上海为生活在这座城市的本地人和外地人带来了大量新的就业机会,让人们的腰包日渐鼓了起来。这些可支配收入中相当可观的一部分,流向了城市中的大小餐馆。几乎每一年,沪

① 该信息来自与扬州饭店管理层成员的私人访谈。

上都会掀起地域特色饮食的新浪潮：从四川火锅的麻辣鲜香到广式餐厅的“生猛海鲜”，真可谓你方唱罢我登场。大多数时候，个体经营的新式餐馆是饮食风潮的弄潮儿，但许多国营饭店的生意也渐渐畅旺起来。其中不少国营饭店——如新雅粤菜馆和小绍兴——业务不断扩大，最终发展为复合型的餐饮企业，在一栋现代化的大楼内开辟出若干间消费等级和装修风格迥异的餐室。在意识到地域特色饮食日益扩大的市场前景之后，一些餐馆经营者重拾民国时期流行的营销手段，以期引起消费者的注意。扬州饭店便是一例：饭店专门开发出一套“红楼宴”，再现了 18 世纪小说名著《红楼梦》所载之名菜名点。[1] 这个被怀旧风所带动起来的欣欣向荣的饮食市场进而催生出另一种新式怀旧餐馆，唤起了人们更加浅近的历史记忆。上海虹口区的北大荒餐厅就是一个代表。北大荒主打东北菜，尤其是黑龙江特色风味菜肴。而黑龙江是“文革”期间许许多多上海青年下乡插队的地方。

上文提到的这些特色菜品和风味餐馆，不过都是一个更宏大的文化潮流的具体呈现。这一风潮最极致的表达莫过于一种新式上海餐厅的登场——“老上海”主题餐厅。这些餐厅中较为知名的是一家名为“三十年代大饭店”的餐厅。在它开张前后，一篇新闻报道做了如此描述：

> 店堂里采用的是三十年代的风情装潢，古色古香，包房里贴的是三十年代的电影明星照片，背景音乐是三十年代电影歌曲。饭店还举办三十年代摩登发型展示会，每逢周六下午还免费举办三十年代系列文化讲座，包括三十年代的电影欣赏、三十年代名人故居、三十年代茶馆和评弹、三十年代咖

224

① 《红楼宴概览》，第 1—7 页。文献资料承蒙扬州饭店提供，并将副本赠与作者收藏。

> 吧和西餐馆、三十年代滑稽戏、油画、沪剧、娱乐圈、三十年代发型和服装等介绍,并供应三十年代的本帮传统经典菜肴。①

但报道未能提及这家饭店的菜单,其中尽是经典的上海菜色,如八宝鸭、腌笃鲜(以腌制咸肉和新鲜五花小火慢炖而成的一道汤品)、红烧肉、炒鳝糊、桂花糖藕等。同时期的“老上海”主题餐厅还有大饭堂、“1931”,以及若干家像席家花园这样直接设在1930年代沪上达官显贵别墅名园中的饭店。这些“老上海”主题餐厅一经媒体争相报道,立马成为食客云集的热门饭店。不仅上海如此,便是香港的“夜上海”(店名取自1930年代同名流行歌曲),纽约的“Old Shanghai Restaurant”(老上海餐厅),以及旧金山的“Shanghai 1930s”(上海1930年代)都在当地掀起了同样的热潮。这些餐厅的走红表明:“老上海”式的怀旧情绪并不限于一时一地,而是一种跨越了国界的文化现象。此外,也正如上述新闻报道所体现出来的那样,这些餐厅凸显出“老上海”怀旧浪潮深处一种似乎矛盾的情结——旧上海的“古色古香”竟唤醒了人们心中的“摩登”感觉。

从1990年代中期直到今日,这种主题餐厅依旧在不断涌现。它们的经久不衰,正是改革开放第二阶段出现的新意识形态的必然结果。这种意识引导人们聚焦上海对中国经济发展所做出的巨大历史贡献。中国共产党选择了大力倡导社会主义市场经济,并将上海作为中国未来的经济、商业甚至文化发展的试点先锋——这一切都在上海人心中吹起一阵之前想都不敢想的怀旧之风,让人们忆起这座城市民国时期的辉煌岁月。正如张旭东在

① 雪莉:《餐饮业吹起怀旧风》,《新民晚报》1999年6月23日。

研究改革开放后的上海怀旧时提到的那样：“一种‘某个时代终结了’的感受，为人们重新定义什么是中国特色的‘现代’打开了一扇窗。而要形成对‘现代’的新想象，则需要人们从全球化意识形态指引下的未来视角出发，重新认识这座城市的过往。”[①]几十年来，近代上海被描述为罪恶与不公的渊薮，是集“半封建、半殖民地”社会所有文化、政治弊病于一身的堕落都市。现如今，这座城市终于等来了洗刷恶名的机会。审视过往，上海人开始骄傲地意识到：他们的城市在中国20世纪的工业、金融和文化领域发展中扮演过举足轻重的角色。他们更加坚信，在不远的未来，上海还能够重新挑起大梁，再现失落的辉煌。

225

对于很多居住在上海的人们而言，1930年代只是重新构想这座城市的一个引子。“老上海”主题餐厅“1931”的经营者露丝·容(Rose Rong)就谈道：“在上海历史上，1930年代以其平和从容、物质富足和文化繁荣的特质，从各个历史阶段中脱颖而出……这是一个不同文化融合共存，而非彼此冲突的年代。不论是从菜肴、音乐，还是装饰艺术的角度，我们餐厅都试图忠实还原30年代的那种氛围感，因为那是一个令我们倍感骄傲的年代，是一个我们不愿忘却的年代。”[②]话虽如此，笔者还是要指出，尽管高端“老上海”主题餐厅力求忠实再现30年代高端餐馆的方方面面，有一件事——还是相当重要的一件事——它们似乎是搞错了：那就是食物。正如本书第四章对民国时期餐馆的讨论所表明那样，真实的30年代上海高端餐馆做的恰恰不是上海菜，而是广东菜。

---

① Zhang Xudong, “Shanghai Nostalgia”, p. 354.

② 转引自 Petra Saunders,“Shanghai Chic” , p. 11。

在上海饮食文化商业化的路上,家常饭馆比“老上海”主题餐厅更加与时俱进,且这种小饭馆不仅在城市覆盖面上不输高端主题餐厅,在绝对数量上更是比后者可观得多。这些小饭馆的繁荣讲述着上海改革开放时期出现的另一种值得注意的苗头。在上文所述的那种对“老上海”的如痴如醉之外,这一时期同样见证了另一种情绪的抬头:一些人对于社会和经济改革所带来的社会变革态度更加暧昧;对于这座城市30年代的辉煌,以及如今要再现这种辉煌的雄心壮志,他们也无法像容女士那种“老上海”拥趸般抱以毫无保留的热情。我们必须要认识到:上海人所怀的那个“旧”,不仅有30年代的灯红酒绿,也有毛泽东时代安定平稳的日子。而这些“各怀其旧”的人,最起码在一点上达成了共识——不论在毛泽东时代还是其后,经济体制改革为社会带来的变化都喜忧参半。王斑在对改革开放时期上海怀旧的研究中就曾提道:“这座城市刚刚看到重现旧日辉煌的希望,曙光就被遮蔽在商业化带来的急功近利的暗影之中了。”[①]这就很好地解释了:90年代在见证那些向30年代和改革开放致敬的、流光溢彩的“老上海”主题餐厅的崛起之外,为何同时也见证了洗净铅华、朴实平淡的家常小饭馆的迅猛发展。这两种餐饮机构所供应的饮食没有本质性的差别,但家常饭馆里的环境氛围总体上低调务实。对于顾客而言,二者真正的区别在于:“1931”这样的大餐厅推销的是对于这座城市的想象,而小饭馆售卖的是最抚凡人心的家常饭食。如果借用文章导言部分提及的术语来描述这个现象,那么“老上海”主题餐厅就是饮食怀旧中“反思型”的代表,它们以史为鉴,为的是探索当下社会可能的实现形态。家常小饭馆则是饮食怀旧

226

① Ban Wang, “Love at Last Sight”, p. 91.

中“修复型”的典型，它们似乎在向人们保证：即便在最风云变幻的历史时期，人们也永远可以在一粥一饭中找回文化的连续性。

改革开放带来的激情与疑虑，在充斥90年代的怀旧叙事中被表达得清清楚楚。一方面，对30年代的迷恋同样存在于这些叙事中。90年代的后半段，城市里大大小小的书报亭里堆满了各式各样的新旧书籍，主题涉及30年代以及更早些时候上海都市生活的方方面面。有些书是早年间出版的、记录老上海趣闻轶事的经典图书的再版，例如陈无我的《老上海三十年见闻录》和郁慕侠1935年出版的《上海鳞爪》；新书中有的对上海生活做了全方位的回顾，例如《老上海：已逝的时光》，有的则更加专注于对某个历史维度进行叙述，如沪上的老牌大学、老建筑、老明信片、老电影、旧上海的影星，还有当年的时尚。[①] 此外，书写于晚清民国时期，从大众视野中消失了半个多世纪的“海派文学”也终于得以再版，成为市场上随处可见的消费品。[②] 与此同时，揭露旧上海生活中不那么光鲜方面的书籍也绝不在少数，有的还表达了对毛泽东时代上海生活的阵阵怀念。如《老上海：不仅仅是风花雪月的故事》这样的书，就充满了对跌宕起伏的30年代的回忆：人们如何在一个流氓恶霸横行的城市艰难谋生，烟赌泛滥、嫖风大盛的浮华表面背后又是怎样民不聊生的日子。[③] 还有一些作家则回忆起沪城“计口授粮”的年代，控诉这种分配体系的弊病，更追忆起市井人家为在此社会制度下谋一条生路而不得不采取的各

---

① 见陈无我：《老上海三十年见闻录》；郁慕侠：《上海鳞爪》；吴亮：《老上海：已逝的时光》。刘业雄的《春花秋月何时了》也是一个例证。

② 这些书主要包括刘呐鸥、穆时英、施蛰存、叶灵凤等人的文学作品。有关这些作家及其文学流派的研究，可参见李欧梵（Leo Ou-fan Lee）的 *Shanghai Modern*，以及史书美（Shu-mei Shih）的 *The Lure of the Modern* 两部研究。

③ 胡根喜：《老上海：不仅仅是风花雪月的故事》。

种生存策略。[1] 所有这些著作,都是改革开放时期出现的对毛泽东时代的怀旧思潮的一个侧面体现。[2] 两种怀旧的同时出现向人们表明:究竟是30年代的海上繁华更妙,还是五六十年代的艰苦朴素更高——在不同的人心中是没有定论的。

张旭东和王斑都注意到:很少有哪个方面的社会变化,能够像40年代知名作家张爱玲作品的二次翻红,以及当代畅销小说作家王安忆的成功那样,清晰地展现出改革开放时期的人们对"老上海"的暧昧情愫。张旭东在其上海怀旧研究中对这两位作家进行了重点剖析,并对她们作品中呈现的那种对30年代的美好想象进行了批评。他认为,对30年代的美化"可以被视为中国人对全球化意识形态的感性回应。全球化意识形态的最大特征,在于它所追求的那个面向未来的乌托邦的内核里,其实是一种投射向过去的乡愁;对未来乌托邦的想象,正是建立在早先的、更加典型的全球资本主义阶段之上的。而昔日的上海——或者说上海如果一直沿着当初的路走下去,原本可能变成的样子——正是这个未来乌托邦的具象"。他进而指出,从这个角度看,"现阶段大众对于张爱玲作品(及其作品中的那个上海)的痴迷,是一种被灌输的意识形态话语",这套话语以"唯自由市场是尚的教条主义,以及与资产阶级的全球化历史共情"为特征基调。[3] 换言之,人们与旧日时光邂逅时产生心灵的共鸣,是因为它为人们看清眼下的困境提供参照。由此,张旭东在对上海怀旧的分析中主张,张爱玲的翻红并不是因为她提供了一种与毛泽东时代形成对照

227

① 参见薛炎文、王同立所编《票证旧事》及其他类似主题的著作。

② 对毛泽东时代的怀旧情结研究,参见 Geremie R. Barmé(白杰明), *Shades of Mao*,以及 Jennifer Hubbert, "(Re)collecting Mao", pp. 145 – 161。

③ Zhang Xudong, "Shanghai Nostalgia", p. 354.

的前社会主义景象，而是因为她再现了30年代上海都市生活的复杂性，这幅图景令人倍感熟悉。

王斑在张旭东论点的基础上更进一步，提出在“异化效果”这点上，社会主义现代化和资本主义现代化达到的程度不相上下，这一论断的依据则来自人们对王安忆1995年出版的小说《长恨歌》的热情追捧。[①]《长恨歌》讲述了一位1940年代初涉影坛的少女，如何艰难地走过民国时期、毛泽东时期和改革开放后的世事浮沉。王认为，《长恨歌》提供了一个“极好的案例，让我们看到怀旧叙事如何一面推崇商品社会的某些实践形成，一面又批判自由主义者和后现代主义者对市场经济不加甄别地照单全收”。[②]在王斑的洞见之外，笔者还要多加一句：王安忆不但谨慎借用了白居易（772—846）名留青史的诗歌《长恨歌》的标题，还机敏地对其中的深刻内涵加以改编。白诗将唐玄宗与杨贵妃之间的爱情故事进行浪漫化渲染，从而大大淡化了这一爱情叙事背后的历史事件——安史之乱（755—763）。这一事件被广泛认为是发生在唐朝全盛时期，给统治集团和整个社会带来沉重打击的事件。根据一些历史文献估算，动乱造成的死亡人数达到3600万之巨。[③]王安忆明显认识到，在“老上海”怀旧叙事大行其道的背后，一种类似的历史遗忘也在悄然进行着。通过让人们重新认识这首诗努力压抑的冲动，王安忆对“以怀旧的形式遗忘”的倾向进行了反思。

对于怀旧如何帮助人们抵御新的市场经济体系所带来的各

---

① Ban Wang, “Love at Last Sight”, p. 672.

② Ban Wang, “Love at Last Sight”, p. 681.

③ 对白诗的英文翻译和内涵的剖析，参见 Dore J. Levy, *Chinese Narrative Poetry*, pp. 71 - 75, pp. 129 - 133。

种不确定性,张、王两位学者做出了深刻的剖析,他们的解读也帮228助我们更好地理解为何怀旧主题餐厅有如此吸引力,以及它们对社会带来的挑战。以前文提到的北大荒餐厅为例:尽管其融入了各种人们一望即知的历史元素,“北大荒”呈现的却是一幅去政治化的毛泽东时代的生活图景,是一个被精心包装、能在市场上流通买卖的消费品——这也是一些其他毛泽东时代主题怀旧所采取的形式。无论如何,一些学者依旧认为,这些商户为人们提供了一个建立和维护社会关系的宝贵空间。许多青年时经历了“上山下乡”的人,选择在这里与有过同样经历的朋友重聚;或许“文革”中的他们曾在农村相识,可回城后物是人非,又失去了联系。北大荒门口最显眼的地方摆着一大块留言板,食客可以在上面留下他们的联系方式,以期找到失散的旧友。当然,除了上述社交功能,北大荒这样的餐厅同样是人们进行商务洽谈、举办婚庆宴请的重要空间。改革开放的时代洪流带来了世事浮沉,但人们在这些餐厅里觅得一小方宁静的角落,并在安全的空间内延展自己的社交网络。

这两种活动——对时间和空间的商品化,以及在花样翻新又无孔不入的商品化日常中试图建立长久稳固的社会关系——象征性地反映了 90 年代悄然盛行起来的两种上海餐馆之间的分野。当人们“重新发现”了上海华丽的过往,并不遗余力地要以符合当今国际化经济标准的方式再现昔日辉煌时,城市生活自然而然地被时代变革的洪流裹挟向前。而如雨后春笋般出现的家常小馆,则表达着人们对熟悉、稳定生活的渴望。这些小馆仿佛时代洪流中的叶叶扁舟,帮人们在惊涛骇浪中获得些许安宁的感觉。即便是在对 30 年代最热情大胆的赞美致意中,我们也能隐隐听到人们对都市经验的连续性的渴求——宣告“三十年代大饭店”开业大吉的新闻报道便是一个典型例证。报道写道:“三十年代是上海东西文化交融的一个重要历史时期,不仅出现了石库门和欧陆小洋房兼容并举,还出现了中西菜点的相互渗透。”①“石库门”也称“里弄”,是19世纪末、20世纪初期上海民居最常见的形式。直到毛泽东时代,上海住宅密集的区域也没有经历过大规模的重新规划,因此石库门依旧是这座城市最具代表性的风景线。可到了90年代,大片的石库门——它们多集中于市中心商业区附近——被拆除,以腾出城市空间,建设更新也更具商业价值的高层写字楼。至于石库门里的居民,尽管不是所有人都心甘情愿,还是被政府安置在了上海市郊的住宅小区内。即便是土生土长的“老上海”,面对着如今市中心鳞次栉比的高楼大厦,恐怕也认不出这座城市当年的模样了。而那些藏在街头巷尾的家常小馆,却能唤醒人们对这座城市当年风貌日益模糊的记忆。

229

“本帮”与“海派”之间

长久以来,人们一直试图将上海定位为中国地方菜系以及世界各国风味——或者更宽泛地说,是中国历史与世界历史——交会融合的十字路口,但散落在城市角角落落的那些烹制上海菜肴的家常饭馆讲述着不一样的故事。在这个故事里,“上海”以其别具一格的本土文化而成为主角。如果我们聚焦饮食文化领域,那么在改革开放的时代背景下,这种讲好“上海故事”的努力与其说是流露于“老上海”主题餐厅的升温(虽然这些餐厅在某种程度上的确也参与了上海本土饮食文化的开发),不如说是彰显于“海派

---

① 雪莉:《餐饮业吹起怀旧风》,《新民晚报》1999年6月23日。

菜”新话语的流行。“海派”一词本非改革开放时期的新产物。19世纪末的批评家们已经开始用这个词来描述当时发生在沪上戏剧、艺术及文学领域的新风尚；这些潮流让诞生于上海的文艺产品与产生于北京的“京派”作品风格迥异。① 但将“海派”的名号赋予沪上饮食文化倒是最近若干年的新现象，其做法也大大丰富了“海派”一词原本的含义。改革开放时期“海派菜”话语的走俏，是人们重构“老上海”想象图景的诸般努力中的一种。毕竟，在之前那个真正的“老上海”时代，上海本地烹饪——或者说“本帮菜”——是没有什么存在感的。

“海派菜”并非“本帮菜”的时兴叫法。据该术语的拥趸——一个涵盖了国内外烹饪领域的专家内行、政府官员、社会观察家和文化评论员的集群——的说法：“海派菜”是一种特定饮食观念的产物；这种观念以开拓创新、勇于变革、博采众长为特色。这一术语第一次正式出现在人们的视线中，是80年代中期的事情。当时，在政府的大力支持下，上海市举办了一场展示本地餐饮业技术实力的博览会。老牌饭店梅龙镇酒家将送展的几款菜肴标明为“海派菜”。其他参展单位对梅龙镇的创举颇为惊讶，同时又报以怀疑。正如陈贤德和郎红在他们对该事件事后的记录中所言：“（行业内）以为这是老饭店的标新立异，蕴含着哗众取宠的动机。”②不仅如此，究竟什么是“海派菜”，当时也没有一个定论。始创于1938年的梅龙镇酒家，开业最初是以扬帮菜为特色的。抗战胜利后，党政要员纷纷从战时陪都重庆返回沪上，也在上海带起一阵吃川菜的热潮。梅龙镇顺应潮流“由扬入川”，并在其后

① 最近出版的有关早期“海派”“京派”之争的文集，可参见马逢洋：《上海》。

② 陈贤德、郎红：《调和鼎鼐百味生——“海派菜”探询》，第16页。

20年中以制作川菜和扬州名点的高超手艺享誉沪上。“文革”开始后，梅龙镇和上海多家高端餐饮企业一样，只能制售最经济实惠的本地家常饮食。

无论如何，当80年代的梅龙镇打出“海派菜”的旗号时，靠的却不是烹饪技法或饮食风味上又出了什么新花样。相反，这个词指的其实是梅龙镇大厨将川菜与扬帮菜巧妙地结合了起来，在兼收并蓄中创造了一种足可当得起“海派”名号的新菜系。陈贤德和郎红认为，这种新菜系的出现，是四川菜与扬帮菜在进入上海的过程中逐渐“海化”的宏观趋势之具体表现：

> 长江上游的四川，由于其独特的气候和地理条件，物产丰富，鸡鸭鱼虾、瓜果蔬笋均可成为川菜的原料。又因气候潮湿，四川人嗜辣成癖。川菜不仅重辣，而且善用复合调味，因此有“七滋八味”“一菜一格”之说。至于长江下游的扬州，气候温暖，雨量充沛，鱼虾和农副产品丰富。扬帮菜讲究刀工、色彩的造型，而且四季有别。这两个帮派的菜系随着长江水进入上海后，在得到最大限度地接受后又被改造了一下：海派川菜在保留了川菜的“七滋八味”和“一菜一格”特点的同时，却要求它轻辣微麻；海派扬菜则要求它口味更清淡、选料更精细。而梅龙镇酒家就是在这样的探索中显示出上海人的智慧的，并通过几十年兢兢业业的苦心经营，发掘整理出几百种家传菜谱，创新了上百种新款菜肴，在上海饮食业中堪称川扬菜翘楚。①

① 陈贤德、郎红：《调和鼎鼐百味生——“海派菜”探询》，第17页。

231 在这段话中,“海派菜”以相互联动的两种特质为特征:它既得益于外地饮食烹饪文化在迎合上海当地人口味的过程中所做出的改变,也源自厨师们将新技法融入经典菜式,从而打造新菜色的创造力。

陈贤德和郎红指出,梅龙镇厨师所表现出来的锐意创新的精神,不过是当时上海烹饪界大趋势的一种具体呈现:“梅龙镇打出海派菜的旗号也就是几十年蓄势一发,是有其理论根据和实践经验的。”①两位作者对“海派”理论根据和实践经验的强调,似乎正呼应了改革开放初期“实践出真知”的意识形态导向。该原则是改革开放的标志性精神,与邓小平要求的,在发展经济过程中必须采取的“求真务实”作风紧密相联。不过,“海派菜”绝不是宣传上的噱头;这一概念最终在上海餐饮界得到了广泛认可和响应。在前述烹饪展览会上,当“海派菜”的涵义得到了初步厘清,许多餐饮界从业者便机敏地认识到,改革创新并不是梅龙镇一家的专利,于是各大餐馆纷纷投入到对新菜品的实验和改良中来。其实,沪上厨师们的首创精神并非自此而始;早在60年代初,上海市饮食服务公司编纂的厨师履历档案已经清楚地表明,厨师们在历史上从不惮于求新求变,而在共产党的城市管理者们眼中,具备某些创新素质正是沪上高级大厨必备的特质。

沪上厨师历来看重创新求变,但在“海派菜”这一名词出现的时间档口,人们还是赋予了创新的烹饪技法以新的文化意涵。在60年代,政府重视餐饮领域的创新,主要是因为勇于革新的烹饪人才,正体现了模范工作者们改造自然使之服务大众物质文化生活,调和社会复杂关系使之和谐团结的工作能力。到了八九十年

① 陈贤德、郎红:《调和鼎鼐百味生——“海派菜”探询》,第17页。

代，推崇海派厨师创新天赋的人，则将这种特质视为更深刻、更广泛的海派文化的一个侧面体现，这正如陈贤德和郎红所评价的那样：“海派菜是上海餐饮界有识之士和厨师以及所有上海人集体智慧的结晶。”①不仅如此，“海派菜”概念的出现尤其迎合了中共对上海的新定位：上海不再是建设社会主义工业化城市的标兵，而是国际商业与文化交流融合的十字路口。上海烹饪协会会长朱刚在上海市饭店业协会的一次会议上就提出：“海派菜是继承和发扬各菜系的优良传统，吸取国内外菜点的长处……制作出的既保持各菜系的特色而又适合国内外宾客口味的菜点。”②

232

这套关于“海派菜”的话语唯独忽略了一个它最不该忽略的话题：“本帮菜”。究竟什么是“本帮菜”？在这座“海派”烹饪独领风骚的城市里，“本帮菜”又占据了一个什么样的位置——这些都是围绕着“海派菜”的诸多讨论中未曾明言的。实际上，“本帮菜”在所谓“海派菜”话语中的定位是非常模糊的。在前文引述过的一些文献中似乎时有这样一种声音若隐若现，即上海本土的烹饪饮食文化对当地人如此重要，以至于不论什么地方的风味进入上海地界，厨师都不得不对其菜色加以改革，以向上海当地口味靠拢。但在这套“海派菜”叙事中，上海“本帮菜”——一种听起来经年不变，从来不似其他地方菜系那样追求改进、创新、融合的菜系——也就无法代表更宏观层面上的上海都市文化了。这一矛盾背后，其实是关于“谁塑造了上海这座城市的文化身份”的更深层论争。换言之，当人们谈论上海，或定义一种上海文化特质的时候，人们到底在谈论、追寻些什么？一些“上海人”在过去一个

① 陈贤德、郎红：《调和鼎鼐百味生——“海派菜”探询》，第18页。
② 转引自陈贤德、郎红：《调和鼎鼐百味生——“海派菜”探询》，第18页。

半世纪的时光中，目睹了一波又一波来自中国各地的移民潮渐渐改变了这座城市的面貌，而另一些“上海人”则正是这移民大潮中的一分子，他们努力地适应也塑造着上海的多元文化环境。究竟是前者更能代表“上海”的文化内核，还是后者更能定义“上海”的精神特质？当我们如此这般地重新梳理这个问题，我们就能比较清晰地看到：“海派菜”的话语其实将这座都市中普及度相当高的一种烹饪元素挤到了边缘的位置上。

历史学家逯耀东对“海派菜”一词的用法与本章前述几位稍显不同，但或许可以帮助我们更深刻地了解“海派菜”话语对“本帮菜”的边缘化究竟意味着什么。逯耀东同意陈贤德、郎红以及朱刚的观点，将“海派菜”视为改良、创新、融合的烹饪方法的产物。但与前述众人看法的不同点在于，逯耀东将“海派”视为与“京派”抗衡的一种文化策略，并将“海派菜”放在各种上海文化产品所组成的宏大矩阵中来界定其内涵。在逯耀东看来，“海派”文化总体上的一大特点就是求新。他从艺术、戏剧、文学等领域举出形形色色的例子，向人们展现“海派”如何通过自觉的文化创新，与代表中国传统的北方文化——尤其是“京派”文化——分庭抗礼。[①] 逯耀东认为，这种文化创新精神源于长久以来在中国渐渐发展起来的市井文化。而正是在晚清和民初的上海，市井文化发展到了它历史上的一个高点，得到了最充分的表达，获得了主导性的地位。1949 年后，沪上的市井文化曾遭受挫败，正如逯耀东所观察到的那样：“因政治的原因，上海不仅一度停滞发展，而且在过去与现代之间，出现了一个断层。”[②]

233

① 逯耀东：《肚大能容》，第 52 页。
② 逯耀东：《肚大能容》，第 54 页。

尽管逯耀东从“京派”的对立面来定义“海派”，他对上海饮食文化的叙述却与陈贤德、郎红以及朱刚一致，即“海派菜”而非“本帮菜”才是上海饮食文化特色最贴切的代表。逯氏的这种观点，从他所列举的“海派菜”菜色便可见一斑。他将“海派菜”的缘起追溯到民国时期。其时，各地菜帮向上海辐辏，于是首先带来了一种保守的倾向：店家纷纷在门前市招上加“正宗”二字，以求在菜品质量和风味上都独具地方特色。[①] 但另一方面，人们很快便开始相互学习、借鉴，并制作更加适合上海本地人口味的地方特色菜品。逯氏举出的一个典型例子，是徽帮餐馆大中楼为了挽留日益萎缩的食客群体，将虾仁馄饨与鸭子同置于砂锅中烹制，从而发明了一样新菜色——馄饨鸭。作为佐餐的小食，堂倌还会奉送一碗深受上海本地人喜爱的大血汤。类似的，粤帮菜馆杏花楼也“不得不迎合上海人喜吃虾仁的习惯，……另创西施虾仁一味”。所谓“西施虾仁”指的是该菜品的外观：晶莹剔透的虾仁，据说会让人联想起中国古代美人西施嫩白滑腻的肌肤。但这道菜之所以能以“海派”标榜自己，还在于其开创性地将“新鲜的河虾仁与鲜奶滑油而成，既保留粤菜色香味的特色，又切合上海人的口味”。[②]

逯氏对“海派菜”的阐释带出两个值得进一步思考的问题。其一，他将“海派菜”与其他形式的“海派”文化产品相类比，提出“海派菜”是一种上海特有的烹饪文化产物。但这种类比带来了一个逯氏自己都没有注意到的重要问题：当他谈论饮食烹饪领域的“海派”和其他文化领域的“海派”时，他对同一个词的用法发生 234

① 逯耀东：《肚大能容》，第 48 页。

② 逯耀东：《肚大能容》，第 48 页。

了变化。在逯氏的讨论中，“海派”的文学、戏曲和艺术也是以求新求变为特征的，但这种新与变并不是通过融合中国各个地方艺术品类而达到的。如果说这些文化产品融合了什么，那恰恰不是中国各个地方的文化形式，而是随着西方殖民主义抵达上海的舶来艺术与文化，例如现代主义文学之类。明白了这一点，我们就很难不假思索地将“海派”的大名冠以民国时期沪上烹饪文化所呈现出的新潮流——如果我们坚持以当时人们心中的“海派”标准来衡量其成就的话。事实上，正是由于发生在沪上烹饪文化领域的新动向与其他文化领域所取得的成就毫无可以类比之处，在晚清民国时期旷日持久的“京派”与“海派”论战中，烹饪文化从来都不曾出现在人们唇枪舌剑的攻击范围内。

有人可能会辩解道：当我们以“海派”一词概括当时沪上厨师中悄然兴起的地方菜肴烹制新潮流时，该词已被赋予了更宽泛的涵义。可即便如此，我们还是要问：这种被界定为“海派”的烹饪特色，又是否真的是为上海所独有的呢？其实，人们赋予“海派菜”的特点——创新、融合——很可能只是借着历史局限性而耍的小伎俩。陈梦因在1950年代发表于《星岛日报》上的一篇对川菜发展史的论述，就与人们对“海派菜”由来的认识如出一辙。

陈梦因在这篇文章中解释道：如今被人们定义为“川菜”的这种烹饪风格，其实形成时间相对较晚，距今至多不过250年的历史。在明清政权更替的17世纪中叶，四川地区的人民先是经历了凶残暴虐的农民起义军领袖张献忠(1606—1647)的短暂统治，后又在清兵对张献忠大西政权的剿灭过程中惨遭屠戮掠夺。一波又一波的政治动荡使得蜀地人口锐减。在之后的一个世纪中，中部平原地区与东南诸省的移民不断入蜀，渐渐补充了蜀地的人口。至于如此大规模的人口迁徙对蜀地的烹饪饮食文化产生了何种影响，陈氏的阐释与上文朱刚对“海派”烹饪形成过程的论述极其相似：“（移民）到了四川后，最初所吃的仍是原来乡土风味的菜馔，日子久了，也和地道的川人融合起来。”陈氏还认为，四川自乱事平定之后，迎来了持续 200 余年之久的相对安宁富足的时期。川人于是有了闲情逸致去钻研烹饪，以此为一种有益身心的消遣。也正是在这一时期，今天被称为“川菜”的那种烹饪风格渐渐成型了，其情形正如陈氏所述：“地道的川人与各省移居四川的人们，互相交换了烹调方法，进而更能舍短取长，所以川菜的烹调术兼有各省之长。”①

逯氏“海派菜”论述带来的第二个问题，与其将“海派”定义为沪上烹饪文化代表性特征的说法有关。与陈贤德、郎红、朱刚等人一样，逯氏也认为上海人的烹调口味最初是以“本帮菜”为基础，又得益于各地菜帮的自我改造，最终在这种交流碰撞中诞生了“海派菜”。但逯氏并未细究“本帮菜”的风格究竟是什么样的，又如何能对当地人有着持久的吸引力。这样一来，尽管逯氏提出“海派菜”这一概念的目的与陈、郎、朱三人不同，但在他的论述中，“海派菜”依旧成了上海饮食主流文化的决定性特征，而与之相比，“本帮菜”再一次被挤到了边缘，成为涵义晦暗不明的一种存在——“本帮菜”的确无处不在，且有着巨大的影响力，却又似乎不具备什么文化重要性。

尽管逯、陈、郎、朱诸位文化批评家的观察彼此不尽相同，但若要以“本帮菜”为上海都市文化的代表性元素，他们都表现出了一定程度的抗拒。这种抗拒无疑与人们一直以来对上海文化的普遍认识有关——那被认为是一种求新求变、不断进步，并且始终放眼

---

① 特级校对（陈梦因）：《金山食经》，第 13 页。

未来的文化。但是,只要仔细审视一下上海本土烹饪的发展史,人们就不难发现:在过去的一个世纪中,真正的本地烹饪本身既没有发生什么可观的变化,也没有什么证据表明当地人在积极寻求着餐桌上的变化。这样的观察凸显出:人们在试图定义"上海文化"时,有两股力量在向两个相反的方向拉扯着人们的想象。这场角力的一端,是城市历史的较早时期,人们基于水蜜桃一类的当地特产而生发出来的城市理想;角力的另一端,则是上海近代史上风云变幻的地方风味餐饮业大潮。这种张力的存在似乎暗示着:上海本地的烹饪饮食文化史,其实是一部文化的传承史。类似的张力也存在于上海本地烹饪与后来进入上海的各种地方烹饪之间。这后一种张力在沪城开埠初期就已经出现,只是在城市最近的发展中才又凸显出来了而已。当桃花源式的城市理想渐渐蒙尘,成为遥不可及的旧梦,充满烟火气的"本帮菜"代替了当初那些土产佳品,成为代表上海文化传统和怀旧情结的象征性事物。

回望"本帮菜"

要梳理过去150年到200年间上海"本帮菜"的发展史并非易事。史料对其烹饪特点及重要意义所做的直接、清晰的叙述,远少于对沪上其他各色地域烹饪所作的记录。根据周三金——一位供职于沪上若干烹饪协会和餐饮单位的专家——的考据,开埠前后的上海本地菜,在风格口味上都与周边的苏(苏州)锡(无锡)菜无甚区别。[①] 这种说法很有道理,毕竟苏锡菜和上海菜常常被笼而统之地归入"淮扬菜"大类之下。不过,上海菜取用本地

236

① 周三金:《蜚声中外的上海美食中心》,第1—4页。

水产蔬菜及特色咸肉和豆制品为食材，因此别具风味。

周氏还注意到，上海本地菜主要由 3 种不同类型的餐馆制售。首先是经营便宜实惠的便菜便饭的小饭店。在这里，人们能吃到诸如炒肉百叶、咸肉豆腐、肉丝黄豆汤、草鱼粉皮和八宝辣酱这样的大众菜。其次是一些中型餐馆，它们与前述小饭店相比，在菜品上并无太大差别，不过建筑规模气派些，且以经营成套的“和菜”为主。不过，中型餐馆也制售几样豪华大菜，如排翅、燕窝、挂炉鸭、桂鱼（即鳜鱼，一种以美味著称的本地淡水鱼）等。最后一种是奢华的高端餐馆，它们菜品种类繁多、原料考究、菜价高昂，供应诸如红烧鱼翅、葱油海参、清蒸鲥鱼、八宝鸡（这道菜是在鸡架内填满八宝辣酱而制成——正是前述小饭店里也售卖的那种八宝辣酱）、蛤蜊黄鱼羹等大菜。[①] 不论是低端小店还是高档餐厅，那些被时人认定为“上海本地菜”中最具代表性的菜品和烹饪风格，许多仍是今天上海家常饭馆里的保留项目。

这种传承的模式及人们保持传承的强烈愿望，也可以从城市游记、回忆录和指南书中那些涉及上海本帮餐馆的十分有限的段落中窥见一斑。在晚清的上海游记和商业指南书中，本帮餐馆往往十分不起眼。换句话说，这些书的主角常常是其他地区的风味美食餐馆（例如徽馆和津馆），并对其菜品赞誉有加。至于烹制本地菜的餐馆，则被敷衍地归为“酒馆”业的一个代表。[②] 这种叙事的一个例外，是葛元煦在《沪游杂记》中对泰和馆所做的一段简短记述。如本书第二章所述，葛氏注意到泰和馆虽为“沪人所开”，实际上却“菜兼南北”。这样的描述表明，该店的经营者在开发菜 237

---

① 周三金：《蜚声中外的上海美食中心》，第 3 页。

② 证明这一点的具体例子，我们可以从 1907 年的《华商行名簿册》的餐馆名录中看出端倪。见《华商行名簿册》，112a—113b。

单时,着意采取了兼收并蓄的办法。但从各种文献记录来看,这种兼容至多是将若干地方菜肴放在了一张菜单上,至于此时是否出现了后来被视为“海派菜”特征的那种融会贯通,则无从知晓了。此外,泰和馆这种经营策略,或许在更大程度上是针对非上海本地食客而开发的,毕竟这家餐馆地处公共租界,那里的非沪籍人口数量要远远高于本地人。事实上,正是这家餐馆的优越地理位置,才给了它被葛氏写进指南书的资格。这些游记、指南所瞄准的读者群,很大程度上正是那些初来乍到的外乡人。

至于泰和馆这样“菜兼南北”的馆子是否能代表晚清时期上海本土菜馆的特色,一些人是持怀疑态度的。在清朝覆灭后不久,也是葛氏发表《沪游杂记》的几十年后,刘雅农对上海本土菜馆——人和馆的回忆性文字,为这种怀疑态度提供了间接的证据。刘氏笔下的人和馆并不是一个如泰和馆那样广采博收的综合性餐饮场所,而是与其他地方风味餐馆截然不同、代表了上海本地悠久烹饪传统的餐馆:

> 五十年前,饮馔品本帮而外,仅有京苏徽宁各馆,川湘闽粤尚不风行。以后日新月异,各省口味皆备,且后来居上矣。馔器亦今昔不同,多舍簋用碟,全失雅趣。唯邑庙前花草滨馆驿巷口,有“人和馆”者,本帮百年老店也。直至抗战前,格局始终不变,治馔及用器,犹存古意。①

这段话回顾的不仅仅是20世纪早期沪上的餐饮潮流,也说明对于当时居住在上海的人们而言,人和馆的风格做派处处传承着古风,而其他外省流入上海的风味餐馆才代表了变化与创新。例

① 刘雅农:《上海闲话》,第69页。

238

如,刘氏注意到,人和馆的肴馔都是用簋做盛具的。在古代,竹制的簋是储存粮谷的,青铜簋则用于宴飨等场合。与人和馆的古意相反,上海租界后起的一众地方风味餐馆则仅仅使用了“碟”这种毫无历史厚重感的家常盛器——最起码在刘氏眼中,碟的文化意义就是如此浅薄。这段论述向人们表明,民国初期的上海本地餐馆正是通过强调自身在烹调上坚守古法,从而试图从林立的地方特色餐馆中脱颖而出。

正兴馆的名号虽不及人和馆那么响亮,却也坚守着另一种传统。1862 年,刚刚开张的正兴馆还是一家小店,但很快就发展为有模有样的餐馆。餐馆字号来自其两位创始人——祝正本、蔡任兴——从各自名字中取的一个字,而这块招牌很快就成了沪上一道处处可见的景观。[①] 随着正兴馆走红,一时间仿冒之辈群起。若干统计都显示,到 1920 年代,上海滩上的“正兴馆”林林总总竟有 120 家之多,其中许多店家在市招上下功夫,如将招牌写作“上海老正兴”或是“大上海老正兴”,一面强调自己的上海特色,一面鼓吹自己坚守传统。[②] 为了确立正宗老店的地位,老正兴在其字号前加了“同治”二字,成了“同治老正兴”,将这家老店与其创始的同治年这段历史联系起来。“老正兴”现象向人们表明:新开张的上海特色餐馆要在本地闯出名堂,一个行之有效的办法,就是把自己包装成某个根基深厚的上海老字号。

以本地菜馆为上海城市史的传承者,这一理念贯穿了整个民国时期,并在沪上本帮餐饮业的各个领域都有所表现,绝不仅止于正兴馆及其一众效仿者。本书第四章曾讨论过指南书作家王

① 刘守敏、徐文龙:《上海老店、大店、名店》,第 54 页。

② 周三金:《蜚声中外的上海美食中心》,第 8 页;刘守敏、徐文龙:《上海老店、大店、名店》,第 54 页。

定九对沪上各个外来菜帮的评价，而他对上海本帮菜馆的观察同样极具价值。王氏注意到，在上海滩的“每一条街巷里”，都能找到本地人开设的小饭店。[1] 如果读者对第四章的内容还有印象，就会记得王氏对上海的徽馆也做过类似的描述。但在王氏眼中，二者的流行传达了不一样的历史文化意义。王氏对于徽馆的走俏颇不以为然。遥想当年，徽菜随着徽商的脚步来到上海，一度风头无两，江湖地位丝毫不比其所服务的徽商团体逊色。但徽馆老板们不擅经营，最终导致整个行业江河日下。也正因如此，徽馆不得不花样翻新，以馄饨鸭这样的新奇菜品吸引顾客。相比之下，本帮饭店广受欢迎，则是因为这些小馆子提供的菜肴虽然墨守成规，却最能抚慰普通人的身心需求。王氏写道：本帮饭馆所烹制的大都是“家常便饭”，服务的食客群体也是上海市民中最“平民通俗”的一群。王氏尤其提到蜚声沪上的“饭店弄堂”，即位于英租界盆汤弄东首、搭在今天南京东路和九江路之间的一条弄堂。这里的主顾“都是南京路附近一带的银行、钱庄、公司、商号和其他写字间的职员。在南京路上或附近，虽然有不少的菜馆餐食，可是大都价目昂贵，只适合有钱的贵族阶级们的宴会”。而这条弄堂里的小饭店，却各个都带着自家亲切的烟火气，在这烟火气中徜徉的灵魂是每家店里来来往往“风雨无阻的老主顾”，还有饭店提供的朴素实惠的“客饭”。“客饭”售价每客三角，外加小账三分，内容有一菜一汤，白米饭管饱。店家会将每日供应的菜色写在黑水牌上，里面有红烧牛肉、菜心肉片、葱烧鲫鱼、醋溜黄鱼，等等。点“客饭”的主顾可以从中任选，汤则是每日的例汤。[2]

239

---

① 王定九：《吃的门径》，见《上海门径》，第 30 页。

② 若微：《饭店弄堂小记》，第 17 页。

饭店弄堂声名远播，从市井百姓到富商大贾都明白这条弄堂饱含的社会价值及其背后一段值得保存的历史。上海人郁慕侠在其所著的《上海鳞爪》一书中曾惋惜道：30 年代中期，一座大型商业购物中心——大陆商场——从饭店弄堂所处的位置拔地而起，这条弄堂也便灰飞烟灭，成了“历史上的陈迹”。[①] 但其实等到 1939 年，人们发现负责这块地皮的开发方并没有将饭店弄堂一拆了之，而是将其迁往位于南京路北边的慈昌里。[②] 至于饭店弄堂何得幸免，王定九解释道：“主事者有见饭店弄堂便利洋行公司中服役的一般人，并具有深长历史起见，所以翻建（大陆银行）后仍辟一丁字弄，将来照旧有此饭店弄堂。从这里可见饭堂（店）弄堂见重于世了。”[③] 王氏出人意料地将都市面貌革新的标志——上海的摩登百货公司，与虽然烟熏火燎却也代表了市井生活精髓的本帮饭店放在一起讨论。更令人意想不到的是，即便是上海核心地区的开发商也认识到：保留城市历史的象征，为它留出生生不息的存在空间，是十分必要的。

今天上海街头俯拾即是的家常饭馆，承袭的正是当年这些小饭店及上海本帮烹饪传统的衣钵。不过，家常饭馆能够发展到今天的数量规模，或许也要归功于新中国成立后的一段时期，上海市饮食服务公司赋予部分本帮烹饪以重要的历史意义。正如本书第五章所展现的那样，当时的上海城市管理者肩负着一个重大使命，那便是要重新构建上海饮食文化的特质。于是，管理者将贫苦人民的“大众饮食”视为锻炼革命意志、启迪革命觉悟的象征。不过，不论是在营养还是饭量上，饭店弄堂里提供的本帮饭

240

① 郁慕侠：《上海鳞爪》，第 92 页。
② 若微：《饭店弄堂小记》，第 17 页。
③ 王定九：《吃的门径》，见《上海门径》，第 31 页。

菜都比上海城市贫民饭碗里的要强出许多。更何况严格说来,上海地面上的劳动力,绝大部分并非来自本地居民。只是在漫长的历史进程中,上海语境下的“大众饮食”才渐渐成为经济实惠的上海“本帮菜”的代名词。政府也曾集中力量复兴上海老城隍庙一带的传统小吃,而这一带确是上海本地人聚居的地方。“文革”期间,即便是上海高端地方特色餐馆的菜单上,也只有价格低廉的本帮家常肴馔。总之,仿佛只要还有“本帮菜”,人们就足以应对这座城市历史上的起起落落。而今天,当上海再次启程,踏上一条道阻且长却令人心驰神往的旅途,“本帮菜”依旧是这座城市中人们的“定心丸”,抚慰着凡人悸动的心灵。

参考文献

英文文献

Adshead，S. A. M.（艾兹赫德）. 1992. *Salt and Civilization*. Houndsmills，UK：Palgrave Macmillan.

Alford，Jeffrey，and Naomi Duguid. 2000. *Hot Sour Salty Sweet*：*A Culinary Journey through Southeast Asia*. New York：Artisan.

Anagnost，Ann(安德训). 1993. "The Nationscape：Movement in the Field of Vision". *positions* 1. 3：585 - 606.

Anderson，E. N.，Jr.，and Marja L. Anderson. 1977. "Modern China：South". In *Food in Chinese Culture*：*Anthropological and Historical Perspectives*，edited by K. C. Chang(张光直)，317 - 82. New Haven，CT：Yale University Press.

Ash，Robert(艾希). 1981. "The Quest for Food Self-Sufficiency". In *Shanghai*：*Revolution and Development in an Asian Metropolis*，edited by Christopher Howe，188 - 221. New York：Cambridge University Press.

Atwell，William S.（艾维泗）. 1998. "Ming China and the Emerging World Economy，ca. 1470 - 1650". In *The Cambridge History of China*. Vol. 8，*Ming Dynasty*，1368 - 1644，Part 2，edited by D. Twitchett(崔瑞德) and F. W. Mote（牟复礼），376 - 416. Cambridge：Cambridge University Press.

Bailey，Paul. 2001. "Active Citizen or Efficient Housewife：The Debate over Women's Education in Early Twentieth-Century China". In *Education*，*Culture*，*and Identity in Twentieth-Century China*，edited by Glen Peterson，Ruth Hayhoe(许美德)，and Yongling Lu，318 - 47. Ann Arbor：University of Michigan Press.

Ball，B. L.（博乐）. 1856. *Rambles in Eastern Asia*，*Including China and Manila*. Boston: James French.

Barber, Noel. 1979. *The Fall of Shanghai*. New York: Coward, McCann & Goeghegan.

Barmé, Geremie R. (白杰明). 1996. *Shades of Mao: The Posthumous Cult of the Great Leader*. New York: M. E. Sharpe.

Belsky, Richard (白思奇). 2003. *Localities at the Center: Native Place, Space, and Power in Late Imperial Beijing*. Cambridge, MA: Harvard University Asia Center.

Bergeère, Marie-Claire(白吉尔). 1981. "The Other China: Shanghai from 1919 - 1949". In *Shanghai: Revolution and Development in an Asian Metropolis*, edited by Christopher Howe, 1 - 34. New York: Cambridge University Press.

Bickers, Robert A. (毕可思). 1999. *Britain in China*. New York: Manchester University Press.

Bickers, Robert A., and Jeffrey N. Wasserstrom(华志坚). 1995. "Shanghai's 'Dogs and Chinese Not Admitted' Sign: Legend, History and Contemporary Symbol". *China Quarterly* 142: 444 - 66.

Birch, Cyril (白芝). 1965. *Anthology of Chinese Literature*. New York: Grove Press.

Boym, Svetlana. 2001. *The Future of Nostalgia*. New York: Basic Books.

Brandt, Kim. 2007. *Kingdom of Beauty: Mingei and the Politics of Folk Art in Imperial Japan*. Durham, NC: Duke University Press.

Brockway, Lucile H. 1979. *Science and Colonial Expansion: The Role of the British Royal Botanical Gardens*. New York: Academic Press.

Brook, Timothy(卜正民). 1997. "Native Identity under Alien Rule: Local Gazetteers of the Yuan Dynasty". In *Pragmatic Literacy, East and West: 1200 - 1330*, edited by Richard Britnell, 235 - 45. Woodbridge, UK: Boydell.

——. 1997. *The Confusions of Pleasure: Culture and Commerce in Ming China*. Berkeley: University of California Press.

——. 2001. "Xu Guangqi in His Context: The World of the Shanghai Gentry". In *Statecraft and Intellectual Renewal in Late Ming China: The Cross-Cultural Synthesis of Xu Guangqi (1562 - 1633)*, edited by Catherine Jami(詹嘉玲), Peter M. Engelfriet(安国风), and Gregory Blue, 72 - 98.

Leiden: Brill.

——. 2002. *Geographical Sources of Ming-Qing History*, Second Edition. Ann Arbor: University of Michigan Center for Chinese Studies.

Brooks, E. Bruce(白牧之), and A. Taeko Brooks(白妙子). 1998. *The Original Analects: Sayings of Confucius and His Successors*. New York: Columbia University Press.

Buell, Paul D., and E. N. Anderson. 2000. *A Soup for the Qan: Chinese Dietary Medicine of the Mongol Era as Seen in Hu Szu-Hui's* Yin-shan cheng-yao: *Introduction, Translation, Commentary and Chinese Text*. New York: Kegan Paul International.

Cassel, Pär. 2003. "Excavating Extraterritoriality: The 'Judicial Sub-Prefect' as a Prototype for the Mixed Court in Shanghai". *Late Imperial China* 24.2 (December): 156 - 82.

Chang, K. C. 1977. "Ancient China". In *Food in Chinese Culture: Anthropological and Historical Perspectives*, edited by K. C. Chang, 23 - 52. New Haven, CT: Yale University Press.

Chang, K. C., ed. 1977. *Food in Chinese Culture: Anthropological and Historical Perspectives*. New Haven, CT: Yale University Press.

Chow, Kai-wing(周启荣). 2004. *Publishing, Culture, and Power in Early Modern China*. Stanford, CA: Stanford University Press.

Clunas, Craig(柯律格). 1996. *Fruitful Sites: Garden Culture in Ming Dynasty China*. Durham, NC: Duke University Press.

——. 2004. *Superfluous Things: Material Culture and Social Status in Early Modern China*. Honolulu: University of Hawai'i Press.

Coble, Parks(柯博文). 1986. *The Shanghai Capitalists and the Nationalist Government, 1927 - 1937*. Cambridge, MA: Harvard University Press.

Cohen, Paul(柯文). 1974. *Between Tradition and Modernity: Wang T'ao and Reform in Late Ch'ing China*. Cambridge, MA: Harvard University Press.

Cooke, George Wingrove. 1859. *China: Being "The Times" Special Correspondence from China in the Years* 1857 - 58. New York: Routledge.

Daruvala, Susan(苏文瑜). 2000. *Zhou Zuoren and an Alternative Chinese Response to Modernity*. Cambridge, MA: Harvard University East Asia Center.

Dennys, N. B.(但尼士), William Frederick Mayers(梅辉立), and Charles King. 1867. *The Treaty Ports of China and Japan*. London: Trübner.

Ding Ling(丁玲). 1989 (1930) "Shanghai, 1930". In *I, Myself, Am a Woman: Selected Writings of Ding Ling*, edited by Tani E. Barlow with Gary J. Borge, 112 - 71. Boston: Beacon Press.

Downing, C. Toogood(唐宁). 1838. *The Fan-Qui in China*, 1836 - 7, 3 vols. Shannon, Ireland: Irish University Press.

Drayton, Richard. 2000. *Nature's Government: Science, Imperial Britain, and the "Improvement" of the World*. New Haven, CT: Yale University Press.

Duara, Prasenjit(杜赞奇). 1997. *Rescuing History from the Nation: Questioning Narratives of Modern China*. Chicago: University of Chicago Press.

——. 2000. "Local Worlds: The Poetics and Politics of the Native Place in Modern China". *South Atlantic Quarterly* 99: 1: 13 - 45.

Dyce, Charles M.(戴义思). 1906. *Personal Reminiscences of Thirty Years'Residence in the Model Settlement, Shanghai*, 1870 - 1900. London: Chapman & Hall.

Eberhard, Wolfram(鲍吾刚). 1986. *A Dictionary of Chinese Symbols: Hidden Symbols in Chinese Life and Thought*. New York: Routledge.

Echikson, William. 2004. *Noble Rot: A Bordeaux Wine Revolution*. New York: Norton.

Elvin, Mark(伊懋可). 1963. "The Mixed Court of the International Settlement in Shanghai". *Papers on China* 17: 131 - 59.

——. 1974. "The Administration of Shanghai, 1905 - 1914". In *The Chinese City Between Two Worlds*, edited by Mark Elvin and G. William Skinner(施坚雅), 239 - 62. Stanford, CA: Stanford University Press.

——. 1977. "Market Towns and Waterways: The County of Shanghai from 1480 - 1910". In *The City in Late Imperial China*, edited by G. William Skinner, 441 - 74. Stanford, CA: Stanford University Press.

Fairbank, John King(费正清), ed. 1968. *The Chinese World Order: Traditional China's Foreign Relations*. Cambridge, MA: Harvard University Press.

Farquhar, Judith(冯珠娣). 2002. *Appetites: Food and Sex in*

Postsocialist China. Durham, NC: Duke University Press.

Finnane, Antonia(安东篱). 2004. *Speaking of Yangzhou: A Chinese City, 1550 –1850*. Cambridge, MA: Harvard University Press.

Fortune, Robert. 1847. *Three Years' Wanderings in the Northern Provinces of China, Including a Visit to the Tea, Silk, and Cotton Countries; with an Account of the Agriculture and Horticulture of the Chinese, New Plants, etc*. London: J. Murray.

Frankel, Hans H. (傅汉思). 1976. *The Flowering Plum and the Palace Lady: Interpretations of Chinese Poetry*. New Haven, CT: Yale University Press.

Freeman, Michael. 1977. "Sung". In *Food in Chinese Culture: Anthropological and Historical Perspectives*, edited by K. C. Chang, 141 – 92. New Haven, CT: Yale University Press.

Fu, Poshek(傅葆石). 1997. *Passivity, Resistance, and Collaboration: Intellectual Choices in Occupied Shanghai*. Stanford, CA: Stanford University Press.

Gamble, Jos. 2003. *Shanghai in Transition: Changing Perspectives and Social Contours of a Chinese Metropolis*. New York: Routledge.

Gaulton, Richard. 1981. "Political Mobilization in Shanghai, 1949 – 1951". In *Shanghai: Revolution and Development in an Asian Metropolis*, edited by Christopher Howe, 35 – 65. New York: Cambridge University Press.

Glosser, Susan(葛思珊). 2003. *Chinese Images of Family and State*. Berkeley: University of California Press.

Goodman, Bryna(顾德曼). 1989. "The Politics of Public Health: Sanitation in Shanghai in the Late Nineteenth Century". *Modern Asian Studies*, 23. 4: 816 – 20.

——. 1995. *Native Place, City, and Nation: Regional Networks and Identities in Shanghai*, 1853 – 1937. Berkeley: University of California Press.

Goossaert, Vincent(高万桑). 2005. *L' Interdit de Bœuf en Chine. Agriculture, Éthique et Sacrifice*. Paris: Colleège de France, Institut des Hautes Études chinoises.

——. 2005. "The Beef Taboo and the Sacrificial Structure of Late Imperial Chinese Society". In *Of Tripod and Palate*, edited by Roel

Sterckx(胡司德), 237–48.

Han Banqing (韩邦庆). 1894. *Sing-song Girls of Shanghai*, translated by Eva Hong. New York: Columbia University Press, 2005.

Hansen, Valerie (韩森). 2000. *The Open Empire: A History of China to* 1600. New York: W. W. Norton.

Hanson, Marta (韩嵩). 1998. "Robust Northerners and Delicate Southerners: The Nineteenth Century Invention of a *Wenbing* Tradition". *positions: east asia cultures critique* 6.3: 515–49.

——. 2006. "Northern Purgatives, Southern Restoratives: Ming Medical Regionalism". *Asian Medicine* 2.2: 115–70.

Hao, Yen-P'ing (郝延平). 1970. *The Compradore in Nineteenth Century China: Bridge between East and West*. Cambridge, MA: Harvard University Press.

Harper, Donald (夏德安). 1986. "Flowers in T'ang Poetry: Pomegranate, Sea Pomegranate, and Mountain Pomegranate". *Journal of the American Oriental Society* 106.1: 139–53.

Hay, Jonathan(乔迅). 1999. "Ming Palace and Tomb in Early Qing Jiangning: Dynastic Memory and the Openness of History". *Late Imperial China* 20.1: 1–48.

Hayford, Charles. 1978. Review of *Food in Chinese Culture: Historical and Anthropological Perspectives*. *Journal of Asian Studies* 37.4: 738–40.

Henderson, John B. 1984. *The Development and Decline of Chinese Cosmology*. New York: Columbia University Press.

Henriot, Christian(安克强). 1993. *Shanghai, 1927–1937: Municipal Power, Locality, and Modernization*. Berkeley: University of California Press.

——. 2000. "Rice, Power and People: The Politics of Food Supply in Wartime Shanghai (1937–1945)". *Twentieth-Century China* 26.1: 41–84.

——. 2001. *Prostitution and Sexuality in Shanghai: A Social History*. New York: Cambridge University Press.

Henry Lester Institute of Medical Research. 1939. *Annual Report for* 1937/1938. Shanghai: North China Daily News.

Hershatter, Gail (贺萧). 1992. "Regulating Sex in Shanghai: The

Reform of Prostitution in 1920 and 1951". In *Shanghai Sojourners*, edited by Frederic Wakeman, Jr. (魏斐德), and Wen-hsin Yeh(叶文心), 145 - 85. Berkeley: University of California Institute of East Asian Studies.

——. 1997. *Dangerous Pleasures: Prostitution and Modernity in Twentieth-Century China*. Berkeley: University of California Press.

Hervouet, Yves(吴德明). 1964. *Un poeète de cour sous les Han: Sseu-ma Siang-jou*. Paris: Presses Universitaires de France.

——. 1972. *Le chapitre 117 du Che-ki (Biographie de Sseu-ma Siang-jou)*. Paris: Presses Universitaires de France.

Hightower, James Robert(海陶玮). 1970. *The Poetry of T'ao Ch'ien*. Oxford, UK: Clarendon Press.

Hinder, Eleanor. 1944. *Life and Labour in Shanghai: A Decade of Labour and Social Administration in the International Settlement*. New York: Institute of Pacific Relations.

Ho, Ping-ti(何炳棣). 1955. "The Introduction of American Food Plants to China". *American Anthropologist* 57: 191 - 201.

——. 1998. "In Defense of Sinicization: A Rebuttal of Evelyn Rawski's 'Reenvisioning the Qing.'" *Journal of Asian Studies* 57.1: 123 - 55.

Honig, Emily(韩起澜). 1986. *Sisters and Strangers: Women in the Shanghai Cotton Mills*, 1919 - 1949. Stanford, CA: Stanford University Press.

Hsu, Immanuel(徐中约). 2000. *The Rise of Modern China*, Sixth Edition. New York: Oxford University Press.

Huang, H. T. (黄兴宗) 2000. *Science and Civilisation in China*. Vol. 6, Part 5, *Fermentations and Food Science*. New York: Cambridge University Press.

Hubbert, Jennifer. 2005. "Revolution IS a Dinner Party: Cultural Revolution Theme Restaurants in Contemporary China". *China Review* 5.2: 125 - 50.

——. 2006. "(Re) collecting Mao: Memory and Fetish in Contemporary China". *American Ethnologist* 33.2: 145 - 61.

Huters, Theodore(胡志德). 2005. *Bringing Home the World: Appropriating the West in Late Qing and Early Republican China*. Honolulu: University of Hawai'i Press.

Johnson，Linda Cook(张琳德). 1995. *Shanghai：From Market Town to Treaty Port*，1074－1858. Stanford，CA：Stanford University Press.

Jones，Andrew. 2001. *Yellow Music：Media Culture and Colonial Modernity in the Chinese Jazz Age*. Durham，NC：Duke University Press.

Jones，Susan Mann(曼素恩). 1974. “The Ningpo*Pang* and Financial Power at Shanghai”. In *The Chinese City Between Two Worlds*，edited by Mark Elvin and G. William Skinner，73－96. Stanford，CA：Stanford University Press.

Judge，Joan(季家珍). 2001. “Talent，Virtue，and the Nation：Chinese Nationalisms and Female Subjectivities in the Early Twentieth Century”. *American Historical Review* 106.3：765－803.

Kafalas，Philip A.(高化岚). 2007. *In Limpid Dream：Nostalgia and Zhang Dai's Reminiscences of the Ming*. Norwalk，CT：East Bridge.

Kao，George(乔志高)，ed. 1946. *Chinese Wit and Humor*. New York：Coward-McCann.

Karlgren，Bernhard(高本汉). 1950. *The Book of Documents*. Stockholm：Stockholm Museum of Far Eastern Antiquities，1950.

Keswick，Maggie. 2003. *The Chinese Garden：History，Art and Architecture*. Cambridge，MA：Harvard University Press.

Knechtges，David R.(康达维)，trans. 1982. *Wen xuan，or Selections of Refined Literature*. Vol. 1，*Rhapsodies on Metropolises and Capitals*. Princeton，NJ：Princeton University Press.

——. 1997. “Gradually Entering the Realm of Delight：Food and Drink in Early Medieval China”. *Journal of the American Oriental Society* 117.2：229－39.

Ko，Dorothy(高彦颐). 1994. *Teachers of the Inner Chambers：Women and Culture in Seventeenth Century China*. Stanford，CA：Stanford University Press.

Koehn，Alfred. 1944. *Fragrance from a Chinese Garden*. Peking，China：At the Lotus Court.

Kroll，Paul(柯睿). 1986. “Chang Chiu-ling”. In *Indiana Companion to Traditional Chinese Literature*，edited and compiled by William H. Nienhauser，Jr.(倪豪士)，207－209. Bloomington：Indiana University Press.

Lary，Diana. 1996. “The Tomb of the King of Nanyue—The

Contemporary Agenda of History". *Modern China* 22.1：3 – 27.

Laufer，Berthold(劳费尔). 1967. *Sino-Iranica：Chinese Contributions to the History of Civilization in Ancient Iran*. New York：Kraus Reprint. Original published 1919.

Lee，Leo Ou-fan(李欧梵). 1999. *Shanghai Modern：The Flowering of a New Urban Culture in China*，1930 – 1945. Cambridge，MA：Harvard University Press.

Legge，James (理雅各). 1967. *Li Chi：Book of Rites. An Encyclopedia of Ancient Ceremonial Usages，Religious Creeds，and Social Institutions*，edited by Ch'u Chai and Winberg Chai. Hyde Park，NY：University Books.

——. 2001. *The Chinese Classics*，5 vols. Taibei：SMC Publishing.

Leung Yuen-sang(梁元生). 1990. *The Shanghai Taotai：Linkage Man in a Changing Society*，1843 – 90. Honolulu：University of Hawai'i Press.

Levy，Dore J. (李德瑞). 1988. *Chinese Narrative Poetry：The Late Han through T'ang Dynasties*. Durham，NC：Duke University Press.

Li，Hui-Lin(李惠林)，trans. 1979. *Nan-fang ts'ao-mu chuang：A Fourth Century Flora of Southeast Asia：Introduction，Translation，Commentaries*. Hong Kong：Chinese University Press.

Lin Yin-feng. 1937. "Some Notes on Chinese Food". *People's Tribune* 26：295 – 301.

Liu，Lydia(刘禾). 2004. *The Clash of Empires：The Invention of China in Modern World Making*. Cambridge，MA：Harvard University Press.

Loewe，Michael(鲁惟一). 1979. *Ways to Paradise：The Chinese Quest for Immortality*. London：Allen and Unwin.

Lu Yan. 1998. "Beyond Politics in Wartime：Zhou Zuoren，1931 – 1945". *Sino-Japanese Studies* 11.1：6 – 12.

Lu，Hanchao(卢汉超). 1992. "Arrested Development：Cotton and Markets in Shanghai，1350 – 1843". *Modern China* 18.4：468 – 99.

——. 1999. *Beyond the Neon Lights：Everyday Shanghai in the Early Twentieth Century*. Berkeley：University of California Press.

MacPherson，Kerrie(程恺礼). 1987. *A Wilderness of Marshes：The Origins of Public Health in Shanghai*，1843 – 1893. New York：Oxford University Press.

Mann, Susan(曼素恩). 1997. *Precious Records: Women in China's Long Eighteenth Century*. Stanford, CA: Stanford University Press.

Mao Dun(茅盾). 1976. *Midnight*. Hong Kong: C & W Publishing.

Mao Zedong(毛泽东). 1992. "Report on the Peasant Movement in Hunan". In *Mao's Road to Power, Revolutionary Writings, 1912 - 1949*, Vol. 2, edited by Stuart Schram, 429 - 64. Armonk, NY: M. E. Sharpe.

Marmé, Michael. 2005. *Suzhou: Where the Goods of All the Provinces Converge*. Stanford, CA: Stanford University Press.

Mather, Richard B. (马瑞志), trans. 2002. *A New Account of Tales of the World*, 2nd edition, revised. Ann Arbor, MI: Center for Chinese Studies.

McCracken, Donald P. 1997. *Gardens of Empire: Botanical Institutions of the Victorian British Empire*. London: Leicester University Press.

Medhurst, William H. 1873. *The Foreigner in Far Cathay*. New York: Scribner, Armstrong.

Meng Yue (孟悦). 2006. *Shanghai and the Edges of Empires*. Minneapolis: University of Minnesota Press.

Meskill, John(穆四基). 1994. *Gentlemanly Interests and Wealth in the Yangtze Delta*. Ann Arbor, MI: Association for Asian Studies.

Miller, G. E. (Mauricio Fresco). 1937. *Shanghai: The Adventurer's Paradise*. New York: Orsay Publishing House.

Milne, William Charles (美魏茶). 1857. *Life in China*. London: Routledge.

Min, Anchee, Duo Duo, and Stefan Landsberger, eds. 2003. *Chinese Propaganda Posters*. Köln: Taschen.

Morrison, Robert (马礼逊). 1815. *A Dictionary of the Chinese Language*. Macao: East India Company's Press.

——. 1828. *Vocabulary of the Canton Dialect*. Macao: East India Company's Press.

Mote, Frederick W. (牟复礼). 1977. "Yüan and Ming". In *Food in Chinese Culture: Anthropological and Historical Perspectives*, edited by K. C. Chang, 193 - 258. New Haven, CT: Yale University Press.

Murphey, Rhoads(罗兹・墨菲). 1953. *Shanghai: Key to Modern China*. Cambridge, MA: Harvard University Press.

Naqvi, Nauman. 2007. "The Nostalgic Subject: A Genealogy of the 'Critique of Nostalgia.'" Centro Interuniversitario per le ricerche sulla Sociologia del Diritto e delle Instituzioni Giuridiche, Working paper n. 23, pp. 4 - 51. Retrieved from http://www.cirsdig.it/Pubblicazioni/naqvi.pdf

Needham, Joseph(李约瑟). 1986. *Science and Civilisation in China*, Vol. 6, Part 1, *Botany*. New York: Cambridge University Press.

Neskar, Ellen(宁爱莲). Forthcoming. *Politics and Prayer: Shrines to Local Former Worthies in Song China*. Cambridge, MA: Harvard University Press.

Oakes, Vanya. 1943. *White Man's Folly*. Boston: Houghton Mifflin.

Oxford English Dictionary (online edition).

Perry, Elizabeth(裴宜理). 1995. *Shanghai on Strike: The Politics of Chinese Labor*. Stanford, CA: Stanford University Press.

Proust, Marcel. 1981. *Remembrance of Things Past*. Vol. 1, *Swann's Way: Within a Budding Grove*, translated by C. K. Scott Moncrieff and Terence Kilmartin. New York: Vintage.

Qian, Nanxiu(钱南秀). 2001. *Spirit and Self in Medieval China: The Shih-shuo hsin-yü and Its Legacy*. Honolulu: University of Hawai'i Press.

Rankin, Mary Bakus(冉枚烁). 1971. *Early Chinese Revolutionaries: Radical Intellectuals in Shanghai and Chekiang*, 1902 - 1911. Cambridge, MA: Harvard University Press.

Rawski, Evelyn(罗友枝). 1996. "Re-envisioning the Qing: The Significance of the Qing Period in Chinese History". *Journal of Asian Studies* 55.4: 829 - 50.

Reynolds, Bruce L. 1981. "Changes in the Standard of Living of Shanghai Industrial Workers, 1930 - 1973". In *Shanghai: Revolution and Development in an Asian Metropolis*, edited by Christopher Howe, 222 - 40. New York: Cambridge University Press.

Roberts, J. A. G. (罗伯茨). 2002. *China to Chinatown: Chinese Food and the West*. London: Reaktion Books.

Rogaski, Ruth(罗芙芸). 2004. *Hygienic Modernity: Meanings of Health in Treaty-Port China*. Berkeley: University of California Press.

Rowe, William(罗威廉). 1993. "Introduction". In *Cities of Jiangnan in Late Imperial China*, edited by Linda Cooke Johnson, 1 - 16. Albany:

State University of New York Press.

Saunders，Petra. 1998. “Shanghai Chic”. *iSH* 1. 2：11.

Scarth，John. 1860. *Twelve Years in China*：*The People*，*The Rebels*，*and The Mandarins*. Edinburgh：Thomas Constable.

Schafer，Edward H.（薛爱华）. 1963. *The Golden Peaches of Samarkand*：*A Study of T'ang Exotics*. Berkeley：University of California Press.

——. 1977. “T'ang”. In *Food in Chinese Culture*：*Anthropological and Historical Perspectives*，edited by K. C. Chang，85 - 140. New Haven，CT：Yale University Press.

Schwarcz，Vera（舒衡哲）. 1986. *The Chinese Enlightenment*：*Intellectuals and the Legacy of the May Fourth Movement of* 1919. Berkeley：University of California Press.

Sheehan，Brett（史瀚波）. 1999. “Urban Identity and Urban Networks in Cosmopolitan Cities：Banks and Bankers in Tianjin”. In *Remaking the Chinese City*：*Modernity and National Identity*，1900 - 1950，edited by Joseph Esherick（周锡瑞），47 - 64. Honolulu：University of Hawai'i Press.

Shen Hsi-meng（沈西蒙），Mo Yen（漠雁），and Lu Hsing-chen（吕兴臣）. 1961. *On Guard Beneath the Neon Lights*，*A Play in Nine Scenes*. Peking：Foreign Languages Press.

Shepherd，John Robert（邵式柏）. 1993. *Statecraft and Political Economy on the Taiwan Frontier*，1600 - 1800. Stanford，CA：Stanford University Press.

Shih，James Chin. 1992. *Chinese Rural Society in Transition*：*A Case Study of the Lake Tai Area*，1368 - 1800. Berkeley，CA：Center for Chinese Studies.

Shih，Shu-mei（史书美）. 2001. *The Lure of the Modern*：*Writing Modernism in Semicolonial China*，1917 - 1937. Berkeley：University of California Press.

Simoons，Frederick J. 1991. *Food in China*：*A Cultural and Historical Inquiry*. Boston：CRC Press.

Smith，Joanna F. Handlin（韩德玲）. 1992. “Gardens in Ch'i Piao-chia's Social World：Wealth and Values in Late-Ming Kiangnan”. *Journal of Asian Studies* 51. 1：55 - 81.

Smith，S. A.，2002. *Like Cattle and Horses*，*Nationalism and Labor in Shanghai*, 1895 - 1927. Durham, NC: Duke University Press.

Solinger, Dorothy(苏黛瑞). 1984. *Chinese Business Under Socialism: The Politics of Domestic Commerce*, 1949 - 1980. Berkeley: University of California Press.

Spence, Jonathan(史景迁). 1977. "Ch'ing". In *Food in Chinese Culture: Anthropological and Historical Perspectives*, edited by K. C. Chang, 259 - 94. New Haven, CT: Yale University Press.

——. 1999. *The Search for Modern China*, Second Edition. New York: Norton.

Sterckx, Roel(胡司德), ed. 2005. *Of Tripod and Palate: Food, Politics, and Religion in Traditional China*. New York: Palgrave Macmillan.

"Street Procession in Shanghai's Big Famine Drive". 1921. *Shanghai Gazette*, March 14.

Swislocki, Mark. 2002. "Feast and Famine in Republican China: Urban Food Culture, Nutrition, and the State". Ph. D. dissertation, Stanford University.

Sutton, David E. 2001. *Remembrance of Repasts: An Anthropology of Food and Memory*. New York: Berg.

The Jubilee of Shanghai, 1843 - 1893. 1893. Shanghai: North China Daily Press.

Thurin, Susan Schoenbauer. 1999. *Victorian Travelers and the Opening of China*, 1842 - 1907. Athens: Ohio University Press.

Trubek, Amy B. 2008. *The Place of Taste: A Journey Into Terroir*. Berkeley: University of California Press.

Vogel, Ezra F. (傅高义). 1989. *One Step ahead in China: Guangdong under Reform*. Cambridge, MA: Harvard University Press.

Vogel, Hans Ulrich(傅汉思)(trans., Yoshida Tora). 1993. *Salt Production Techniques in Ancient China*. Leiden: Brill.

von Glahn, Richard(万志英). 2003. "Towns and Temples: Urban Growth and Decline in the Yang-zi Delta, 1100 - 1400". In *The Song-Yuan-Ming Transition in Chinese History*, edited by Paul Jakov Smith(史乐民) and Richard von Glahn, 176 - 211. Cambridge, MA: Harvard University Asia Center.

Wagner, Rudolf G. 1995. "The Role of the Foreign Community in the

Chinese Public Sphere". *China Quarterly* 142：423 - 43.

Wakeman, Frederic, Jr.（魏斐德）. 1996. *The Shanghai Badlands：Wartime Terrorism and Urban Crime*, 1937 - 1941. New York：Cambridge University Press.

——. 1998. "Urban Controls in Wartime Shanghai". In *Wartime Shanghai*, edited by Wen-hsin Yeh, 133 - 56. New York：Routledge.

Waley, Arthur(阿瑟·韦利). 1958. *The Opium War through Chinese Eyes*. Stanford, CA：Stanford University Press.

Waley-Cohen, Joanna（卫周安）. 2004. "The New Qing History". *Radical History Review* 88：193 - 206.

Wang, Ban（王斑）. 2002. "Love at Last Sight：Nostalgia, Commodity, and Temporality in Wang Anyi's *Song of Unending Sorrow*". *positions* 10.3：669 - 94.

Wang, David Der-wei（王德威）. 2000. "Three Hungry Women". *Modern Chinese Literary and Cultural Studies in the Age of Theory：Reimagining a Field*, edited by Rey Chow, 48 - 77. Durham, NC：Duke University Press.

Wang Zheng(王政). 2001. "Call Me 'Qingnian' but not 'Funü'：A Maoist Youth in Retrospect". In *Some of Us：Chinese Women Growing Up in the Mao Era*, edited by Xueping Zhong, Wang Zheng, and Bai Di. New Brunswick, NJ：Rutgers University Press.

Wasserstrom, Jeffery（华志坚）. 2001. "New Approaches to Old Shanghai". *Journal of Interdisciplinary History* 32.2：263 - 79.

Watson, Burton（华兹生）, trans. 1962. *Records of the Grand Historian*, Vol. 2. New York：Columbia University Press.

——. 1971. *Chinese Rhyme-prose：Poems in the Fu Form from the Han and Six Dynasties Periods*. New York：Columbia University Press.

——., trans. 1995. *Chuang-tzu, Basic Writings*. New York：Columbia University Press.

West, Stephen. 1987., "Cilia, Scale and Bristle：The Consumption of Fish and Shellfish in the Eastern Capital of the Northern Song". *Harvard Journal of Asiatic Studies* 47.2：595 - 634.

——. 1996. "Playing with Food：Performance, Food, and the Aesthetics of Artificiality in the Sung and Yuan". *Harvard Journal of Asiatic Studies* 57.1：67 - 106.

White, Lynn T. , III, "Shanghai-Suburb Relations, 1949 - 1966". In *Shanghai: Revolution and Development in an Asian Metropolis*, edited by Christopher Howe, 241 - 68. New York: Cambridge University Press.

Widmer, Ellen(魏爱莲). 2003. *The Beauty and the Book: Women and Fiction in Nineteenth-Century China*. Cambridge, MA: Harvard University Asia Center.

Wilkinson, Endymion(魏根深). 2000. *Chinese History: A Manual*, revised and enlarged edition. Cambridge, MA: Harvard University Asia Center.

Will, Pierre-Etienne(魏丕信). 1990. *Bureaucracy and Famine in Eighteenth-Century China*. Stanford, CA: Stanford University Press.

Will, Pierre-Etienne, and R. Bin Wong(王国斌). 1991. *Nourish the People: The State Civilian Granary System in China*, 1650 - 1850. Ann Arbor: Center for Chinese Studies, University of Michigan.

Wolff, E. 1971. *Chou Tso-Jen*. New York: Twayne.

Wong, Kwan-yiu, and David K. Y. Chu, eds. 1985. *Modernization in China: The Case of the Shenzhen Special Economic Zone*. New York: Oxford University Press.

Wu, David H. Y. (吴燕和), and Sidney C. H. Cheung(张展鸿), eds. 2002. *The Globalization of Chinese Food*. Honolulu: University of Hawai'i Press.

Ye Xiaoqing(叶晓青). 1992. "Shanghai before Nationalism". *East Asian History* 3: 33 - 52.

——. 2003. *The Dianshizhai Pictorial: Shanghai Urban Life, 1884—1898*. Ann Arbor, MI: Center for Chinese Studies.

Yeh, Catherine(叶凯蒂). 1996. "Creating a Shanghai Identity—Late Qing Courtesan Handbooks and the Formation of the New Citizen". In *Unity and Diversity: Local Cultures and Identities in China*, edited by Tao Tao Liu and David Faure, 107 - 23. Hong Kong: Hong Kong University Press.

——. 2002. "Representing the City: Shanghai and Its Maps". In *Town and Country in China: Identity and Perception*, edited by David Faure and Tao Tao Liu, 166 - 202. New York: Palgrave.

——. 2006. *Shanghai Love: Courtesans, Intellectuals, & Entertainment Culture*, 1850 - 1910. Seattle: Washington University Press.

Yeh, Wen-hsin(叶文心). 1998. *Wartime Shanghai*. New York: Routledge.

——. 2007. *Shanghai Splendor: Economic Sentiments and the Making of Modern China*, 1843 - 1949. Berkeley: University of California Press.

Yü, Ying-shih. 1977. "Han". In *Food in Chinese Culture: Anthropological and Historical Perspectives*, edited by K. C. Chang, 53 - 84. New Haven, CT: Yale University Press.

Yue, Gang. 1999. *The Mouth That Begs: Hunger, Cannibalism, and the Politics of Eating in Modern China*. Durham, NC: Duke University Press.

Zhang Xudong(张旭东). 2000. "Shanghai Nostalgia: Postrevolutionary Allegories in Wang Anyi's Literary Production of the 1990s". *positions* 8.2: 349 - 87.

Zhang, Yingjin(张英进), ed. 1999. *Cinema and Urban Culture in Shanghai*, 1922 - 1943. Stanford, CA: Stanford University Press.

Zhu Xuchu. 1987. "The Songjiang School of Painting and the Period Style of the Late Ming". In *The Chinese Scholars' Studio: Artistic Life in the Late Ming Period*, edited by Chu-tsing Li and James C. Y. Watt, 52 - 55. New York: Thames and Hudson.

中文文献

蔡文森:《食品经济学》,上海:商务印书馆,1924。

曹聚仁:《上海春秋》,上海:上海人民出版社,1996。

曾懿:《中馈录》,《妇女时报》3(1911):71—75。

曾懿:《中馈录》,北京:中国商业出版社,1984。

常识报馆:《常识大全》,上海:常识报馆,1928。

陈伯海主编:《上海文化通史》,2卷,上海:上海文艺出版社,2001。

陈伯熙:《上海轶事大观》,再版于上海:上海书店出版社,2000。

陈定山:《春申旧闻》,台北:世界文物出版社,1967。

陈铎编:《日用百科全书》,上海:商务印书馆,1925。

陈梦雷编:《古今图书集成》,上海:中华书局,1936。

陈文述:《序》,褚华:《水蜜桃谱》,初版于1814年,载于《上海掌故丛书》第2卷,台北:学海出版社,1968。

陈无我:《老上海三十年见闻录》,再版于上海:上海书店出版社,1996。

陈曦:《娄塘志》,成稿于 1772 年,初版刊行于 1805 年,再版由上海市地方志办公室编:《上海乡镇旧志丛书》第 1 卷,上海:上海社会科学院出版社,2004。

陈贤德、郎红:《调和鼎鼐百味生——“海派菜”探询》,载于季斌、徐智明编:《上海美食大观》,上海:上海远东出版社,1995。

陈寅恪:《〈桃花源记〉旁证》,载于陈寅恪:《陈寅恪先生文史论集》第 1 卷,香港:文文出版社,1973。

陈元龙:《格致镜原》,发表于 1717—1735 年间,载于《文渊阁四库全书》内联网版,香港:迪志文化出版有限公司,2002。

池志澄:《沪游梦影》,约创作于 1893 年,再版于《上海滩与上海人丛书》,上海:上海古籍出版社,1989。

褚华:《水蜜桃谱》,初版于 1814 年,载于《上海掌故丛书》第 2 卷,台北:学海出版社,1968。

董竹君:《我的一个世纪》,北京:三联书店,1997。

独鹤:《沪上酒食肆之比较》,初版于 1923 年,载于余之、程新国编:《旧上海风情录》第 2 卷,上海:文汇出版社,1998。

杜福祥、郭蕴辉编:《中国名餐馆》,北京:中国旅游出版社,1982。

杜世中:《也谈中国的菜系》,《中国烹饪》6.1(1985):9—10。

鄂尔泰等修纂:《钦定授时通考》,成书于 1747 年,载于《文渊阁四库全书》内联网版,香港:迪志文化出版有限公司,2002。

房玄龄等修纂:《晋书》,成书于 648 年,再版于北京:中华书局,1974。

葛元煦:《沪游杂记》,初版于 1876 年,再版于《上海滩与上海人丛书》,上海:上海古籍出版社,1989。

顾炳权:《上海风俗古迹考》,上海:华东师范大学出版社,1993。

广州市政府编:《广州指南》,广州:培英印务局,1934。

郭宪:《洞冥记》,成书时间约在公元 1 世纪,载于《文渊阁四库全书》内联网版,香港:迪志文化出版有限公司,2002。

胡根喜:《老上海:不仅仅是风花雪月的故事》,成都:四川人民出版社,1998。

胡远杰编:《福州路文化街》,上海:文汇出版社,2001。

沪上游戏主:《海上游戏图说》,上海:出版社不详,1898。

华商公议会编:《上海华商行名簿册》,上海:华商公议会,1907。

黄式权:《淞南梦影录》,初版于 1883 年,再版于《上海滩与上海人丛书》,上海:上海古籍出版社,1989。

黄之隽等编:《江南通志》,初版于1736年,载于《文渊阁四库全书》内联网版,香港:迪志文化出版有限公司,2002。

建设委员会经济调查所统计课编:《中国经济志:安徽省宁国、泾县》,2卷,杭州:建设委员会经济调查所,1936。

克劳福,玛莎·福斯特(Martha Foster Crawford):《造洋饭书》,上海:美华书馆,1909。

李伯元主编:《游戏报》,1897—1908。

李调元:《〈醒园录〉序》,载于李化楠:《醒园录》,北京:中国商业出版社,1984:1—4,页码不连贯。

李公耳:《家庭食谱》,上海:中华书局,1917。

李公耳:《西餐烹饪秘诀》,上海:上海世界书局,1923。

李化楠:《醒园录》,北京:中国商业出版社,1984。

李维清:《上海乡土志》,上海:劝学所,1907。

刘守敏、徐文龙:《上海老店、大店、名店》,上海:上海三联出版社,1998。

刘歆:《西京杂记》,成书于公元1世纪,载于《文渊阁四库全书》内联网版,香港:迪志文化出版有限公司,2002。

刘雅农:《上海闲话》,台北:世界书局,1961。

刘业雄:《春花秋月何时了:盘点上海时尚》,上海:上海人民出版社,2005。

刘增人、冯光廉编:《叶圣陶研究资料》,北京:十月文艺出版社,1988。

卢寿篯:《烹饪一斑》,上海:中华书局,1917。

逯耀东:《肚大能容:中国饮食文化散记》,台北:东大图书公司,2001。

《家庭乐园,附:上海指南》,上海:上海出版社,1939。

马逢洋:《上海:记忆与想象》,上海:文汇出版社,1996。

毛祥麟:《墨余录》,成书于1870年,再版于上海:上海古籍出版社,1985。

潘衔:《食品烹制全书》,上海:中华新教育社,1934。

潘锡恩等撰:《嘉庆大清一统志》,成书于1842年。

裴锡彬:《绘图游历上海杂记》,上海:文宝书局,1906。

任百尊:《中国食经》,上海:上海文化出版社,1999。

若微:《饭店弄堂小记》,《摩登半月刊》1.1(1939):17。

《上海米市调查》,上海:社会经济调查所,1935。

上海世界书局编辑所编:《上海宝鉴:旅沪必备》,上海:上海世界书局,1925。

上海市档案馆,档案号325-4-1, A65-2-117, B6-2-138, B6-2-

139，B50－2－208，B50－2－319，B50－2－398，B98－1－134，B98－1－164，B98－1－532，B98－1－730，B98－1－732。

上海市粮食委员会编:《上海民食问题》,上海:上海市社会局,1931。

上海市政府社会局:《上海市工人生活程度》,上海:中华书局,1934。

上海特别市政府社会局:《上海特别市工资和工作时间(民国十八年)》,上海:商务印书馆,1930。

上海通社编:《上海研究资料》,初版于1935年,载于《民国丛书》第4编,第80册,上海:上海书店,1992。

《上海五十六年来米价统计》,《社会月刊》1.2(1929年2月):1—25。

上海县县志编纂委员会编:《上海县志》,上海:上海人民出版社,1993。

上海信托股份有限公司编辑部编:《上海风土杂记》,上海:上海信托股份有限公司,1932。

《上海指南》,上海:商务印书馆,1909。

《上海指南》,上海:商务印书馆,1912。

《上海指南》,上海:商务印书馆,1926。

尚秉和:《历代社会风俗事物考》,初版于1938年,再版于上海:上海文艺出版社,1989。

《绍熙云间志》,成书于1193年,重印于《宛委别藏》第43卷,南京:江苏古籍出版社,1988。

沈福煦:《上海园林钩沉(二):两个黄家花园——愚园,吾园》,《园林》8(2002):10—11。

沈作宾修,施宿等纂:《会稽志》,重刻于1510年,载于《文渊阁四库全书》内联网版,香港:迪志文化出版有限公司,2002。

施蛰存:《莼羹》,载于陈子善、徐如麒编:《施蛰存七十年文选》,上海:上海文艺出版社,1996:758—761。

时希圣:《素食谱》,上海:中华书局,1925。

使者:《上海的吃(三)》,《人生旬刊》1.5(1935):33。

使者:《上海的吃(四)》,《人生旬刊》1.6(1935):36。

司马迁:《史记》,北京:中华书局,1982。

宋诩等编:《家庭万宝新书》,上海:中华新教育社,1934。

宋钻友:《广东人在上海(1843—1949)》,上海:上海人民出版社,2007。

孙星衍、莫晋撰:《嘉庆松江府志》,成书于1818年,载于《续修四库全书》,上海:上海古籍出版社,1995。

唐海:《中国劳动问题》,上海:光华书局,1926。

唐锦等编:《弘治上海志》,初版于1504年。

唐振常:《颐之时》,杭州:浙江摄影出版社,1997。

陶小桃:《陶母烹饪法》,上海:商务印书馆,1936。

特级校对(陈梦因):《金山食经》,香港:香港幸运贸易公司,1966。

《图画日报》,初版于1910年,再版于上海:上海古籍出版社,1999。

万品元主编:《上海小绍兴饮食总公司简志》,载于《黄浦区行业志系列之十》,出版日期与出版社不详。

汪灏等编纂:《御定佩文斋广群芳谱》,成书于1708年,载于《文渊阁四库全书》内联网版,香港:迪志文化出版有限公司,2002。

王大同修,李林松纂:《嘉庆上海县志》,成书于1814年。

王定九:《上海顾问》,上海:上海中央书店,1934。

王定九:《上海门径》,上海:上海中央书店,1937。

王国良:《汉武〈洞冥记〉研究》,台北:文史哲出版社,1989。

王启宇、罗友松编:《上海地方志概述》,长春:吉林省地方志编纂委员会,吉林省图书馆学会,1985。

王韬:《海陬冶游附录》,初版于1873年,再版于张廷华编:《香艳丛书》第20集,北京:人民文学出版社,1992。

王韬:《海陬冶游录》,初版于1860年,再版于张廷华编:《香艳丛书》第20集,北京:人民文学出版社,1992。

王韬:《瀛壖杂志》,初版于1870年,再版于上海:上海古籍出版社,1989。

王象晋:《群芳谱》,载于《四库全书存目丛书补编》第80卷,济南:齐鲁书社,1997。

王言伦编:《家事实习宝鉴》,上海:商务印书馆,1924。

王毅:《杏花楼》,长春:吉林摄影出版社,1997。

王振忠,《清代、民国时期江浙一带的徽馆研究》,该论文发表于上海社会科学院2003年举办的"明清以来江南社会与文化"国际学术研讨会。

吴亮:《老上海:已逝的时光》,南京:江苏美术出版社,1998。

吴汝纶:《〈家政学〉序》,载于下田歌子:《家政学》,上海:作新社,1903:1—2,页码不连贯。

吴友如等绘:《点石斋画报》,1884—1898年,再版于广州:广东人民出版社,1983。

吴自牧:《梦粱录》,载于《文渊阁四库全书》内联网版,香港:迪志文化出版有限公司,2002。

下田歌子:《家政学》,吴汝纶译,上海:作新社,1903。

夏衍:《包身工》,载于《夏衍七十年文选》,上海:上海文艺出版社,1996。

香国头陀:《申江名胜图说》,上海:管可寿斋,1884。

向新阳、刘克任编:《西京杂记校注》,上海:上海古籍出版社,1991。

萧剑青:《上海常识》,上海:上海经纬书局,1937。

萧良初:《谈谈广东菜的烧法》,《新民晚报》,1956年8月26日。

萧闲叟:《烹饪法》,上海:商务印书馆,1934。

熊月之主编:《老上海名人名事名物大观》,上海:上海人民出版社,1997。

熊月之主编:《上海通史》,15卷,上海:上海人民出版社,1999。

徐国桢:《上海生活》,上海:世界书局,1933。

徐珂:《清稗类钞》第13册,北京:中华书局,1986。

薛炎文、王同立编:《票证旧事》,天津:百花文艺出版社,1999。

雪莉:《餐饮业吹起怀旧风》,《新民晚报》1999年6月23日,第19版。

颜洪范修,张之象等纂:《万历上海县志》,成书于1588年。

姚思廉:《梁书》,北京:中华书局,1973。

姚之骃:《元明事类钞》,载于《文渊阁四库全书》内联网版,香港:迪志文化出版有限公司,2002。

叶承纂:《乾隆上海县志》,成书于1750年,载于《稀见中国地方志汇刊》第1册,北京:中国书店,1992。

叶梦珠:《阅世编》,载于《上海掌故丛书》第1卷,台北:学海出版社,1968。

叶圣陶:《过节》,载于余之、程新国编:《旧上海风情录》第1卷,上海:文汇出版社,1998:98—99。

叶圣陶:《藕与莼菜》,载于余之、程新国编:《旧上海风情录》第1卷,上海:文汇出版社,1998:111—115。

毅汉:《西食卫生烹调法》,《妇女时报》16:22—27。

应宝时修,俞樾等纂:《同治上海县志》,成书于1872年。

余嘉锡编:《世说新语笺疏》,上海:上海古籍出版社,1993。

郁慕侠:《上海鳞爪》,上海:上海书店出版社,1998。

张春华:《沪城岁事衢歌》,载于《上海掌故丛书》第2卷,台北:学海出版社,1968。

张所望:《阅耕余录》,载于《四库全书存目丛书补编》第101卷,济南:齐鲁书社,1997。

张玉书编:《御定韵府拾遗》,成书于1720年,载于《文渊阁四库全书》内联网版,香港:迪志文化出版有限公司,2002。

张舟:《试论中国的“菜系”》,《中国烹饪》5.5(1984):17—18。

郑洛书修,高企等纂:《嘉靖上海县志》,初版于 1524 年。

《中国方志大辞典》编辑委员会编:《中国方志大辞典》,杭州:浙江人民出版社,1988。

中国皖南徽菜研究所:《徽菜发源绩溪考》,出版日期不详。网络资源:http://www.newconcept.com/jixi/culture/HuiCulture36.html

周三金:《蜚声中外的上海美食中心:黄浦美食林纵横谈》,载于季斌、徐智明编:《上海美食大观》,上海:上海远东出版社,1995。

周作人:《卖糖》,载于《周作人全集》第 4 卷,台北:蓝灯文化出版社,1993:319—321。

朱栋:《朱泾志》,成书于 1807 年,载于《上海乡镇旧志丛书》第 5 卷,上海:上海社会科学院出版社,2005。

邹依仁:《旧上海人口变迁的研究》,上海:上海人民出版社,1980。

索 引

（索引中的页码为英文原书页码，即本书边码）

“海外中国研究丛书”书目

1. 中国的现代化 [美]吉尔伯特·罗兹曼 主编 国家社会科学基金“比较现代化”课题组 译 沈宗美 校
2. 寻求富强:严复与西方 [美]本杰明·史华兹 著 叶凤美 译
3. 中国现代思想中的唯科学主义(1900—1950) [美]郭颖颐 著 雷颐 译
4. 台湾:走向工业化社会 [美]吴元黎 著
5. 中国思想传统的现代诠释 余英时 著
6. 胡适与中国的文艺复兴:中国革命中的自由主义,1917—1937 [美]格里德 著 鲁奇 译
7. 德国思想家论中国 [德]夏瑞春 编 陈爱政 等译
8. 摆脱困境:新儒学与中国政治文化的演进 [美]墨子刻 著 颜世安 高华 黄东兰 译
9. 儒家思想新论:创造性转换的自我 [美]杜维明 著 曹幼华 单丁 译 周文彰 等校
10. 洪业:清朝开国史 [美]魏斐德 著 陈苏镇 薄小莹 包伟民 陈晓燕 牛朴 谭天星 译 阎步克 等校
11. 走向21世纪:中国经济的现状、问题和前景 [美]D.H. 帕金斯 著 陈志标 编译
12. 中国:传统与变革 [美]费正清 赖肖尔 主编 陈仲丹 潘兴明 庞朝阳 译 吴世民 张子清 洪邮生 校
13. 中华帝国的法律 [美]D. 布朗 C. 莫里斯 著 朱勇 译 梁治平 校
14. 梁启超与中国思想的过渡(1890—1907) [美]张灏 著 崔志海 葛夫平 译
15. 儒教与道教 [德]马克斯·韦伯 著 洪天富 译
16. 中国政治 [美]詹姆斯·R. 汤森 布兰特利·沃马克 著 顾速 董方 译
17. 文化、权力与国家:1900—1942年的华北农村 [美]杜赞奇 著 王福明 译
18. 义和团运动的起源 [美]周锡瑞 著 张俊义 王栋 译
19. 在传统与现代性之间:王韬与晚清革命 [美]柯文 著 雷颐 罗检秋 译
20. 最后的儒家:梁漱溟与中国现代化的两难 [美]艾恺 著 王宗昱 冀建中 译
21. 蒙元入侵前夜的中国日常生活 [法]谢和耐 著 刘东 译
22. 东亚之锋 [美]小R. 霍夫亨兹 K.E. 柯德尔 著 黎鸣 译
23. 中国社会史 [法]谢和耐 著 黄建华 黄迅余 译
24. 从理学到朴学:中华帝国晚期思想与社会变化面面观 [美]艾尔曼 著 赵刚 译
25. 孔子哲学思微 [美]郝大维 安乐哲 著 蒋弋为 李志林 译
26. 北美中国古典文学研究名家十年文选 乐黛云 陈珏 编选
27. 东亚文明:五个阶段的对话 [美]狄百瑞 著 何兆武 何冰 译
28. 五四运动:现代中国的思想革命 [美]周策纵 著 周子平 等译
29. 近代中国与新世界:康有为变法与大同思想研究 [美]萧公权 著 汪荣祖 译
30. 功利主义儒家:陈亮对朱熹的挑战 [美]田浩 著 姜长苏 译
31. 莱布尼兹和儒学 [美]孟德卫 著 张学智 译
32. 佛教征服中国:佛教在中国中古早期的传播与适应 [荷兰]许理和 著 李四龙 裴勇 等译
33. 新政革命与日本:中国,1898—1912 [美]任达 著 李仲贤 译
34. 经学、政治和宗族:中华帝国晚期常州今文学派研究 [美]艾尔曼 著 赵刚 译
35. 中国制度史研究 [美]杨联陞 著 彭刚 程钢 译

36. 汉代农业:早期中国农业经济的形成 [美]许倬云 著 程农 张鸣 译 邓正来 校
37. 转变的中国:历史变迁与欧洲经验的局限 [美]王国斌 著 李伯重 连玲玲 译
38. 欧洲中国古典文学研究名家十年文选 乐黛云 陈珏 龚刚 编选
39. 中国农民经济:河北和山东的农民发展,1890—1949 [美]马若孟 著 史建云 译
40. 汉哲学思维的文化探源 [美]郝大维 安乐哲 著 施忠连 译
41. 近代中国之种族观念 [英]冯客 著 杨立华 译
42. 血路:革命中国中的沈定一(玄庐)传奇 [美]萧邦奇 著 周武彪 译
43. 历史三调:作为事件、经历和神话的义和团 [美]柯文 著 杜继东 译
44. 斯文:唐宋思想的转型 [美]包弼德 著 刘宁 译
45. 宋代江南经济史研究 [日]斯波义信 著 方健 何忠礼 译
46. 山东台头:一个中国村庄 杨懋春 著 张雄 沈炜 秦美珠 译
47. 现实主义的限制:革命时代的中国小说 [美]安敏成 著 姜涛 译
48. 上海罢工:中国工人政治研究 [美]裴宜理 著 刘平 译
49. 中国转向内在:两宋之际的文化转向 [美]刘子健 著 赵冬梅 译
50. 孔子:即凡而圣 [美]赫伯特·芬格莱特 著 彭国翔 张华 译
51. 18 世纪中国的官僚制度与荒政 [法]魏丕信 著 徐建青 译
52. 他山的石头记:宇文所安自选集 [美]宇文所安 著 田晓菲 编译
53. 危险的愉悦:20 世纪上海的娼妓问题与现代性 [美]贺萧 著 韩敏中 盛宁 译
54. 中国食物 [美]尤金·N. 安德森 著 马孆 刘东 译 刘东 审校
55. 大分流:欧洲、中国及现代世界经济的发展 [美]彭慕兰 著 史建云 译
56. 古代中国的思想世界 [美]本杰明·史华兹 著 程钢 译 刘东 校
57. 内闱:宋代的婚姻和妇女生活 [美]伊沛霞 著 胡志宏 译
58. 中国北方村落的社会性别与权力 [加]朱爱岚 著 胡玉坤 译
59. 先贤的民主:杜威、孔子与中国民主之希望 [美]郝大维 安乐哲 著 何刚强 译
60. 向往心灵转化的庄子:内篇分析 [美]爱莲心 著 周炽成 译
61. 中国人的幸福观 [德]鲍吾刚 著 严蓓雯 韩雪临 吴德祖 译
62. 闺塾师:明末清初江南的才女文化 [美]高彦颐 著 李志生 译
63. 缀珍录:十八世纪及其前后的中国妇女 [美]曼素恩 著 定宜庄 颜宜葳 译
64. 革命与历史:中国马克思主义历史学的起源,1919—1937 [美]德里克 著 翁贺凯 译
65. 竞争的话语:明清小说中的正统性、本真性及所生成之意义 [美]艾梅兰 著 罗琳 译
66. 云南禄村:中国妇女与农村发展 [加]宝森 著 胡玉坤 译
67. 中国近代思维的挫折 [日]岛田虔次 著 甘万萍 译
68. 中国的亚洲内陆边疆 [美]拉铁摩尔 著 唐晓峰 译
69. 为权力祈祷:佛教与晚明中国士绅社会的形成 [加]卜正民 著 张华 译
70. 天潢贵胄:宋代宗室史 [美]贾志扬 著 赵冬梅 译
71. 儒家之道:中国哲学之探讨 [美]倪德卫 著 [美]万白安 编 周炽成 译
72. 都市里的农家女:性别、流动与社会变迁 [澳]杰华 著 吴小英 译
73. 另类的现代性:改革开放时代中国性别化的渴望 [美]罗丽莎 著 黄新 译
74. 近代中国的知识分子与文明 [日]佐藤慎一 著 刘岳兵 译
75. 繁盛之阴:中国医学史中的性(960—1665) [美]费侠莉 著 甄橙 主译 吴朝霞 主校
76. 中国大众宗教 [美]韦思谛 编 陈仲丹 译
77. 中国诗画语言研究 [法]程抱一 著 涂卫群 译
78. 中国的思维世界 [日]沟口雄三 小岛毅 著 孙歌 等译

79. 德国与中华民国 [美]柯伟林 著 陈谦平 陈红民 武菁 申晓云 译 钱乘旦 校
80. 中国近代经济史研究:清末海关财政与通商口岸市场圈 [日]滨下武志 著 高淑娟 孙彬 译
81. 回应革命与改革:皖北李村的社会变迁与延续 韩敏 著 陆益龙 徐新玉 译
82. 中国现代文学与电影中的城市:空间、时间与性别构形 [美]张英进 著 秦立彦 译
83. 现代的诱惑:书写半殖民地中国的现代主义(1917—1937) [美]史书美 著 何恬 译
84. 开放的帝国:1600 年前的中国历史 [美]芮乐伟·韩森 著 梁侃 邹劲风 译
85. 改良与革命:辛亥革命在两湖 [美]周锡瑞 著 杨慎之 译
86. 章学诚的生平与思想 [美]倪德卫 著 杨立华 译
87. 卫生的现代性:中国通商口岸健康与疾病的意义 [美]罗芙芸 著 向磊 译
88. 道与庶道:宋代以来的道教、民间信仰和神灵模式 [美]韩明士 著 皮庆生 译
89. 间谍王:戴笠与中国特工 [美]魏斐德 著 梁禾 译
90. 中国的女性与性相:1949 年以来的性别话语 [英]艾华 著 施施 译
91. 近代中国的犯罪、惩罚与监狱 [荷]冯客 著 徐有威 等译 潘兴明 校
92. 帝国的隐喻:中国民间宗教 [英]王斯福 著 赵旭东 译
93. 王弼《老子注》研究 [德]瓦格纳 著 杨立华 译
94. 寻求正义:1905—1906 年的抵制美货运动 [美]王冠华 著 刘甜甜 译
95. 传统中国日常生活中的协商:中古契约研究 [美]韩森 著 鲁西奇 译
96. 从民族国家拯救历史:民族主义话语与中国现代史研究 [美]杜赞奇 著 王宪明 高继美 李海燕 李点 译
97. 欧几里得在中国:汉译《几何原本》的源流与影响 [荷]安国风 著 纪志刚 郑诚 郑方磊 译
98. 十八世纪中国社会 [美]韩书瑞 罗友枝 著 陈仲丹 译
99. 中国与达尔文 [美]浦嘉珉 著 钟永强 译
100. 私人领域的变形:唐宋诗词中的园林与玩好 [美]杨晓山 著 文韬 译
101. 理解农民中国:社会科学哲学的案例研究 [美]李丹 著 张天虹 张洪云 张胜波 译
102. 山东叛乱:1774 年的王伦起义 [美]韩书瑞 著 刘平 唐雁超 译
103. 毁灭的种子:战争与革命中的国民党中国(1937—1949) [美]易劳逸 著 王建朗 王贤知 贾维 译
104. 缠足:"金莲崇拜"盛极而衰的演变 [美]高彦颐 著 苗延威 译
105. 饕餮之欲:当代中国的食与色 [美]冯珠娣 著 郭乙瑶 马磊 江素侠 译
106. 翻译的传说:中国新女性的形成(1898—1918) 胡缨 著 龙瑜宬 彭珊珊 译
107. 中国的经济革命:20 世纪的乡村工业 [日]顾琳 著 王玉茹 张玮 李进霞 译
108. 礼物、关系学与国家:中国人际关系与主体性建构 杨美惠 著 赵旭东 孙珉 译 张跃宏 译校
109. 朱熹的思维世界 [美]田浩 著
110. 皇帝和祖宗:华南的国家与宗族 [英]科大卫 著 卜永坚 译
111. 明清时代东亚海域的文化交流 [日]松浦章 著 郑洁西 等译
112. 中国美学问题 [美]苏源熙 著 卞东波 译 张强强 朱霞欢 校
113. 清代内河水运史研究 [日]松浦章 著 董科 译
114. 大萧条时期的中国:市场、国家与世界经济 [日]城山智子 著 孟凡礼 尚国敏 译 唐磊 校
115. 美国的中国形象(1931—1949) [美] T. 克里斯托弗·杰斯普森 著 姜智芹 译
116. 技术与性别:晚期帝制中国的权力经纬 [英]白馥兰 著 江湄 邓京力 译

117. 中国善书研究 [日]酒井忠夫 著 刘岳兵 何英莺 孙雪梅 译
118. 千年末世之乱:1813 年八卦教起义 [美]韩书瑞 著 陈仲丹 译
119. 西学东渐与中国事情 [日]增田涉 著 由其民 周启乾 译
120. 六朝精神史研究 [日]吉川忠夫 著 王启发 译
121. 矢志不渝:明清时期的贞女现象 [美]卢苇菁 著 秦立彦 译
122. 纠纷与秩序:徽州文书中的明朝 [日]中岛乐章 著 郭万平 译
123. 中华帝国晚期的欲望与小说叙述 [美]黄卫总 著 张蕴爽 译
124. 虎、米、丝、泥:帝制晚期华南的环境与经济 [美]马立博 著 王玉茹 关永强 译
125. 一江黑水:中国未来的环境挑战 [美]易明 著 姜智芹 译
126.《诗经》原意研究 [日]家井真 著 陆越 译
127. 施剑翘复仇案:民国时期公众同情的兴起与影响 [美]林郁沁 著 陈湘静 译
128. 义和团运动前夕华北的地方动乱与社会冲突(修订译本) [德]狄德满 著 崔华杰 译
129. 铁泪图:19 世纪中国对于饥馑的文化反应 [美]艾志端 著 曹曦 译
130. 饶家驹安全区:战时上海的难民 [美]阮玛霞 著 白华山 译
131. 危险的边疆:游牧帝国与中国 [美]巴菲尔德 著 袁剑 译
132. 工程国家:民国时期(1927—1937)的淮河治理及国家建设 [美]戴维・艾伦・佩兹 著 姜智芹 译
133. 历史宝筏:过去、西方与中国妇女问题 [美]季家珍 著 杨可 译
134. 姐妹们与陌生人:上海棉纱厂女工,1919—1949 [美]韩起澜 著 韩慈 译
135. 银线:19 世纪的世界与中国 林满红 著 詹庆华 林满红 译
136. 寻求中国民主 [澳]冯兆基 著 刘悦斌 徐硙 译
137. 墨梅 [美]毕嘉珍 著 陆敏珍 译
138. 清代上海沙船航运业史研究 [日]松浦章 著 杨蕾 王亦诤 董科 译
139. 男性特质论:中国的社会与性别 [澳]雷金庆 著 [澳]刘婷 译
140. 重读中国女性生命故事 游鉴明 胡缨 季家珍 主编
141. 跨太平洋位移:20 世纪美国文学中的民族志、翻译和文本间旅行 黄运特 著 陈倩 译
142. 认知诸形式:反思人类精神的统一性与多样性 [英]G. E. R. 劳埃德 著 池志培 译
143. 中国乡村的基督教:1860—1900 年江西省的冲突与适应 [美]史维东 著 吴薇 译
144. 假想的"满大人":同情、现代性与中国疼痛 [美]韩瑞 著 袁剑 译
145. 中国的捐纳制度与社会 伍跃 著
146. 文书行政的汉帝国 [日]富谷至 著 刘恒武 孔李波 译
147. 城市里的陌生人:中国流动人口的空间、权力与社会网络的重构 [美]张骊 著 袁长庚 译
148. 性别、政治与民主:近代中国的妇女参政 [澳]李木兰 著 方小平 译
149. 近代日本的中国认识 [日]野村浩一 著 张学锋 译
150. 狮龙共舞:一个英国人笔下的威海卫与中国传统文化 [英]庄士敦 著 刘本森 译 威海市博物馆 郭大松 校
151. 人物、角色与心灵:《牡丹亭》与《桃花扇》中的身份认同 [美]吕立亭 著 白华山 译
152. 中国社会中的宗教与仪式 [美]武雅士 著 彭泽安 邵铁峰 译 郭潇威 校
153. 自贡商人:近代早期中国的企业家 [美]曾小萍 著 董建中 译
154. 大象的退却:一部中国环境史 [英]伊懋可 著 梅雪芹 毛利霞 王玉山 译
155. 明代江南土地制度研究 [日]森正夫 著 伍跃 张学锋 等译 范金民 夏维中 审校
156. 儒学与女性 [美]罗莎莉 著 丁佳伟 曹秀娟 译

157. 行善的艺术:晚明中国的慈善事业(新译本) [美]韩德玲 著 曹晔 译
158. 近代中国的渔业战争和环境变化 [美]穆盛博 著 胡文亮 译
159. 权力关系:宋代中国的家族、地位与国家 [美]柏文莉 著 刘云军 译
160. 权力源自地位:北京大学、知识分子与中国政治文化,1898—1929 [美]魏定熙 著 张蒙 译
161. 工开万物:17 世纪中国的知识与技术 [德]薛凤 著 吴秀杰 白岚玲 译
162. 忠贞不贰:辽代的越境之举 [英]史怀梅 著 曹流 译
163. 内藤湖南:政治与汉学(1866—1934) [美]傅佛果 著 陶德民 何英莺 译
164. 他者中的华人:中国近现代移民史 [美]孔飞力 著 李明欢 译 黄鸣奋 校
165. 古代中国的动物与灵异 [英]胡司德 著 蓝旭 译
166. 两访中国茶乡 [英]罗伯特·福琼 著 敖雪岗 译
167. 缔造选本:《花间集》的文化语境与诗学实践 [美]田安 著 马强才 译
168. 扬州评话探讨 [丹麦]易德波 著 米锋 易德波 译 李今芸 校译
169.《左传》的书写与解读 李惠仪 著 文韬 许明德 译
170. 以竹为生:一个四川手工造纸村的 20 世纪社会史 [德]艾约博 著 韩巍 译 吴秀杰 校
171. 东方之旅:1579—1724 耶稣会传教团在中国 [美]柏理安 著 毛瑞方 译
172. "地域社会"视野下的明清史研究:以江南和福建为中心 [日]森正夫 著 于志嘉 马一虹 黄东兰 阿风 等译
173. 技术、性别、历史:重新审视帝制中国的大转型 [英]白馥兰 著 吴秀杰 白岚玲 译
174. 中国小说戏曲史 [日]狩野直喜 张真 译
175. 历史上的黑暗一页:英国外交文件与英美海军档案中的南京大屠杀 [美]陆束屏 编著/翻译
176. 罗马与中国:比较视野下的古代世界帝国 [奥]沃尔特·施德尔 主编 李平 译
177. 矛与盾的共存:明清时期江西社会研究 [韩]吴金成 著 崔荣根 译 薛戈 校译
178. 唯一的希望:在中国独生子女政策下成年 [美]冯文 著 常姝 译
179. 国之枭雄:曹操传 [澳]张磊夫 著 方笑天 译
180. 汉帝国的日常生活 [英]鲁惟一 著 刘洁 余霄 译
181. 大分流之外:中国和欧洲经济变迁的政治 [美]王国斌 罗森塔尔 著 周琳 译 王国斌 张萌 审校
182. 中正之笔:颜真卿书法与宋代文人政治 [美]倪雅梅 著 杨简茹 译 祝帅 校译
183. 江南三角洲市镇研究 [日]森正夫 编 丁韵 胡婧 等译 范金民 审校
184. 忍辱负重的使命:美国外交官记载的南京大屠杀与劫后的社会状况 [美]陆束屏 编著/翻译
185. 修仙:古代中国的修行与社会记忆 [美]康儒博 著 顾漩 译
186. 烧钱:中国人生活世界中的物质精神 [美]柏桦 著 袁剑 刘玺鸿 译
187. 话语的长城:文化中国历险记 [美]苏源熙 著 盛珂 译
188. 诸葛武侯 [日]内藤湖南 著 张真 译
189. 盟友背信:一战中的中国 [英]吴芳思 克里斯托弗·阿南德尔 著 张宇扬 译
190. 亚里士多德在中国:语言、范畴和翻译 [英]罗伯特·沃迪 著 韩小强 译
191. 马背上的朝廷:巡幸与清朝统治的建构,1680—1785 [美]张勉治 著 董建中 译
192. 申不害:公元前四世纪中国的政治哲学家 [美]顾立雅 著 马腾 译
193. 晋武帝司马炎 [日]福原启郎 著 陆帅 译
194. 唐人如何吟诗:带你走进汉语音韵学 [日]大岛正二 著 柳悦 译

195. 古代中国的宇宙论 [日]浅野裕一 著 吴昊阳 译
196. 中国思想的道家之论:一种哲学解释 [美]陈汉生 著 周景松 谢尔逊 等译 张丰乾 校译
197. 诗歌之力:袁枚女弟子屈秉筠(1767—1810) [加]孟留喜 著 吴夏平 译
198. 中国逻辑的发现 [德]顾有信 著 陈志伟 译
199. 高丽时代宋商往来研究 [韩]李镇汉 著 李廷青 戴琳剑 译 楼正豪 校
200. 中国近世财政史研究 [日]岩井茂树 著 付勇 译 范金民 审校
201. 魏晋政治社会史研究 [日]福原启郎 著 陆帅 刘萃峰 张紫毫 译
202. 宋帝国的危机与维系:信息、领土与人际网络 [比利时]魏希德 著 刘云军 译
203. 中国精英与政治变迁:20 世纪初的浙江 [美]萧邦奇 著 徐立望 杨涛羽 译 李齐 校
204. 北京的人力车夫:1920 年代的市民与政治 [美]史谦德 著 周书垚 袁剑 译 周育民 校
205. 1901—1909 年的门户开放政策:西奥多·罗斯福与中国 [美]格雷戈里·摩尔 著 赵嘉玉 译
206. 清帝国之乱:义和团运动与八国联军之役 [美]明恩溥 著 郭大松 刘本森 译
207. 宋代文人的精神生活(960—1279) [美]何复平 著 叶树勋 单虹泽 译
208. 梅兰芳与 20 世纪国际舞台:中国戏剧的定位与置换 [美]田民 著 何恬 译
209. 郭店楚简《老子》新研究 [日]池田知久 著 曹峰 孙佩霞 译
210. 德与礼——亚洲人对领导能力与公众利益的理想 [美]狄培理 著 闵锐武 闵月 译
211. 棘闱:宋代科举与社会 [美]贾志扬 著
212. 通过儒家现代性而思 [法]毕游塞 著 白欲晓 译
213. 阳明学的位相 [日]荒木见悟 著 焦堃 陈晓杰 廖明飞 申绪璐 译
214. 明清的戏曲——江南宗族社会的表象 [日]田仲一成 著 云贵彬 王文勋 译
215. 日本近代中国学的形成:汉学革新与文化交涉 陶德民 著 辜承尧 译
216. 声色:永明时代的宫廷文学与文化 [新加坡]吴妙慧 著 朱梦雯 译
217. 神秘体验与唐代世俗社会:戴孚《广异记》解读 [英]杜德桥 著 杨为刚 查屏球 译 吴晨 审校
218. 清代中国的法与审判 [日]滋贺秀三 著 熊远报 译
219. 铁路与中国转型 [德]柯丽莎 著 金毅 译
220. 生命之道:中医的物、思维与行动 [美]冯珠娣 著 刘小朦 申琛 译
221. 中国古代北疆史的考古学研究 [日]宫本一夫 著 黄建秋 译
222. 异史氏:蒲松龄与中国文言小说 [美]蔡九迪 著 任增强 译 陈嘉艺 审校
223. 中国江南六朝考古学研究 [日]藤井康隆 著 张学锋 刘可维 译
224. 商会与近代中国的社团网络革命 [加]陈忠平 著
225. 帝国之后:近代中国国家观念的转型(1885—1924) [美]沙培德 著 刘芳 译
226. 天地不仁:中国古典哲学中恶的问题 [美]方岚生 著 林捷 汪日宣 译
227. 卿本著者:明清女性的性别身份、能动主体和文学书写 [加]方秀洁 著 周睿 陈昉昊 译
228. 古代中华观念的形成 [日]渡边英幸 著 吴昊阳 译
229. 明清中国的经济结构 [日]足立启二 著 杨缨 译
230. 国家与市场之间的中国妇女 [加]朱爱岚 著 蔡一平 胡玉坤 译
231. 高丽与中国的海上交流(918—1392) [韩]李镇汉 著 宋文志 李廷青 译
232. 寻找六边形:中国农村的市场和社会结构 [美]施坚雅 著 史建云 徐秀丽 译
233. 政治仪式与近代中国国民身份建构(1911—1929) [英]沈艾娣 著 吕晶 等译
234. 北京的六分仪:中国历史中的全球潮流 [美]卫周安 著 王敬雅 张歌 译

235. 南方的将军:孙权传 [澳]张磊夫 著 徐缅 译
236. 未竟之业:近代中国的言行表率 [美]史谦德 著 李兆旭 译
237. 饮食的怀旧:上海的地域饮食文化与城市体验 [美]马克·斯维斯洛克 著 门泊舟 译